高等数学导学

中国矿业大学(北京)高等数学教学组　编

应急管理出版社

·北　京·

内 容 简 介

本书是学习高等数学的同步辅导书,分两个部分。第一部分包括高等数学学习的基本要求、主要内容、重点和难点、学习方法、补充题和作业等内容。第二部分为中国矿业大学(北京)近五年来的期末考试题和参考答案。

本书可作为高等院校学生学习《高等数学》(第七版)课程的辅导教材,也可作为复习备考的辅导教材。

前　言

高等数学是高等院校理、工、文、管、法各专业的一门公共基础课，是大学生学习专业课程、考取研究生和适应未来工作所必需的基本工具。

中国矿业大学(北京)自1998年恢复本科教学以来，高度重视高等数学课程教学在学校发展和人才培养中的作用。1999年，学校从中国矿业大学引进了景平、张晓宁等教学业绩突出的数学学科带头人。2000年后，高等数学教学组在张晓宁、濮英英、万桂华、李溪等教师的带领下，探索适合学校特色的高等数学教学规律和方法。为了让学生能够在课下进行很好的预习和复习、分清重难点、高质量完成课后作业，高等数学教学组编写了这本与同济版高等数学教材相配套的辅导书《高等数学导学》。本书共分为两部分：第一部分由章节内容组成，每章开头介绍该章的主要问题、解决问题的主要方法、主要应用和考点四部分内容，后面依次按照同济版高等数学教材的顺序展开此章各节的内容，每节由基本要求、主要内容、重点难点、学习方法、补充题、作业和预习七部分组成，每章的最后安排了习题课和单元自测题；第一部分还包含七篇自读材料，总结了高等数学学习中关键难点的解题方法和步骤，便于读者提高解题能力；第二部分列出了最近五年的期末考试题和参考答案。全书在张晓宁教授的主持下完成初稿，吴楠副教授对终稿进行了系统整理和校对，并给出了自读材料。本书在中国矿业大学(北京)历届本科生中使用过多年，深受学生好评！

由于编者水平有限，敬请广大读者批评指正！

中国矿业大学(北京)高等数学教学组

2021年5月26日

目　　次

第一部分:高等数学导学

第二部分:历年考题及参考解答

第一部分:高等数学导学

第一章　函数、极限和连续

高等数学的主要任务是研究微积分.微积分的三个基本概念是函数、极限、连续,它们在微积分中的地位可以简单地概括为:函数是微积分的主要研究对象,极限方法是研究的工具,连续则是研究问题的桥梁.

一、主要问题

1. 函数:描述变量与变量之间的相互依赖关系.
2. 极限:研究"无限接近"现象的数学描述及运算.
3. 连续:研究连续变化现象的数学描述及性质.

二、解决问题的主要方法

1. 作为高等数学的主要研究对象,研究函数就是讨论两个变量间的因果关系,关键是对应法则与定义域,一旦确定就可以确定函数,至于变量用什么字母表示则无关紧要.

2. 对极限问题的研究主要包括两部分内容,一是研究极限概念与性质,二是如何求极限.

例如,用极限定义证明函数极限$\lim\limits_{x\to x_0}f(x)=A$的关键是:对任意给的充分小的正数$\varepsilon$,由不等式$|f(x)-A|<\varepsilon$去寻求满足条件的充分小的正数$\delta$.方法是通过对$|f(x)-A|$的变形,适当放大,不妨设等过程,得到不等式

$$|f(x)-A|\leqslant M|x-x_0|<\varepsilon,$$

解得

$$|x-x_0|<\frac{\varepsilon}{M}.$$

从而确定小正数δ.而求极限的关键是记住一些常用的极限,并注意综合使用各种方法,以使计算简便.

3. 对连续问题的研究也分为两部分:一是确定函数的连续点与间断点,关键是弄清楚函数在某点连续的充要条件是极限值等于函数值以及怎样寻找函数的间断点;二是闭区间上连续函数性质的应用,特别是利用零点定理证明方程根的存在性时,如何构造辅助函数和选取恰当的闭区间.

三、主要应用

1. 利用极限定义或无穷小定义导出极限的四则运算法则.
2. 利用极限存在准则导出两个重要极限,进而利用两个重要极限与极限运算法则导出一些常用极限.
3. 利用极限的运算法则导出连续的运算法则.

4. 求函数的间断点并判断间断点的类型.
5. 利用零点定理研究方程根的存在性问题.

四、考点

数列的极限和函数的极限,函数的连续区间,间断点并判断间断点的类型,闭区间上连续函数性质的应用.

第一节 函 数 复 习

一、基本要求

理解函数概念,包括反函数、复合函数、初等函数、分段函数的概念,掌握基本初等函数的性质和图形,了解函数的4种基本特性.

二、主要内容

函数定义,邻域与去心邻域,函数的基本性质,复合函数,反函数,基本初等函数与初等函数,分段函数.

三、重点和难点

重点:函数定义,复合函数,分段函数,基本初等函数.
难点:求分段函数的复合函数,由实际问题建立函数关系式.

四、学习方法

1. 函数是高等数学的主要研究对象.读者在中学阶段已进行过系统学习,因此对函数的学习应重在复习,并重点掌握邻域、分段函数、初等函数、双曲函数等新知识点.
2. 求分段函数的复合函数或反函数要分段讨论,应特别注意不同区间上的自变量、中间变量与所求函数之间的依赖关系.
3. 应重点复习并熟练掌握区间和邻域,不等式变形和绝对值不等式,将函数复合成复合函数和将复合函数分解成简单函数链等问题.
4. 对于应用问题应恰当选择自变量与因变量,结合几何物理及其他相关知识,寻求等量关系建立函数关系式.

五、补充题

1. 设函数 $f(x)=\begin{cases}3x+1, x<1\\ x, x\geqslant 1\end{cases}$,求 $f[f(x)]$.

2. 求 $y=\begin{cases}x^2, -1\leqslant x<0\\ \ln x, 0<x\leqslant 1\\ 2e^{x-1}, 1<x\leqslant 2\end{cases}$ 的反函数及定义域.

3. 设$f(0)=0$,且$x\neq0$时$af(x)+bf\left(\frac{1}{x}\right)=\frac{c}{x}$,其中$a,b,c$为常数,且$|a|\neq|b|$,证明$f(x)$为奇函数.

4. 设函数$y=f(x),x\in(-\infty,+\infty)$的图形与$x=a,x=b(a<b)$均对称,求证$y=f(x)$为周期函数.

六、作业(《高等数学》第7版,高等教育出版社出版,后文不再赘述)

习题1-1　1.(5),(8),(10)　3.　5.　6.　10.　13.　14.

七、预习(《高等数学》第7版,高等教育出版社出版,后文不再赘述)

第二节　数列的极限.

第二节　数列的极限

一、基本要求

了解数列极限的"$\varepsilon-N$"定义,掌握收敛数列的性质.

二、主要内容

数列、子列、数列极限的定义,收敛数列的性质.

三、重点和难点

重点:数列极限的概念,收敛数列的性质.
难点:用"$\varepsilon-N$"定义证明问题.

四、学习方法

1. 极限是研究微积分的重要工具,必须逐步、深刻地理解极限概念,特别是理解数列极限的"$\varepsilon-N$"定义.学习时,结合具体实例从中学已学过的描述性定义:"当正整数n无限变大时,对应的数列x_n无限地趋近于常数a",通过距离、绝对值等过渡到精确定义,逐步理解"$\varepsilon-N$"定义;学会将极限定义用抽象的数学语言——四个不等式表示,并理解它们的含义.

2. 学习极限定义,首先应仔细阅读教材、读懂例题,再通过分析、理解、归纳总结去掌握定义.

3. 学习收敛数列的三个性质:唯一性、有界性、数列极限与子数列的关系,应注意理解教材中用"$\varepsilon-N$"定义证明这些结论过程中,取$\varepsilon=\frac{a+b}{2}$、$\varepsilon=1$这些具体值所反映的解决问题的方法对任意正数$\varepsilon$成立,当然对特殊正数也成立,从而进一步理解定义.

五、补充题

1. 证明$\lim\limits_{n\to\infty}n\left(\frac{1}{n^2+\pi}+\frac{1}{n^2+2\pi}+\cdots+\frac{1}{n^2+n\pi}\right)=1$.

2. 设 $x_{n+1}=\frac{1}{2}\left(x_n+\frac{a}{x_n}\right)(n=1,2,\cdots)$ 且 $x_1>0,a>0$,求 $\lim\limits_{n\to\infty}x_n$.

3. 设 $a_i\geqslant 0(i=1,2,\cdots)$,证明下述数列有极限.

$$x_n=\frac{a_1}{1+a_1}+\frac{a_2}{(1+a_1)(1+a_2)}+\cdots+\frac{a_n}{(1+a_1)(1+a_2)\cdots(1+a_n)}.$$

六、作业

习题1-2　1.　2.　*5.(2)　*6.

七、预习

第三节　函数的极限.

第三节　函数的极限

一、基本要求

理解函数极限的精确定义,了解函数的左、右极限及其与函数极限的区别与联系,掌握函数极限的性质.

二、主要内容

1. 建立 $x\to\pm\infty$,$x\to\infty$ 和 $x\to x_0$,$x\to x_0^+$,$x\to x_0^-$ 6 种函数极限的概念.

2. 给出"$\varepsilon-X$"和"$\varepsilon-\delta$"定义并讨论函数极限的几条性质.

三、重点和难点

重点:函数极限的"$\varepsilon-\delta$"定义,极限的保号性.

难点:用"$\varepsilon-\delta$"定义论证极限.

四、学习方法

1. 在数列极限的基础上利用类比方法,学习函数极限 $\lim\limits_{x\to+\infty}f(x)=A$.注意它与数列极限的不同仅在于数列极限中自变量取正整数而无限增大,此处自变量是沿 x 轴正方向连续地无限变大.由此理解定义,再将其推广到 $\lim\limits_{x\to-\infty}f(x)=A$ 和 $\lim\limits_{x\to\infty}f(x)=A$,进而理解"$\varepsilon-X$"定义.

2. 应充分认识函数极限 $\lim\limits_{x\to x_0}f(x)=A$ 是学习的重点,也是难点.与函数极限 $\lim\limits_{x\to\infty}f(x)=A$ 相比,其不同之处在于自变量 x 无限地接近常数 x_0,因此可用 $|x-x_0|$ 任意小来表述其接近程度,抽象出"$\varepsilon-\delta$"定义.以此为基础,去理解单侧极限 $f(x_0^+)$ 与 $f(x_0^-)$ 的定义.

3. 用定义证明 $\lim\limits_{x\to x_0}f(x)=A$ 的关键同样是理解四个不等式.任意给定 $\varepsilon>0,\delta>0$,当 $0<|x-x_0|<\delta$ 时,恒有

$$|f(x)-A|<\varepsilon.$$

关键是由

$$|f(x)-A|=|\varphi(x)||x-x_0|<M|x-x_0|<\varepsilon$$

得到小正数 δ.学习时应读懂并模仿例题,逐渐体会.

4. 函数极限与数列极限的性质是类似的,学习时应进行对比,可帮助记忆和应用.特别应注意极限的保号性,须分清其中的不等式符号何时取“>或<”何时取“≥或≤”.

五、作业

习题1-3　1.　4.　*5.(2)　*6.(2)　*9.

六、预习

第四节　无穷小与无穷大.
第五节　极限运算法则.

第四节　无穷小与无穷大　极限运算法则

一、基本要求

了解无穷小与无穷大的概念与性质,掌握无穷小和极限的运算法则.

二、主要内容

1. 无穷小与无穷大概念.
2. 极限与无穷小的关系,无穷小与无穷大的关系.
3. 无穷小的运算性质,极限的运算性质.

三、重点和难点

重点:极限与无穷小的关系,无穷小和极限的运算法则.
难点:极限 $A=0$ 及 $A=\infty$,$\pm\infty$ 的精确定义,复合函数的极限运算法则.

四、学习方法

1. 本节是把自变量 x 取各种变化方式时,函数的极限概念作进一步的扩充,将极限 $A=0$ 定义为无穷小,将 $A=\infty$,$\pm\infty$ 定义为无穷大.注意到连同数列极限自变量 $n\to\infty$,自变量的变化共有 7 种形式,而极限结果共有 5 种情况,因此函数极限共有 $7\times5=35$ 种形式,要及时弄清各种形式下极限的“$\varepsilon-\delta$”,“$\varepsilon-X$”等精确定义的含义,以便掌握极限概念的本质.建议认真填写《高等数学》习题 1-4 中的表,并对所填内容进行比较,从而掌握规律.

2. 无穷小是“以数 0 为极限的变量”,即 $\lim f(x)=0$. 它是在自变量的某一变化过程中函数的绝对值小于任意给定的正数 ε 的变量,它不是数,故不能将无穷小与很小的数混为一谈.同理,无穷大也是在自变量的某一变化过程中函数的绝对值能大于任意给定大正数 M 的变量,即 $\lim f(x)=\infty$,它也不是数,任何一个绝对值很大的数都不是无穷大.

学习时,要注意把无穷大和无穷小与很大的数或很小的数区分开,但由于在自变量的任何变化过程中,都有 $\lim 0=0$. 因此,数 0 是可以作为无穷小的唯一的数.

3. 当 $f(x)\neq 0$ 时,在同一极限过程中,无穷小的倒数是无穷大,无穷大的倒数是无穷小. 因此,常把无穷大倒过来化为无穷小进行研究.

4. 借助于无穷小的性质,可建立极限的四则运算法则,但应注意无穷小的商与无穷大不满足极限的四则运算. 称形如 $\frac{0}{0}$、$\frac{\infty}{\infty}$、$\infty-\infty$、$0\cdot\infty$、1^{∞}、0^0、∞^0 型的极限式为未定式的极限,它们的结果不一定是 0 或 1.

注:若 $\lim f(x)=0$, $\lim g(x)=0$,称 $\lim\frac{f(x)}{g(x)}$ 为 $\frac{0}{0}$ 型未定式,类似有其他形式的未定式.

五、补充题

1. 求 $\lim\limits_{x\to\infty}\frac{4x^2-3x+9}{5x^2+2x-1}$.

2. 求 $\lim\limits_{x\to 3}\sqrt{\frac{x-3}{x^2-9}}$.

3. 求 $\lim\limits_{x\to 1}\frac{x-1}{\sqrt{x}-1}$.

4. 求 $\lim\limits_{n\to\infty}\left[\frac{1}{n^2}+\frac{2}{n^2}+\frac{3}{n^2}+\cdots+\frac{n}{n^2}\right]$.

5. 求 $\lim\limits_{x\to+\infty}x(\sqrt{x^2+1}-x)$.

6. 试确定常数 a 使 $\lim\limits_{x\to\infty}(\sqrt[3]{1-x^3}-ax)=0$.

7. 设 $f(x)$ 是多项式,且 $\lim\limits_{x\to\infty}\frac{f(x)-2x^3}{x^2}=2$, $\lim\limits_{x\to\infty}\frac{f(x)}{x}=3$,求 $f(x)$.

六、作业

习题 1-4　*2.(2)　4.(1)　8.

习题 1-5　1.(5),(7),(9),(12),(14)　2.(1),(3)　3.(1)　5.

七、预习

第六节　极限存在准则.

第七节　无穷小的比较.

第五节　极限存在准则　两个重要极限　无穷小的比较

一、基本要求

掌握极限存在准则,熟练运用两个重要极限和等价无穷小替换求极限.

二、主要内容

夹逼准则,单调有界准则,两个重要极限,无穷小的阶,等价无穷小.

三、重点和难点

重点:两个重要极限,高阶无穷小,等价无穷小替换.

难点：$\lim\limits_{x\to\infty}\left(1+\dfrac{1}{x}\right)^x=\mathrm{e}$ 的证明.

四、学习方法

1. 借助于几何直观理解极限的两个存在准则.对教材上的准则Ⅰ′,应仿照准则Ⅰ的证明自行证明,但准则Ⅱ的证明较难,学有余力的学生可参考《数学分析》教材的相关部分.

2. 利用公式 $\lim\limits_{x\to0}\dfrac{\sin x}{x}=1$ 导出几个常用的极限：

$$\lim_{x\to0}\frac{\tan x}{x}=1,\lim_{x\to0}\frac{1-\cos x}{x^2}=\frac{1}{2},\lim_{x\to0}\frac{\arcsin x}{x}=1,\lim_{x\to0}\frac{\arctan x}{x}=1$$

分析其特点知,这些公式有更广泛的用途,事实上,只要 $\lim f(x)=0$,就有

$$\lim\frac{\sin f(x)}{f(x)}=1,\lim\frac{1-\cos f(x)}{f^2(x)}=\frac{1}{2}.$$

由此推知求与三角函数及反三角函数有关的极限,一般可借助于重要极限 $\lim\limits_{x\to0}\dfrac{\sin x}{x}=1$ 求解.

3. 对第二个重要极限 $\lim\limits_{x\to\infty}\left(1+\dfrac{1}{x}\right)^x=\mathrm{e}$,学习时应注意它的证明需分4个步骤完成.首先用单调有界准则证明 $\lim\limits_{n\to+\infty}\left(1+\dfrac{1}{n}\right)^n=\mathrm{e}$;其次用夹逼准则证明 $\lim\limits_{x\to\infty}\left(1+\dfrac{1}{x}\right)^x=\mathrm{e}$;然后利用变换 $x=-t$ 证明 $\lim\limits_{x\to-\infty}\left(1+\dfrac{1}{x}\right)^x=\mathrm{e}$;最后由极限存在的充要条件得到 $\lim\limits_{x\to\infty}\left(1+\dfrac{1}{x}\right)^x=\mathrm{e}$.借助于此公式,可导出极限 $\lim\limits_{x\to0}\dfrac{\ln(1+x)}{x}=1$,$\lim\limits_{x\to0}\dfrac{\mathrm{e}^x-1}{x}=1$ 等(第七讲证明).且有,若 $\lim f(x)=\infty$,$\lim\varphi(x)=0$,则 $\lim\left(1+\dfrac{1}{f(x)}\right)^{f(x)}=\mathrm{e}$,$\lim\dfrac{\ln(1+\varphi(x))}{\varphi(x)}=1$ 等,从而推知求与对数函数或指数函数有关的极限,可借助于第二个重要极限求解.

4. 对无穷小的比较应重点掌握高阶无穷小与等价无穷小,熟练掌握利用等价无穷小计算极限的方法.

五、补充题

1. 证明 $\lim\limits_{x\to0}\sin\dfrac{1}{x}$ 不存在.

2. 求 $\lim\limits_{x\to\infty}\left(\sin\dfrac{1}{x}+\cos\dfrac{1}{x}\right)^x$.

3. 证明 $\mathrm{e}^x-1\sim x$.

4. 求 $\lim\limits_{x\to0}\dfrac{\tan x-\sin x}{x^3}$.

5. 证明：当 $x\to0^+$ 时,$\ln\dfrac{1+x}{1-\sqrt{x}}\sim\sqrt{x}$.

六、作业

习题1-6　1.(4),(5),(6)　2.(2),(3),(4)　4.(4),(5)

习题 1-7　3.　5.(2),(3),(4)　6.(3)

七、预习

第八节　函数的连续性与间断点.

第六节　函数的连续性与间断点

一、基本要求

掌握函数连续点与间断点的概念,能熟练判断函数的连续性及间断点的类型.

二、主要内容

函数的连续性,左连续和右连续,间断点及其类型.

三、重点

重点:函数在一点的连续性.

四、学习方法

1. 连续变量的本质是当$|\Delta x|$很小时,$|\Delta y|$也很小,因此理解函数增量和函数在一点连续的几个等价定义,关键是理解函数在点 x_0 连续的三层含义:

(1) $f(x)$在 x_0 有定义,即$f(x_0)$存在.

(2)极限$\lim\limits_{x\to x_0}f(x)$存在.

(3)极限值与函数值相等,即$\lim\limits_{x\to x_0}f(x)=f(x_0)$.

2. 在重点理解函数在一点连续概念的基础上,再学习函数在区间上的连续性,连续函数及左、右连续概念,特别是左右连续概念应类比于左右极限概念进行学习.应注意讨论分段函数连续性的关键,是利用左右连续概念,讨论函数在分界点的连续性.

3. 论证函数在某区间上处处连续,方法是在该区间上任取一点 x_0 作代表,用函数在一点的连续性概念验证函数在点 x_0 连续,再由 x_0 的任意性推知函数在整个区间上处处连续.作为练习,读者不妨用此方法证明函数 $\sin x,\cos x,e^x$ 在定义区间$(-\infty,+\infty)$处处连续.

4. 对函数的间断点,应正确判断类型,关键是正确计算左右极限$f(x_0^-)$与$f(x_0^+)$,并由左右极限是否都存在判断 x_0 是第一类间断点还是第二类间断点.对第一类间断点,必要时需进一步判断它是可去间断点还是跳跃间断点.

五、作业

习题 1-8　3.　4.　5.

六、预习

第九节　连续函数的运算与初等函数的连续性.

第十节　闭区间上连续函数的性质.

第七节　连续函数的运算与性质

一、基本要求

掌握连续函数的运算性质和初等函数的连续性及其应用，了解闭区间上连续函数的性质.

二、主要内容

连续函数的四则运算，反函数与复合函数的运算，初等函数的连续性，闭区间上连续函数的性质.

三、重点和难点

重点：初等函数的连续性及其应用，零点定理.

难点：闭区间上连续函数的性质及应用.

四、学习方法

1. 由连续概念“极限值等于函数值”可知，连续是极限的一种特殊情形，因此利用极限的四则运算性质即有连续的四则运算性质.

2. 为得到“一切初等函数在其定义区间上连续”的结论，首先应掌握反函数与复合函数的连续性，在此基础上利用上一讲 $\sin x$，$\cos x$，e^x 的连续性，结合连续函数的运算性质及初等函数的定义，立即可得上述结论.

进而可知，求初等函数的连续区间，就是求其定义域. 反之，求初等函数在定义区间内某一点的极限，就是求该点的函数值.

3. 学习闭区间上连续函数的几条性质，关键在于深入理解闭区间和连续是两个重要的充分条件，应用时这两个条件缺少任何一个都可能使定理的结论不成立. 应结合几何图形对几个定理的条件和结论加深理解，并学会应用这些性质解决相关问题，特别应学会应用“零点定理”判断函数方程 $f(x)=0$ 是否有实根以及当根存在时根的存在区间.

五、补充题

1. 讨论 $f(x)=\dfrac{x^2-1}{x^2-3x+2}$ 的间断点类型.

2. 设 $f(x)=\begin{cases} x\sin\dfrac{1}{x}, x<0 \\ a+x^2, x\geqslant 0 \end{cases}$，$a=$________时，$f(x)$ 为连续函数.

3. 确定 $f(x)=\dfrac{1}{1-e^{\frac{x}{1-x}}}$ 的间断点类型.

4. 设 $f(x)$ 与 $g(x)$ 都在 $[a,b]$ 上连续，证明函数 $\varphi(x)=\max\{f(x),g(x)\}$，$\psi(x)=\min\{f(x),g(x)\}$ 也在 $[a,b]$ 上连续.

5. 设$f(x)=\begin{cases}x^2, x\leqslant 1\\ 2-x, x>1\end{cases}$, $\varphi(x)=\begin{cases}x, x\leqslant 1\\ x+4, x>1\end{cases}$,讨论复合函数$f[\varphi(x)]$的连续性.

6. 设$f(x)\in C[0,2a]$, $f(0)=f(2a)$,证明至少存在一点$\xi\in[0,a]$使$f(\xi)=f(\xi+a)$.

7. 证明$x=\mathrm{e}^{x-3}+1$至少有一个不超过4的正根.

六、作业

习题1-9 3.(5),(6),(7),(8) 4.(4),(5),(6),(8) 6.

习题1-10 2. 3. 4. 5.

七、复习

第一章.

第八节 习 题 课

一、教学目的

1. 复习函数的相关问题.
2. 加深理解各种形式的极限概念及连续概念.
3. 总结求极限的各种方法.
4. 应用闭区间上连续函数的性质求解相关问题.

二、典型例题

题组一:函数

1. 设$y=f(x)$是单调增函数,则其反函数$x=\varphi(y)$也是单调增函数.

2. 设$f(x)=\begin{cases}0, x<0\\ 1, x\geqslant 0\end{cases}$, $g(x)=\begin{cases}2-x^2, |x|<1\\ |x|-2, 1\leqslant |x|<3\end{cases}$,求$f[g(x)]$与$g[f(x)]$.

题组二:极限

1. 设$a>0$,且$x_1>0$, $x_{n+1}=\dfrac{1}{4}\left(3x_n+\dfrac{a}{x_n^3}\right)(n=1,2,3,\cdots)$,求$\lim\limits_{n\to\infty}x_n$.

2. 设$a_n>0$,且$\lim\limits_{n\to\infty}\dfrac{a_{n+1}}{a_n}=r<1$,证明:$\lim\limits_{n\to\infty}a_n=0$.

3. $\lim\limits_{x\to\infty}\left[\sin x\tan\dfrac{1}{x}+\dfrac{(2x+1)^5(x+3)^{10}}{(x-5)^{15}}\right]$.

4. $\lim\limits_{x\to+\infty}(\sin\sqrt{x+1}-\sin\sqrt{x})$.

5. $\lim\limits_{x\to 0}\dfrac{\arcsin\dfrac{x}{\sqrt{1-x^2}}}{\sqrt{1+\sin x}-\sqrt{1-\sin x}}$.

6. $\lim\limits_{x\to 0}\dfrac{\mathrm{e}^{\tan x}-\mathrm{e}^{\sin x}}{x\ln(1-2x^2)}$.

7. $\lim\limits_{x\to1^+}\left[\dfrac{(1-\sqrt{x})(1-\sqrt[3]{x})}{1+\cos\pi x}+\dfrac{\sqrt{x}-1+\sqrt{x-1}}{\sqrt{x^2-1}}\right]$.

8. $\lim\limits_{n\to\infty}(1+x)(1+x^2)(1+x^4)\cdots(1+x^{2^n})$.

9. 已知$\lim\limits_{x\to\infty}\left(\dfrac{x^2+1}{x+1}-ax-b\right)=0$,求常数 a,b.

10. 已知$\lim\limits_{x\to1}\dfrac{x^3-ax^2-x+4}{x-1}$存在,求常数 a 及极限值.

题组三:连续

1. 讨论函数的连续性,若有间断点判断其类型:

(1) $f(x)=\dfrac{\left(\dfrac{1}{x}-\dfrac{1}{x+1}\right)}{\left(\dfrac{1}{x-1}-\dfrac{1}{x}\right)}$;　　(2) $f(x)=\lim\limits_{t\to x}\left(\dfrac{\sin t}{\sin x}\right)^{\frac{x}{\sin t-\sin x}}$;

(3) $f(x)=\begin{cases}\cos\dfrac{\pi}{2}x, & |x|\leqslant1\\ |x-1|, & |x|>1\end{cases}$;　　(4) $f(x)=\lim\limits_{n\to\infty}\dfrac{1-xe^{nx}}{x+e^{nx}}$.

2. 设$f(x)=\begin{cases}a+\arccos x, & -1<x<1\\ b, & x=-1\\ \sqrt{x^2-1}, & x<-1\end{cases}$,试确定常数 a,b,使$f(x)$在 $x=-1$ 处连续.

3. 设$f(x)=\dfrac{e^x-b}{(x-a)(x-1)}$有无穷间断点 $x=0$ 及可去间断点 $x=1$,试求常数 a,b.

4. 试证:方程 $x\tan x+2x^2=\dfrac{\pi}{4}$在$\left(-\dfrac{\pi}{2},\dfrac{\pi}{2}\right)$内至少有一实根.

5. 设函数$f(x)$在(a,b)内非负连续,且 $x_1,x_2,\cdots,x_n\in(a,b)$,证明:在$(a,b)$内必有 ξ,使$f(\xi)=\sqrt[n]{f(x_1)f(x_2)\cdots f(x_n)}$.

三、补充题

1. 设$f(x)+f\left(\dfrac{x-1}{x}\right)=2x$,其中 $x\neq0,x\neq1$,求$f(x)$.

2. 设函数$f(x)=\begin{cases}\dfrac{a(1-\cos x)}{x^2}, & x<0\\ 1, & x=0\\ \ln(b+x^2), & x>0\end{cases}$在 $x=0$ 连续,则 $a=$______,$b=$______.

3. 设$f(x)$ 定义在区间$(-\infty,+\infty)$上,且对任意实数 x,y 有$f(x+y)=f(x)+f(y)$,若$f(x)$在 $x=0$ 连续,证明$f(x)$对一切 x 都连续.

4. 设$f(x)$在$[a,b]$上连续,且恒为正,证明:对任意的 $x_1,x_2\in(a,b)$,$x_1<x_2$,必存在一点 $\xi\in[x_1,x_2]$,使$f(\xi)=\sqrt{f(x_1)f(x_2)}$.

5. 设$f(x)$在$[a,b]$上连续,且 $a<c<d<b$,证明必有一点 $\xi\in[a,b]$,使 $mf(c)+nf(d)=$

$(m+n)f(\xi)$.

6. 求下列极限：

(1) $\lim\limits_{x\to1}\dfrac{1-x^2}{\sin \pi x}$； (2) $\lim\limits_{x\to0}\left(\dfrac{1+x}{1-x}\right)^{\cot x}$.

7. 确定常数 a,b，使$\lim\limits_{x\to\infty}(\sqrt[3]{1-x^3}-ax-b)=0$.

8. 当 $x\to0$ 时，$\sqrt[3]{x^2+\sqrt{x}}$ 是 x 的几阶无穷小？

9. 求$f(x)=\dfrac{(1+x)\sin x}{|x|(x+1)(x-1)}$的间断点，并判别其类型.

10. 求$\lim\limits_{x\to0}\left(\dfrac{2+e^{\frac{1}{x}}}{1+e^{\frac{4}{x}}}+\dfrac{\sin x}{|x|}\right)$.

11. 求$\lim\limits_{x\to+\infty}(1+2^x+3^x)^{\frac{1}{x}}$.

四、作业

总习题一 4.(1),(4) 5. *8. 9.(2),(3),(6),(8) 10. 11. 12. 13.

五、预习

第二章 第一节 导数概念.

单 元 自 测 (一)

一、选择题(每小题 4 分，共 16 分)

1. $f(x)=\begin{cases}1, & 0\leqslant x\leqslant1\\ 2, & 1<x\leqslant2\end{cases}$ 则 $g(x)=f(2x)+f(x-2)$ 在(　　)上有定义.

(A) 无意义； (B) $[0,2]$； (C) $[0,4]$； (D) $[2,4]$.

2. 下列变量在给定的变化过程中是无穷小的有(　　).

(A) $2^{-x}-1\ (x\to0)$； (B) $\dfrac{\sin x}{x}\ (x\to0)$；

(C) $\dfrac{x^2}{\sqrt{x^3+2x+1}}\ (x\to+\infty)$； (D) $\dfrac{x^3\left(3+\cos\dfrac{1}{x}\right)}{x^3+1}\ (x\to0)$.

3. 已知$\dfrac{1}{ax^2+bx+c}\sim\dfrac{1}{x+1}\ (x\to\infty)$，则 a,b,c 之值一定为(　　).

(A) $a=0,b=1,c=1$； (B) $a=0,b=1,c$ 为任意数；

(C) $a=0,b,c$ 为任意数； (D) a,b,c 均为任意数.

4. 数列$\{x_n\}$有界是数列$\{x_n\}$有极限的________条件.

(A) 充分； (B) 必要； (C) 充要； (D) 无关系.

二、填空题(每小题 4 分,共 16 分)

1. 已知 $u=\sqrt{y}+f(\sqrt[3]{x}-1)$,并且当 $y=1$ 时 $u=x$,则 $f(x-1)=$________.

2. 若 x_0 为 $f(x)$ 的间断点,在________条件下,x_0 为第一类间断点.

3. 已知极限 $\lim\limits_{x\to a}\dfrac{x^2+bx+3b}{x-a}=8$,则常数 $a=$________,$b=$________.

三、(7 分)用极限的定义证明 $\lim\limits_{x\to-3}\dfrac{x+3}{x^2-9}=-\dfrac{1}{6}$.

四、(16 分)计算下列极限:

1. $\lim\limits_{x\to0}\dfrac{\sqrt{1+\tan x}-\sqrt{1+\sin x}}{x\cos x\cdot\sin^2 x}$;

2. $\lim\limits_{n\to\infty}\left(2-\cos\dfrac{x}{n^2}\right)^{n^4}$;

3. $\lim\limits_{x\to+\infty}\dfrac{2e^x+\sin x}{5e^x-\cos x}$;

4. $\lim\limits_{x\to0}\dfrac{\ln\cos\alpha x}{\ln\cos\beta x}$.

五、(12 分)试确定常数 a,b,使函数

$$f(x)=\begin{cases}\dfrac{x+1}{a+b}\arctan\dfrac{1}{x}, & x<0\\[2mm] \dfrac{\pi}{2}, & x=0\\[2mm] \dfrac{\pi(\sqrt{1+x^2\sin x}-1)}{(a-b)\tan^3 2x}, & x>0\end{cases}$$

在点 $x=0$ 处连续.

六、(9 分)设 $f(x)$ 在 $(-\infty,a]$ 上连续,且 $\lim\limits_{x\to-\infty}f(x)=A$,其中 A 为有限数,试证 $f(x)$ 在 $(-\infty,a]$ 上有界.

七、(8 分)设 $f(x)$ 对 $[a,b]$ 上任意的 x_1,x_2 都有 $|f(x_1)-f(x_2)|\leqslant c|x_1-x_2|$,其中 c 为常数,且 $f(a)\cdot f(b)<0$,试证在 (a,b) 内至少有一点 x_0,使 $f(x_0)=0$.

八、(9 分)试证一元三次方程 $ax^3+bx^2+cx+d=0$($a\neq0,b,c,d$ 为常数)有一个实根.

九、(7 分)设 $x_1=1,x_2=1+\dfrac{x_1}{1+x_1},\cdots,x_n=1+\dfrac{x_{n-1}}{1+x_{n-1}}$,求 $\lim\limits_{n\to\infty}x_n$.

第二章　导 数 与 微 分

导数与微分是一元函数微分学中的两个最重要的基本概念,它们之间有着密切的联系,正确理解导数与微分的概念及其导数的几何与物理意义,熟练掌握函数的微分法,特别是复合函数的微分法,是高等数学的基本要求之一.

一、主要问题

1. 导数:以求变速直线运动的瞬时速度和求曲线在某点处的切线方程为实例,提出当自变量取某特定的值时函数相对于自变量的变化快慢问题,即函数的变化率,将平均变化率的极限定义为导数.定义 $f'(x)=\lim\limits_{\Delta x\to 0}\dfrac{f(x+\Delta x)-f(x)}{\Delta x}$.

2. 微分:以研究函数增量的近似值问题提出,由 $\Delta y\approx \mathrm{d}y$ 及 Δy 及 $\mathrm{d}y$ 的几何意义,给出了微积分解决问题的“以直代曲”思想.

二、解决问题的主要方法

1. 三步求导法则:对连续函数 $y=f(x)$, $x, x+\Delta x\in[a,b]$

求增量: $\Delta y=f(x+\Delta x)-f(x)$ 视局部为均匀.

算比值: $\dfrac{\Delta y}{\Delta x}=\dfrac{f(x+\Delta x)-f(x)}{\Delta x}$ 平均变化率,以局部的均匀代替非均匀.

取极限: $\lim\limits_{\Delta x\to 0}\dfrac{\Delta y}{\Delta x}=\lim\limits_{\Delta x\to 0}\dfrac{f(x+\Delta x)-f(x)}{\Delta x}$ 从近似到精确.

2. 求导法则与求导公式

用三步求导法则建立 $\sin x$, $\cos x$, $\ln x$ 的求导公式及求导运算法则,并利用它们导出基本初等函数的求导公式,从而解决初等函数的求导数问题.

3. 由可导与可微的关系,建立微分运算法则和微分运算公式.

三、主要应用

1. 求极限.
2. 求曲线的切线方程和法线方程.
3. 求函数的变化率或相关变化率.
4. 用微分作近似计算并进行误差估计.

四、考点

求复合函数的导数和微分,简单初等函数的高阶导数,参数方程的二阶导数,隐函数在某点处的一阶和二阶导数,用导数定义或左右导数定义讨论分段函数在衔接点处的导数,曲线在某点处的切线方程和法线方程.

第一节 导数的概念

一、基本要求

掌握函数导数的概念,了解导数的几何意义、物理意义,掌握函数的可导性与连续性的关系.

二、主要内容

函数在一点的导数定义,导数的几何意义,左右导数,函数在区间上的导数及导函数的概念,可导与连续的关系.

三、重点和难点

重点:导数概念,可导与连续的关系.

难点:分段函数在衔接点处的导数.

四、学习方法

1. 学习导数(变化率)的定义,应清楚导数是从实际问题中产生的概念,它的数学形式是"函数增量与自变量增量之比,当自变量增量趋于零时的极限",因此它是$\frac{0}{0}$型未定式的极限.应注意在某点 x_0 处的导数 $f'(x_0)$ 是数值,而在某区间上的导数 $f'(x)$ 是函数.

2. 函数 $f(x)$ 在 x_0 处的导数 $f'(x_0)$ 与函数值 $f(x_0)$ 的导数 $[f(x_0)]'$ 是不同的,应注意区别.

3. 会用导数定义导出公式 $(\sin x)'=\cos x$, $(\cos x)'=-\sin x$, $(\ln x)'=\frac{1}{x}$, $(c)'=0$(c 是任意常数).

4. 参照函数 $f(x)$ 在点 x_0 处的左极限 $f(x_0-0)$ 与右极限 $f(x_0+0)$ 的概念,学习左导数 $f'_-(x_0)$ 与右导数 $f'_+(x_0)$ 的概念,应以分段函数为例切实理解,注意不存在符号 $f'_+(x)$ 和 $f'_-(x)$.

5. 注意理解函数的连续性是函数可导的必要条件而非充分条件,以 $y=|x|$ 在 $x=0$ 连续却不可导为例,掌握连续与可导的关系,即可导$\underset{\times}{\overset{\longrightarrow}{\longleftarrow}}$连续.

6. 曲线 $y=f(x)$ 在点 (x,y) 处的切线方程是 $Y-f(x)=f'(x)(X-x)$,注意区别切线上的坐标 (X,Y) 与曲线上的坐标 (x,y).

五、补充题

1. 求函数 $f(x)=\ln x$ 的导数.

2. 问曲线 $y=\sqrt[3]{x}$ 哪一点有铅直切线? 哪一点处的切线与直线 $y=\frac{1}{3}x-1$ 平行? 写出其切线方程.

3. 设$f'(x_0)$存在,则$\lim\limits_{h\to 0}\frac{f(x_0-h)-f(x_0)}{h}=$________.

4. 已知$f(0)=0,f'(0)=k_0$,则$\lim\limits_{x\to 0}\frac{f(x)}{x}=$________.

5. 若$x\in(-\delta,\delta)$时,恒有$|f(x)|\leqslant x^2$,问$f(x)$是否在$x=0$可导.

6. 设$f(x)=\begin{cases}\sin x, x<0\\ ax, x\geqslant 0\end{cases}$,问$a$取何值时,$f'(x)$在$(-\infty,+\infty)$都存在,并求出$f'(x)$.

7. 设$f'(x)$存在,且$\lim\limits_{x\to 0}\frac{f(1)-f(1-x)}{2x}=-1$,求$f'(1)$.

8. 设$f(x)$在$x=0$处连续,且$\lim\limits_{x\to 0}\frac{f(x)}{x}$存在,证明$f(x)$在$x=0$处可导.

六、作业

习题2-1　2.　5.　6.　7.　11.　16.(2)　18.　20.

七、预习

第二节　导数的四则运算法则和反函数求导法则.

第二节　导数的四则运算法则和反函数求导法则

一、基本要求

熟练掌握函数的和、差、积、商(分母不为0)的求导法则,反函数的求导法则,熟悉基本初等函数的求导公式.

二、主要内容

导数的四则运算法则,反函数求导法则,基本初等函数的导数公式.

三、重点和难点

重点:导数的四则运算法则,基本初等函数的导数公式.
难点:商的求导法则.

四、学习方法

1. 类似于极限的四则运算法则,当参加运算的函数都可导时,导数的四则运算法则成立.但应注意,两函数乘积(商)的导数不等于两函数各自导数的乘积(商),即$(uv)'\neq u'v'$,$\left(\frac{u}{v}\right)'\neq\frac{u'}{v'}$.

2. 利用求导四则运算法则与$\sin x$,$\cos x$,$\ln x$的导数公式导出其余三角函数和$\log_a x$的导数公式.

3. 利用反函数求导法则及三角函数、对数函数导数公式,可得到反三角函数和指数函数的导数公式.

五、预习

第三节　复合函数求导法则,基本求导法则与导数公式.

第三节　复合函数求导法则,基本求导法则与导数公式

一、基本要求

熟练掌握复合函数的求导法则,熟记基本初等函数的导数公式及常用初等函数的导数公式.

二、主要内容

复合函数求导法则,基本初等函数的导数公式,双曲函数与反双曲函数的导数公式,初等函数的求导问题.

三、重点和难点

重点:求导法则与导数公式.
难点:复合函数求导法.

四、学习方法

1. 复合函数求导法则也称为链导法则,是本章的重点和难点,在导数计算中有非常重要的作用.求复合函数的导数关键在于分清复合结构,从外层向内层逐层求导,直到关于自变量求导.在运用链导法则时,可写出中间变量也可不写出中间变量,但不论用哪一种方式书写,逐层求导时,都应注意不要遗漏任何一个复合步骤并及时化简计算结果.

2. 利用链导法则导出幂函数x^{μ}(μ为任意常数)的导数公式,至此,所有基本初等函数的导数公式已全部得到,熟记这些公式及四则运算法则和复合函数求导法则,它们是计算初等函数导数的工具.

五、补充题

1. 设$y=\sqrt{x}(x^3-4\cos x-\sin 1)$,求$y'$及$y'|_{x=1}$.

2. 求下列导数:

(1) $(x^{\mu})'$;　(2) $(x^{x})'$;　(3) $(\operatorname{sh} x)'$.

3. 设$y=\ln(x+\sqrt{x^2+1})$,求y'.

4. 设$y=\dfrac{\sqrt{x+1}-\sqrt{x-1}}{\sqrt{x+1}+\sqrt{x-1}}$,求$y'$.

5. 设$y=e^{\sin x^2}\arctan\sqrt{x^2-1}$,求$y'$.

6. 求 $y=\frac{1}{2}\arctan\sqrt{1+x^2}+\frac{1}{4}\ln\frac{\sqrt{1+x^2}+1}{\sqrt{1+x^2}-1}$,求 y'.

7. 求下列函数的导数

(1) $y=\left(\frac{a}{x}\right)^b$;　　(2) $y=\left(\frac{a}{b}\right)^{-x}$.

8. 设 $f(x)=x(x-1)(x-2)\cdots(x-99)$,求 $f'(0)$.

9. 设 $y=\cot\frac{\sqrt{x}}{2}+\tan\frac{2}{\sqrt{x}}$,求 y'.

10. 设 $y=f\{f[f(x)]\}$,其中 $f(x)$ 可导,求 y'.

六、作业

习题2-2　2.(2),(8),(10)　3.(2),(3)　4.　6.(6),(8)　7.(3),(7),(10)　8.(4),(5),(8),(10)　10.　11.(3),(8),(10)　*12.(4),(8)　14.

七、预习

第三节　高阶导数.

第四节　高　阶　导　数

一、基本要求

了解高阶导数的概念,掌握高阶导数的求法.

二、主要内容

高阶导数,求高阶导数的运算法则.

三、重点和难点

重点:高阶导数概念,几个常用函数的 n 阶导数公式.

难点:计算两类函数乘积 n 阶导数的莱布尼兹公式.

四、学习方法

1. 函数 $y=f(x)$ 的导数 $y'=f'(x)$ 的导数叫作 $y=f(x)$ 的二阶导数,从而由导数定义有

一阶导数　$y'=\lim\limits_{\Delta x\to 0}\frac{f(x+\Delta x)-f(x)}{\Delta x}=f'(x)$;

二阶导数　$y''=\lim\limits_{\Delta x\to 0}\frac{f'(x+\Delta x)-f'(x)}{\Delta x}=f''(x)$;

三阶导数　$y'''=\lim\limits_{\Delta x\to 0}\frac{f''(x+\Delta x)-f''(x)}{\Delta x}=f'''(x)$;

四阶导数 $y^{(4)}=\lim\limits_{\Delta x\to 0}\dfrac{f'''(x+\Delta x)-f'''(x)}{\Delta x}=f^{(4)}(x)$;

⋮

n 阶导数 $y^{(n)}=\lim\limits_{\Delta x\to 0}\dfrac{f^{(n-1)}(x+\Delta x)-f^{(n-1)}(x)}{\Delta x}=f^{(n)}(x)$.

因此求 n 阶导数的一般方法是逐阶求导,通常是先求若干个低阶导数,从中寻找规律并写出 n 阶导数的形式.

2. 将函数适当变形,利用教材中已推导出的几个常用函数的 n 阶导数公式及高阶导数运算法则得到所求函数的 n 阶导数.

3. 利用数学归纳法推出求 n 阶导数的莱布尼兹法则.

五、补充题

1. 设 $y=a_0+a_1x+a_2x^2+\cdots+a_nx^n$,求 $y^{(n)}$.
2. 设 $y=\ln(1+x)$,求 $y^{(n)}$.
3. 设 $y=e^{ax}\sin bx$(a,b 为常数),求 $y^{(n)}$.
4. 设 $f(x)=3x^3+x^2|x|$,求使 $f^{(n)}(0)$ 存在的最高阶数 $n=$________.
5. 设 $y=\arctan x$,求 $y^{(n)}(0)$.
6. 求下列函数的 n 阶导数:

(1) $y=\dfrac{1-x}{1+x}$; (2) $y=\dfrac{x^3}{1-x}$; (3) $y=\dfrac{1}{x^2-3x+2}$; (4) $y=\sin^6x+\cos^6x$.

7. 设 $f(x)=(x^2-3x+2)^n\cos\dfrac{\pi x^2}{16}$,求 $f^{(n)}(2)$.
8. 已知 $f(x)$ 任意阶可导,且 $f'(x)=[f(x)]^2$,则当 $n\geqslant 2$ 时,$f^{(n)}(x)=$________.
9. 设 $y=x^2f(\sin x)$,求 y'',其中 $f(x)$ 二阶可导.

六、作业

习题 2-3 1.(9),(12) 3. 4.(2) 6. 9. 10.(2) *11.(2),(3)

七、预习

第四节 隐函数及由参数方程所确定的函数的导数、相关变化率.

第五节 隐函数及由参数方程所确定的函数的导数、相关变化率

一、基本要求

熟练掌握隐函数求导法则、对数求导法、参数方程求导法则,会求由隐函数及参数方程所确定函数的二阶导数,会用相关变化率求一些简单的应用问题.

二、主要内容

隐函数求导法则,对数求导法,参数方程求导法则,相关变化率.

三、重点和难点

重点:隐函数求导法,参数方程求二阶导数.
难点:隐函数求导法.

四、学习方法

1. 在隐函数求导法则中,应注意 y 是 x 的隐函数,求导时,利用复合函数的求导法则对方程 $F(x,y)=0$ 两边关于自变量 x 求导数.在对变量 y 求导后必须乘以 y',得到含有 y'的等式后解方程得到 y'.若问题为求$\left.\dfrac{\mathrm{d}y}{\mathrm{d}x}\right|_{x=x_0}$,则应注意不能漏掉由方程 $F(x,y)=0$ 隐含的条件 $y|_{x=x_0}=y_0$.

2. 注意到$(\ln|x|)'=\dfrac{1}{x}$,故在应用对数求导法时,若遇有可能为负的因子,不需要去讨论定义域,而直接取绝对值处理,可简化计算.

3. 对参数方程$\begin{cases}x=\varphi(t)\\y=\psi(t)\end{cases}$,求二阶导数时应注意$\dfrac{\mathrm{d}y}{\mathrm{d}x}=\dfrac{\psi'(t)}{\varphi'(t)}$仍然是 t 的函数,故将 x 与$\dfrac{\mathrm{d}y}{\mathrm{d}x}$看成一个新的参数方程$\begin{cases}x=\varphi(t)\\y'=\dfrac{\psi'(t)}{\varphi'(t)}\end{cases}$,利用参数方程求导公式就有

$$\frac{\mathrm{d}^2y}{\mathrm{d}x^2}=\frac{\mathrm{d}\left(\frac{\mathrm{d}y}{\mathrm{d}x}\right)}{\mathrm{d}x}=\frac{\frac{\mathrm{d}\left(\frac{\mathrm{d}y}{\mathrm{d}x}\right)}{\mathrm{d}t}}{\frac{\mathrm{d}x}{\mathrm{d}t}}=\frac{\frac{\mathrm{d}\left(\frac{\psi'(t)}{\varphi'(t)}\right)}{\mathrm{d}t}}{\frac{\mathrm{d}x}{\mathrm{d}t}}=\frac{\left(\frac{\psi'(t)}{\varphi'(t)}\right)'}{\varphi'(t)}.$$

依此类推就有$\dfrac{\mathrm{d}^ny}{\mathrm{d}x^n}=\dfrac{\frac{\mathrm{d}y^{n-1}}{\mathrm{d}t}}{\frac{\mathrm{d}x}{\mathrm{d}t}}$.对具体函数求各阶导数时,应注意化简每次求出的低阶导数的表达式.

4. 在一个问题中,如果几个变量都是参变量 t 的函数,从而它们的变化率之间也存在一定的关系,这些相互依赖的变化率为相关变化率.解决相关变化率问题的一般方法是,利用几何、物理等相关知识,建立各变量之间的函数关系,用复合函数求导法则对参变量 t 求导,由已知变化率求未知变化率.

五、补充题

1. 设$\begin{cases}x=f'(t)\\y=tf'(t)-f(t)\end{cases}$,且 $f''(t)\neq0$,求$\dfrac{\mathrm{d}^2y}{\mathrm{d}x^2}$.

2. 设由方程$\begin{cases}x=t^2+2t\\t^2-y+\varepsilon\sin y=1\end{cases}$$(0<\varepsilon<1)$确定函数$y=y(x)$,求$\dfrac{\mathrm{d}y}{\mathrm{d}x}$.

3. 有一底半径为 R cm,高为 h cm 的圆锥容器,今以 25 cm^3/s 自顶部向容器内注水,试求当容器内水位等于锥高的一半时水面上升的速度.

4. 求螺线 $r=\theta$ 在对应于 $\theta=\dfrac{\pi}{2}$的点处的切线方程.

5. 设 $y=(\sin x)^{\tan x}+\dfrac{x}{x^{\ln x}}\sqrt[3]{\dfrac{2-x}{(2+x)^2}}$,求 y'.

6. 设 $y=y(x)$由方程 $\mathrm{e}^y+xy=\mathrm{e}$ 确定,求 $y'(0)$,$y''(0)$.

7. 设 $y=x+\mathrm{e}^x$,求其反函数的导数.

8. 设$\begin{cases}x=3t^2+2t\\\mathrm{e}^y\sin t-y+1=0\end{cases}$,求$\left.\dfrac{\mathrm{d}y}{\mathrm{d}x}\right|_{t=0}$.

六、作业

习题 2-4　1.(1),(4)　2.　3.(3),(4)　4.(2),(4)　5.(2)　6.　7.(2)　8.(2),(4)　*9.(2)　10.　12.

七、预习

第五节　函数的微分.

第六节　函数的微分

一、基本要求

理解微分概念,了解函数的可导性与可微性之间的关系,熟练掌握微分的运算法则和基本公式,掌握一阶微分的形式不变性,会用微分作近似计算和误差估计.

二、主要内容

微分的定义,微分运算法则,一阶微分形式的不变性,微分在近似计算和误差估计中的应用.

三、重点和难点

重点:微分的概念,可微与可导的关系.

难点:一阶微分形式不变性.

四、学习方法

1. 深入理解微分的概念,注意增量 $\Delta y=f(x+\Delta x)-f(x)=A\cdot\Delta x+o(\Delta x)$中,$A$ 与 Δx 无关,但可以是 x 的函数,微分 $\mathrm{d}y=A(x)\Delta x$ 是增量 Δy 舍去 Δx 的高阶无穷小 $o(\Delta x)$后的结果,且 $\mathrm{d}y$ 是 Δx 的线性函数,因此说函数微分 $\mathrm{d}y$ 是函数增量 Δy 的线性主部.

2. 一阶微分形式不变性是指对函数 $y=f(x)$ 而言,不论 x 是自变量还是中间变量 $x=\varphi(t)$,都有 $dy=f'(x)dx$ 成立,这一性质对求较复杂函数的导数或微分时很有用,要学会应用它求导数和微分.

根据这一性质,微分公式表中的所有公式都会在后面积分法的学习中有相应的应用,因此不仅要熟记微分公式,还要逆记这些公式,如不仅知道 $d(\sin x)=\cos dx$,还要由 $\cos dx$ 知,它是 $\sin x+C$(其中 C 是任意常数)的微分,即 $\cos dx=d(\sin x+C)$.

五、补充题

1. 设 $y=\ln(1+e^{x^2})$,求 dy.
2. 设 $y\sin x-\cos(x-y)=0$,求 dy.
3. 设 $y=y(x)$ 由方程 $x^3+y^3-\sin 3x+6y=0$ 确定,求$dy|_{x=0}$.
4. 设 $y=\arcsin\left(\sin^2\dfrac{1}{x}\right)$,求 dy.
5. 设 $xy=e^{x+y}$,求 dy.

六、作业

习题2-5　1.　3.(4),(7),(8),(9),(10)　4.　5.　8.(1)　9.(2)　*12.

七、复习

第二章.

第七节　习　题　课

一、教学目的

1. 理解导数与微分的概念,熟悉导数定义的等价形式.
2. 了解可导、可微及连续的关系,讨论分段函数的连续性与可导性.
3. 归纳计算导数、微分及高阶导数的各种方法,学会由函数类型选择恰当的求导方法.
4. 会用导数定义求极限,会用导数的几何意义求曲线的切线和法线方程.

二、典型例题

题组一:概念

1. 已知$f(x)=x(x-1)(x-2)\cdots(x-n)+(x^2-1)\arcsin\dfrac{\sqrt{x^2+x-2}}{x^2+1}$,求$f'(1)$.

2. 设$f(x)=(x-a)\varphi(x)$,其中 $\varphi(x)$ 为连续函数,求$f'(a)$.

3. 设$f(x)=\begin{cases}x^3\sin\dfrac{1}{x},x\neq 0\\0,x=0\end{cases}$,证明$f(x)$在 $x=0$ 处连续、可导,但$f'(x)$在 $x=0$ 处不可导.

4. 设$f(x)=\begin{cases} e^{ax}, x\leqslant 0 \\ b(1+2x), x>0 \end{cases}$，试确定常数 a,b，使$f(x)$处处可导，并求$f'(x)$.

5. 设对任意实数 x 和 y，有$f(x+y)=f(x)f(y)$，且$f'(0)=1$，证明$f'(x)=f(x)$.

题组二：计算

1. 设 $y=x^{\cos x}+\sqrt{x\cdot\sqrt[3]{x\sqrt{x}}}$，求 y'.

2. 设 $y=\cos^2\ln x+\ln\cos^2x$，求 $dy|_{x=\frac{\pi}{4}}$.

3. 设 $y=\sqrt[3]{6-x}(\tan x)^x+\sin^3\dfrac{2}{5}\pi$，求 y'.

4. 设$f(x)$可导，且 $y=f(e^{-x^2})e^{f(x)}$，求 y'.

5. 设 $y=y(x)$ 由方程 $\arctan\dfrac{y}{x}=\ln\sqrt{x^2+y^2}$，求 $y''|_{y=0}$.

6. 设 $y=y(x)$由$\begin{cases} x=t-\ln(1+t) \\ y=t^3+t^2 \end{cases}$所确定，求$\dfrac{d^2y}{dx^2}$.

7. 设 $y=y(x)$由$\begin{cases} xe^t+t\cos x=\pi \\ y=\sin t+\cos^2 t \end{cases}$所确定，求$\dfrac{dy}{dx}|_{x=0}$.

8. 设 $y=e^x\sin x$，求 $y^{(n)}$.

9. 设 $y=\dfrac{x}{\sqrt[3]{1+x}}$，求 $y^{(n)}(0)$.

10. 设 $y=\sin^4x-\cos^4x$，求 $y^{(n)}(x)$.

题组三：应用

1. 设$f(x)$在 $x=a$ 可导，求极限$\lim\limits_{x\to a}\dfrac{x^2f(a)-a^2f(x)}{x-a}$.

2. 设$f'(0)$存在且$f(0)=0$，求$\lim\limits_{x\to 0}\dfrac{f(1-\cos x)}{\tan x^2}$.

3. 设 $y=f(x)$在 $x=x_0$可导且$f'(x_0)\neq 0$，求$\lim\limits_{\Delta x\to 0}\dfrac{\Delta y-dy}{\Delta y}$.

4. 设周期函数 $f(x)$在$(-\infty,+\infty)$可导且周期为 4，又$\lim\limits_{x\to 0}\dfrac{f(1)-f(1-x)}{2x}=1$，求曲线 $y=f(x)$在点$[5,f(5)]$处的切线方程.

5. 求对数螺线 $r=e^{\theta}$ 在点$\left(e^{\frac{\pi}{2}},\dfrac{\pi}{2}\right)$处的切线方程.

6. 设曲线方程为 $x^3+y^3+(x+1)\cos\pi y+9=0$，求曲线在 $x=-1$ 处的法线方程.

三、补充题

1. 设$f'(x_0)$存在，求$\lim\limits_{\Delta x\to 0}\dfrac{f(x_0+\Delta x+(\Delta x)^2)-f(x_0)}{\Delta x}$.

2. 若$f(1)=0$且$f'(1)$存在，求$\lim\limits_{x\to 0}\dfrac{f(\sin^2x+\cos x)}{(e^x-1)\tan x}$.

3. 设$f(x)$在$x=2$处连续,且$\lim\limits_{x\to 2}\dfrac{f(x)}{x-2}=3$,求$f'(2)$.

4. 设$f(x)=\lim\limits_{n\to\infty}\dfrac{x^2e^{n(x-1)}+ax+b}{e^{n(x-1)}+1}$,试确定常数$a,b$使$f(x)$处处可导,并求$f'(x)$.

5. 设$f(x)=\begin{cases}x^2\sin\dfrac{1}{x},x\neq 0\\0,x=0\end{cases}$,讨论$f(x)$在$x=0$处的连续性及可导性.

6. 设$y=e^{\sin x}\sin e^x+f(\arctan\dfrac{1}{x})$,其中$f(x)$可微,求$y'$.

7. 设$x\leqslant 0$时$g(x)$有定义,且$g''(x)$存在,问怎样选择a,b,c可使下述函数在$x=0$处有二阶导数,$f(x)=\begin{cases}ax^2+bx+c,x>0\\g(x),x\leqslant 0\end{cases}$.

四、作业

总习题二 5. 6(1) 7. 8.(3),(4),(5) 9.(2) 11. 12.(2) 13. 15. 18.

五、预习

第三章 第一节 微分中值定理.

单 元 自 测 (二)

一、填空(每小题4分,共16分)

1. 已知$y=x^{a^a}+a^{x^a}+a^{a^x}(a>0)$,则$\dfrac{dy}{dx}=$________.

2. 若$f(t)=\lim\limits_{x\to\infty}\left[t\left(1+\dfrac{1}{x}\right)^{2tx}\right]$,则$df(t)=$________.

3. 设$\begin{cases}x=f(t)-\pi\\y=e^{3t}-1\end{cases}$,其中$f$二阶可导且$f'(t)\neq 0$. 则$\dfrac{d^2y}{dx^2}=$________.

4. 已知曲线$y=ax^2$与曲线$y=\ln x$相切,则$a=$________,且公切线方程为________.

二、选择题(每小题4分,共16分)

1. 设$y=(1+x)^{\frac{1}{x}}$,则$y'(1)=$( )

(A) 2; (B) e; (C) $\dfrac{1}{2}\ln 2$; (D) $1-\ln 4$.

2. 若函数$y=f(x)$满足$f'(x_0)=\dfrac{1}{2}$,则当$\Delta x\to 0$时,$dy|_{x=x_0}$是( )

(A)与Δx等价的无穷小; (B) 与Δx同阶的无穷小;

(C) 比Δx低阶的无穷小; (D) 比Δx高阶的无穷小.

3. 设$f(x)=3x^2+x^2|x|$,则使$f^{(n)}(0)$存在的最高阶数n为( )

(A) 0; (B) 1; (C) 2; (D) 3.

4. 设 a 是实数，函数 $f(x)=\begin{cases}\dfrac{1}{(x-1)^a}\cos\dfrac{1}{x-1}, x>1\\ 0, x\leqslant 1\end{cases}$，则 $f(x)$ 在 $x=1$ 处可导时，必有（　　）

(A) $a<-1$；　　(B) $-1\leqslant a\leqslant 0$；

(C) $0\leqslant a<1$；　　(D) $a\geqslant 1$.

三、解下列各题（每小题 7 分，共 42 分）

1. 设 $y=\dfrac{x}{2}\sqrt{x^2+a^2}+\dfrac{a^2}{2}\ln\left(x+\sqrt{x^2+a^2}\right)$，求 y'.

2. 设 $y=\dfrac{\sqrt[3]{x-1}}{(1+x)^2\sqrt[3]{2x-5}}$，求 $\mathrm{d}y$.

3. 设 $y=y(x)$ 由 $\begin{cases}xe^t+t\cos x=\pi\\ y=\sin t+\cos^2 t\end{cases}$ 所确定，求 $\dfrac{\mathrm{d}y}{\mathrm{d}x}\Big|_{x=0}$.

4. 设 $y=y(x)$ 由 $\sin(xy)+3x-y=1$ 所确定，求 $y''(0)$.

5. 设 $f(x)=x^2+(x-1)\arctan\dfrac{2x-1}{x^2+x^2-1}$，求 $f'(1)$.

6. 设 $f(x)=\dfrac{1}{x^2+5x+6}$，求 $f^{(n)}(x)$.

四、(8 分) 过点 $(2,0)$，求与曲线 $y=2x-x^3$ 相切的直线方程.

五、(10 分) 设 $f(x)=\lim\limits_{n\to\infty}\dfrac{x^2e^{n(x-1)}+ax+b}{e^{n(x-1)}+1}$，确定常数 a,b，使 $f(x)$ 处处可导.

六、(8 分) 设对任意 x 和 y，函数 $f(x)$ 和 $g(x)$ 满足

1. $f(x+y)=f(x)g(y)+g(x)f(y)$；

2. $f(x)$ 和 $g(x)$ 在点 $x=0$ 处都可导，且 $f(0)=0, g(0)=1, f'(0)=1, g'(0)=0$.

证明：对任意 $x\in(-\infty,+\infty)$，$f(x)$ 可微且 $f'(x)=g(x)$.

第三章 微分中值定理与导数的应用

微分中值定理是微分学的理论基础,它揭示了函数与其导数之间的内在联系,是用微分法研究函数性态的理论根据,导数的许多应用都以中值定理为基础.

一、主要问题

1. 探讨函数与其导数之间的联系,建立4个微分中值定理:罗尔(Rolle)定理、拉格朗日(Lagrange)定理、柯西(Cauchy)定理、泰勒(Taylor)定理.

2. 利用导数研究函数的性态:函数单调增减性的判别法与极值的求法;曲线凹凸性的判别法与拐点的求法.

3. 利用导数解决实际问题.

二、解决问题的主要方法

1. 从函数 $y=f(x)$ 的几何图形出发,寻求函数与其导数的内在联系,导出3个微分中值定理.利用左、右导数定义证明罗尔定理,借助于辅助函数证明拉格朗日定理和柯西定理.

2. 利用柯西定理推出求解未定式极限的洛必达(L'Hospital)法则.

3. 将拉格朗日定理推广为泰勒定理.

4. 利用一阶导数研究函数的单调性、极值、弧微分,利用二阶导数研究曲线的凹凸性、拐点、曲率及曲率半径.

5. 利用极值、最值求解应用问题.

三、主要应用

1. 求极限.

2. 作函数图形.

3. 求解应用问题.

4. 研究方程根的存在唯一性,求方程的近似根.

5. 证明恒等式和不等式.

四、考点

4个中值定理及其应用,用洛必达法则求极限,研究函数的单调性及曲线的凹凸性,求极值、最值、拐点、曲率和曲率半径,描绘函数的图形.

第一节　微分中值定理

一、基本要求

掌握罗尔定理、拉格朗日定理、柯西定理的条件和结论,会用中值定理的结论求解相关问题.

二、主要内容

3 个中值定理.

三、重点和难点

重点:罗尔定理,拉格朗日定理.
难点:证明中值定理,利用中值定理解题.

四、学习方法

1. 中值定理理论性较强,它们既是重点,又是难点,学习时应结合几何意义充分理解,关键在于分清各中值定理的条件和结论.

2. 注意各中值定理的条件都是充分条件而非必要条件,但它们都是很重要的条件,缺少其中的任何一个都不能保证定理的结论一定成立,因此在应用中值定理解题时,必须逐一验证各条件是否具备.

3. 3 个中值定理都是中值 ξ 的存在性定理,它们均指出了中值 ξ 存在于开区间 (a,b) 之中,并未指出其确切的位置,更没有给出求中值 ξ 的一般方法.一般而言,除了较简单的函数可以求出中值 ξ 的精确值外,通常 ξ 值很难确定,而对抽象函数求 ξ 则是不可能的.尽管如此,中值的存在性在理论和实际中仍有广泛的应用,读者应充分重视和掌握它.

4. 利用辅助函数是求解数学证明题的一个重要方法,能否构造一个恰当的辅助函数是证题的关键.构造辅助函数的基本思想是:从欲证问题的结论入手,通过逆向分析,去寻找一个满足题设条件和结论要求的函数.注意辅助函数不唯一,证题时只要找到一个即可.例如,利用辅助函数

$$F(x)=f(x)-\frac{f(b)-f(a)}{b-a}x;$$

$$F(x)=f(x)-f(a)-\frac{f(b)-f(a)}{b-a}(x-a),$$

都可以证明拉格朗日定理.

五、补充题

1. 证明方程 $x^5-5x+1=0$ 有且仅有一个小于 1 的正实根.

2. 证明等式 $\arcsin x+\arccos x=\frac{\pi}{2}, x\in[-1,1]$.

3. 设$f(x)$在$[0,1]$内连续，在$(0,1)$内可导，证明至少存在一点$\xi\in(0,1)$，使$f'(\xi)=2\xi[f(1)-f(0)]$.

4. 试证至少存在一点$\xi\in(1,\mathrm{e})$使$\sin 1=\cos\ln\xi$.

5. 设$f(x)\in C[0,\pi]$，且在$(0,\pi)$内可导，证明至少存在一点$\xi\in(0,\pi)$，使$f'(\xi)=-f(\xi)\cot\xi$.

6. 若$f(x)$可导，试证在其两个零点间一定有$f(x)+f'(x)$的零点.

7. 设$f(x)$在$[0,1]$内连续，在$(0,1)$内可导，且$f(1)=0$，证明至少存在一点$\xi\in(0,1)$使$nf(\xi)+\xi f'(\xi)=0$.

8. 设$f''(x)<0$，$f(0)=0$，证明对任意$x_1>0$，$x_2>0$有$f(x_1+x_2)<f(x_1)+f(x_2)$.

六、作业

习题3-1　7.　8.　10.　12.　14.　*15.

七、预习

第二节　洛必达法则.

注：本讲一次课完不成，柯西中值定理放在下一讲进行.

第二节　洛必达法则

一、基本要求

掌握洛必达法则的条件和结论，熟练运用洛必达法则求未定式的极限.

二、主要内容

求未定式极限的洛必达法则.

三、重点和难点

重点：求$\frac{0}{0}$型与$\frac{\infty}{\infty}$型极限的洛必达法则.

难点：求特殊类型的极限.

四、学习方法

1. 洛必达法则是求未定型极限的重要方法，其中$\frac{0}{0}$型和$\frac{\infty}{\infty}$型是两个基本类型，即当函数满足一定条件时，有$\lim\frac{f(x)}{g(x)}=\lim\frac{f'(x)}{g'(x)}$，这表明，函数之比的极限可化为导数之比的极限，在很多情况下，它能化繁为简.

2. 使用洛必达法则求未定型的极限，应注意：

(1)只有$\frac{0}{0}$型与$\frac{\infty}{\infty}$型的极限才能直接应用法则,对$0\cdot\infty$型、$\infty-\infty$型、0^0型、∞^0型以及1^∞型极限,必须通过取倒数、通分、取对数等方法将其变形为$\frac{0}{0}$型或$\frac{\infty}{\infty}$型后,才能使用法则解题.

(2)定理的条件是充分条件而不是必要条件,即逆命题不一定成立.例如,当导数之比的极限既不存在也不是∞时,不能断言函数之比的极限也不存在,此时必须用其他方法求极限.

(3)当条件满足时,可连续使用洛必达法则.例如,若$\lim\frac{f(x)}{g(x)}$与$\lim\frac{f'(x)}{g'(x)}$都是$\frac{0}{0}$型且$\lim\frac{f''(x)}{g''(x)}$存在或为$\infty$,则有$\lim\frac{f(x)}{g(x)}=\lim\frac{f'(x)}{g'(x)}=\lim\frac{f''(x)}{g''(x)}$,但求导应适可而止,即当法则已去掉“未定型”后,就不能再用法则继续求导数.具体解题时,每使用一次洛必达法则,都要检验所得到的表达式是否仍然能用法则求解.

(4)洛必达法则不是万能的,有时使用法则会出现循环,有时利用法则不一定简单,应注意将洛必达法则与其他求极限的方法(特别是等价无穷小)综合使用,扬长避短.

五、补充题

1. 求$\lim\limits_{n\to\infty}\frac{x^n}{e^{\lambda x}}(n>0,\lambda>0)$.

2. 求$\lim\limits_{n\to\infty}\sqrt{n}(\sqrt[n]{n}-1)$.

3. $\lim\limits_{x\to 0}\dfrac{3\sin x+x^2\cos\frac{1}{x}}{(1+\cos x)\ln(1+x)}$.

4. $\lim\limits_{x\to 0}\cot x\left(\frac{1}{\sin x}-\frac{1}{x}\right)$.

5. $\lim\limits_{x\to\infty}x^{\frac{3}{2}}(\sqrt{x+2}-2\sqrt{x+1}+\sqrt{x})$.

6. 求下列极限

(1) $\lim\limits_{x\to\infty}\left[x^2\ln\left(1+\frac{1}{x}\right)-x\right]$;　(2) $\lim\limits_{x\to\infty}\frac{1}{x^{100}}e^{-\frac{1}{x^2}}$;　(3) $\lim\limits_{x\to\infty}\dfrac{\ln(1+x+x^2)+\ln(1-x+x^2)}{\sec x-\cos x}$.

六、作业

习题3-2　1.(6),(7),(9),(12),(13),(16)　*4.

七、预习

第三节　泰勒公式.

第三节　泰　勒　公　式

一、基本要求

了解泰勒中值定理与麦克劳林公式,掌握几个常用初等函数的麦克劳林公式.

二、主要内容

泰勒公式与麦克劳林公式.

三、重点和难点

重点:泰勒公式与麦克劳林公式.

难点:泰勒公式的证明.

四、学习方法

1. 泰勒定理是拉格朗日定理的推广,应及时弄清楚 4 个中值定理之间的关系(图 3-1),虚线表示证明的路径.

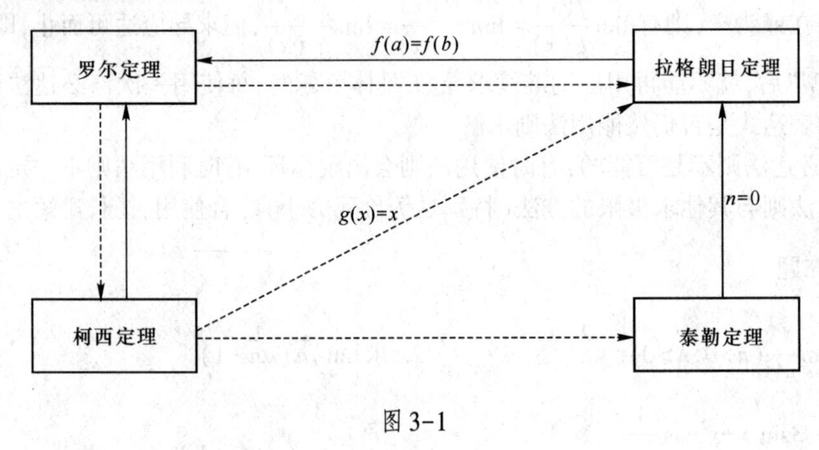

图 3-1

2. 掌握泰勒公式的关键是记住通项中的泰勒系数 $a_k=\dfrac{f^{(k)}(x_0)}{k!}$ $(k=0,1,2,\cdots,n)$ 及余项系数 $\dfrac{f^{(n+1)}(\xi)}{(n+1)!}$.注意,泰勒公式与第十一章的泰勒级数有密切的联系,更精确的讨论将在级数一章进行,本节只是初步了解.

3. 当 $x_0=0$ 时,泰勒公式成为麦克劳林公式 $f(x)=f(0)+f'(0)x+\dfrac{f''(0)}{2!}x^2+\cdots+\dfrac{f^{(n)}(0)}{n!}x^n+R_n(x)$.其中,余项 $R_n(x)=\dfrac{f^{(n+1)}(\xi)}{(n+1)!}x^{n+1}$($\xi$ 介于 0 与 x 之间).应记住几个常用函数的麦克劳林公式,它们是:

$$e^x=\sum_{k=0}^{n}\frac{1}{k!}x^k+o(x^n),x\to 0;$$

$$\sin x=\sum_{k=0}^{n}(-1)^k\frac{x^{2k+1}}{(2k+1)!}+o(x^{2n+2}),x\to 0;$$

$$\cos x=\sum_{k=0}^{n}(-1)^k\frac{x^{2k}}{(2k)!}+o(x^{2n+1}),x\to 0;$$

$$\ln(1+x)=\sum_{k=0}^{n}(-1)^k\frac{x^{k+1}}{k+1}+o(x^{n+1}),x\to 0;$$

$$(1+x)^{\alpha}=1+\alpha x+\frac{\alpha(\alpha-1)}{2!}x^2+\cdots+\frac{\alpha(\alpha-1)\cdots(\alpha-n+1)}{n!}x^n+o(x^n),x\to 0,\alpha\in R.$$

五、补充题

1\. 求$\lim\limits_{x\to 0}\dfrac{\sqrt{3x+4}+\sqrt{4-3x}-4}{x^2}$.　　2. 证明$\sqrt{1+x}>1+\dfrac{x}{2}-\dfrac{x^2}{8}(x>0)$.

3\. $\lim\limits_{x\to 0}\dfrac{e^{x^2}+2\cos x-3}{x^4}$.

4\. 设$f(x)$在$[0,1]$上具有三阶连续导数,且$f(0)=1,f(1)=2,f'\left(\dfrac{1}{2}\right)=0$,证明至少存在一点$\xi\in(0,1)$使$|f'''(\xi)|\geqslant 24$.

5\. 证明 e 为无理数.

六、作业

习题 3-3　1.　4.　5.　7.　8.　*10.(1),(2)

七、复习

第一、第二、第三节.

第四节　中值定理习题课

一、基本要求

掌握 4 个中值定理的条件、结论、证明方法及相互关系,熟练运用洛必达法则求未定式的极限,会用麦克劳林公式作近似计算并估计误差,会用中值定理求解如下问题:

(1)求极限;

(2)证明恒等式或不等式;

(3)证明方程根的存在与唯一;

(4)讨论中值的存在性.

二、典型例题

习题 3-1　7.　8.　9.　10.　11.

三、作业

总习题三　2.　4.　5.　6.　*8.　9.　17.　*18.

四、预习

第四节　函数的单调性与曲线的凹凸性.

第五节　函数的极值与最大值最小值.

第五节 函数单调性的判别法与极值、最值

一、基本要求

掌握函数的单调性、极值、最值概念,熟练掌握求函数单调区间和极值的方法,掌握判断函数单调增减性的方法,掌握求函数最大值和最小值的方法,并会求简单应用问题的最值.

二、主要内容

函数单调性的判别法,极值存在的必要条件与两个充分条件,求函数的最值与实际问题的最值.

三、重点和难点

重点:用一阶导数研究函数的单调性和极值,求实际问题的最大值和最小值.

难点:求实际问题的最值.

四、学习方法

1. 利用一阶导数研究函数的单调性和极值是导数的主要应用之一,方法是寻找一阶导数的同号区间.即在$f(x)$的定义域中求出极值的可疑点(使$f'(x)=0$的点及$f'(x)$不存在的点),用这些点将定义域分成若干个小区间.由$f'(x)$在这些小区间上的符号确定$f(x)$的单调增减区间.函数单调增减区间的分界点x_0是极值点,对应的函数值$f(x_0)$为极值.

2. 极值问题的本质是判断极值的可疑点是否为极值点,应及时弄清楚必要条件与两个充分性判别法在求极值问题中的不同作用.正确理解可导函数的驻点与极值点的区别与联系,即极值点一定是驻点但驻点不一定是极值点.

3. 注意函数的极值与函数的最值是两个不同的概念.极值是局部性的概念,它是函数在点x_0的某邻域$u(x_0)$内的最大值或最小值.在函数的定义域中,极大值不一定大于极小值,且极值只能在定义区间内达到.最值是函数定义区间上的整体性概念,它在极值的可疑点与区间的端点处达到,且最大值一定大于最小值.若最大(小)值在区间内点处取得,则它必定为极大(小)值.

4. 求实际问题的最值,关键是先建立一个与所求最值有关的目标函数.通常是将所求最值设为目标函数,并由实际问题确定该函数的定义区间,然后求该函数在相应区间上的最值.

5. 由于单调性与极值最值在实际应用中十分重要,应高度重视本讲内容并总结求函数极值与最值、解应用题的一般步骤.

五、补充题

1. 证明:当$0<x\leqslant\frac{\pi}{2}$时,不等式$\frac{\sin x}{x}\geqslant\frac{2}{\pi}$成立.

2. 求函数$f(x)=(x-1)x^{\frac{2}{3}}$的极值.

3. 求函数 $f(x)=|2x^3-9x^2+12x|$ 在区间 $\left[-\frac{1}{4},\frac{5}{2}\right]$ 上的最大值和最小值.

4. 设有质量为 5 kg 的物体置于水平面上,受力 F 作用开始移动,设摩擦系数 $\mu=0.25$,问力 F 与水平面夹角 α 为多少时才可使力 F 的大小最小?

5. 一张 1.4 m 高的图片挂在墙上,它的底边高于观察者的眼睛 1.8 m,问观察者在距墙多远处看图才最清楚(视角 θ 最大)?

6. 试问 α 为何值时,$f(x)=\alpha\sin x+\frac{1}{3}\sin 3x$ 在 $x=\frac{2}{3}\pi$ 时取得极值,求出该极值,并指出它是极大还是极小.

7. 设 $f(x)=nx(1-x)^n, n\in N$,试求 $f(x)$ 在 $[0,1]$ 上的最大值 $M(n)$ 及 $\lim\limits_{n\to\infty}M(n)$.

六、作业

习题 3-4　3.(1),(7)　5.(2),(4)　10.(3),(6)　11.(3)　14.　15.　*16.

习题 3-5　1.(5),(9)　2.　3.　7.　12.　16.　17.

七、预习

第六节　函数图形的描述.

第六节　曲线的凹凸性,函数作图

一、基本要求

掌握曲线凹凸性和拐点概念与判别曲线凹凸性和求拐点的方法,了解渐近线概念,会求曲线的渐近线,能综合利用函数的各种性态较准确地描绘函数的图形.

二、主要内容

曲线的凹凸性及判别法,拐点概念及求法,曲线的渐近线,函数作图.

三、重点和难点

重点:曲线的凹凸性,函数作图.

难点:函数作图.

四、学习方法

1. 借助于几何直观学习曲线凹凸性、拐点及渐近线概念.

2. 用二阶导数研究函数图形的凹凸性与拐点也是导数的主要应用,研究方法与用一阶导数研究函数的单调性和极值类似,即用 $f''(x)=0$ 及 $f''(x)$ 不存在的点将 $f(x)$ 的定义区间分为若干个子区间,由 $f''(x)$ 在这些子区间上的符号确定曲线的凹凸区间.注意曲线凹凸区间的分界点 x_0 仅是拐点的横坐标,点 $(x_0,f(x_0))$ 才是拐点.

3. 用导数研究函数的性态主要集中在函数作图上,函数作图的一般步骤详细见教材.具体解题时,应善于利用函数的特点,如对称性、周期性、单调性、凹凸性以及极值、拐点、渐近线、特殊值等,将相应的演算结果列表表示,以便判断曲线的变化情况.作图时,根据表中的信息,尽可能精确地描绘出函数的图形,使图形尽可能光滑,准确和美观.

五、补充题

1. 求曲线 $y=3x^4-4x^3+1$ 的凹凸区间及拐点.
2. 求证曲线 $y=\dfrac{x+1}{x^2+1}$有位于一直线的三个拐点.
3. 求曲线 $y=\dfrac{1}{x-1}+2$ 的渐近线.
4. 求曲线 $y=\dfrac{x^3}{x^2+2x-3}$的渐近线.
5. 描绘 $y=\dfrac{1}{3}x^3-x^2+2$ 的图形.
6. 描绘$(x-3)^2+4y-4xy=0$ 的图形.
7. 求笛卡儿叶形线 $x^3+y^3=3axy$ 的渐近线.

六、作业

总习题 14.(2)
习题3-6 2. 5.

七、预习

第七节,第八节 曲率、方程的近似解.

第七节 曲率、方程的近似解

一、基本要求

了解弧微分概念,会求光滑曲线的弧微分,知道曲率和曲率半径的概念,会计算曲率和曲率半径,知道求方程近似解的二分法和切线法.

二、主要内容

弧微分及其计算公式,曲率和曲率半径,方程的近似解.

三、重点

重点:曲率半径的计算和应用.

四、学习方法

1. 本讲内容比较简单,关键是掌握弧微分和曲率的计算公式,注意弧微分公式不仅适

用于直角坐标系下的曲线,也适用于参数方程和极坐标系下的曲线,为方便应用现将计算公式列举如下:

(1)设光滑曲线 L 为:$y=f(x)\quad(a\leqslant x\leqslant b)$,则 $\mathrm{d}s=\sqrt{1+f'^2(x)}\,\mathrm{d}x$.

(2)设光滑曲线 L 为:$x=\varphi(y)\quad(a\leqslant y\leqslant b)$,则 $\mathrm{d}s=\sqrt{1+\varphi'^2(y)}\,\mathrm{d}y$.

(3)设光滑曲线 L 为:$\begin{cases}x=\varphi(t)\\y=\psi(t)\end{cases}\quad(\alpha\leqslant t\leqslant\beta)$,则 $\mathrm{d}s=\sqrt{\varphi'^2(t)+\psi'^2(t)}\,\mathrm{d}t$.

(4)设光滑曲线 L 为:$r=r(\theta)\quad(\alpha\leqslant\theta\leqslant\beta)$,则 $\mathrm{d}s=\sqrt{r^2(\theta)+r'^2(\theta)}\,\mathrm{d}\theta$.

2. 利用二分法或切线法求方程近似根时,注意利用零点定理及函数的单调性首先确定根的大致范围.

五、补充题

求椭圆$\begin{cases}x=a\cos t\\y=b\sin t\end{cases}(0\leqslant t\leqslant 2\pi)$在何处曲率最大?

六、作业

习题 3-7　4.　5.　7.　8.　*9.

习题 3-8　1.　3.

七、复习

第四节至第八节.

第八节　习　题　课

一、教学目的

1. 利用导数研究函数的各种性态.
2. 掌握函数作图的一般方法.
3. 利用极值和最值的结果解应用问题.
4. 利用单调性、凹凸性、极值和最值证明函数、不等式.
5. 利用单调性确定方程实根的个数及根的存在区间,证明方程根的唯一性.

二、典型例题

题组一:中值定理

1. 考察函数$f(x)=\begin{cases}x^2-2, x\leqslant 1\\-\dfrac{1}{x^2}, x>1\end{cases}$ 在[0,2]上关于拉格朗日定理的正确性.

2. 求下列极限:

(1) $\lim\limits_{x\to1}\dfrac{\ln(1-x)}{\cot\pi x}$;　　(2) $\lim\limits_{x\to0}\left(\dfrac{\pi}{4x}-\dfrac{\pi}{2x(\mathrm{e}^{\pi x}+1)}\right)$;

(3) $\lim\limits_{n\to\infty}n^2(a^{\frac{1}{n}}+a^{-\frac{1}{n}}-2)$；　　(4) $\lim\limits_{x\to+\infty}(\sqrt[6]{x^6+x^5}-\sqrt[6]{x^6-x^5})$.

3. 设$f(x)$在x_0的某一邻域内具有二阶导数,且$f''(x_0)\neq 0$,证明：
当$\Delta x\to 0$时$[f(x_0+\Delta x)-f(x_0)]/\Delta x-f'(x_0)$与$\Delta x$是同阶无穷小.

4. 证明：当$x>1$时,$\arctan x-\dfrac{1}{2}\arccos\dfrac{2x}{1+x^2}=\dfrac{\pi}{4}$.

5. 证明：函数$f(x)=(x-a)\ln[\sin(b-x)+1]$的导数在$(a,b)$内必有零点.

6. 设$f(x)$在$[a,+\infty)$上连续,在$(a,+\infty)$内可导且$f'(x)>1$,$f(a)<0$,试证方程$f(x)=0$在$(a,a-f(a))$内有唯一实根.

7. 设$f(x)$在$[0,1]$上连续,在$(0,1)$内可导,且$f(0)=f(1)=0$,$f\left(\dfrac{1}{2}\right)=1$,试证：在$(0,1)$内至少有一点$\xi$,使$f'(\xi)=1$.

8. 设$f(x)$与$g(x)$在$[a,b]$上连续,在(a,b)内可导,且对一切$x\in(a,b)$有$g'(x)\neq 0$,则必存在$\xi\in(a,b)$,使$\dfrac{f'(\xi)}{g'(\xi)}=\dfrac{f(\xi)-f(a)}{g(b)-g(\xi)}$.

9. 设$f(x)$在$[0,1]$上连续,在$(0,1)$内可导且$f(1)=0$,试证：至少存在一点$\xi\in(0,1)$使$f'(\xi)=-\dfrac{2}{\xi}f(\xi)$.

题组二：导数的应用

1. 求方程$x2^x=1$的实根个数,并求出它们所在的区间.

2. 证明：$f(x)=x^3-3p^2x+q$有三个不同实零点的条件为$q^2-4p^6<0$.

3. 设$f(x)$连续且$f(0)=0$,$\lim\limits_{x\to 0}\dfrac{f(x)}{1-\cos x}=2$,则在$x=0$处$f(x)$为(　　).

(A) 不可导；　(B) 可导且$f'(0)\neq 0$；　(C) 取极大值；　(D) 取极小值.

4. 设$f(x)$在$x=x_0$的某邻域内具有三阶连续导数,如果$f'(x_0)=f''(x_0)=0$,而$f'''(x_0)\neq 0$,讨论$x=x_0$为极值点还是$(x_0,f(x_0))$为拐点？

5. 试确定常数a,b,c,使抛物线$y=ax^2+bx+c$与曲线$y=\cos x$在$x=0$处有相同的切线和曲率.

6. 设$f(x)$在$(-\infty,+\infty)$可微,函数$\varphi(x)=\dfrac{f(x)}{x}$在$x=a(a\neq 0)$有极值,试证：曲线$y=f(x)$在$(a,f(a))$处的切线过原点.

7. 求数列$\{\sqrt[n]{n}\}$的最大值.

8. 过曲线$L:y=x^2-1(x>0)$上的点P作L的切线,此切线与坐标轴相交于点M,N,试求点P的坐标,使$\triangle OMN$的面积最小.

9. 证明不等式：

(1) 当$\dfrac{1}{2}\leqslant x\leqslant 1$时,有$\arctan x-\ln(1+x^2)\geqslant\dfrac{\pi}{4}-\ln 2$；

(2) 当$0<x<2$时,$4x\ln x-x^2-2x+4>0$；

(3) 设$x\in(0,1)$,则$(1+x)\ln^2(1+x)<x^2$.

10. 求使不等式$5x^2+ax^{-5}\geqslant 24(0<x<+\infty)$成立的最小正数$a$.

三、补充题

1. 设函数$f(x)$在(a,b)内可导,且$|f'(x)|\leqslant M$,证明$f(x)$在(a,b)内有界.

2. 设$f(x)$在$[0,1]$内连续,在$(0,1)$内可导,且$f(1)=0$,证明至少存在一点$\xi\in(0,1)$使$f'(\xi)=-\dfrac{2f(\xi)}{\xi}$.

3. 设函数$f(x)$在$[a,b]$内连续,在(a,b)内可导,且$0<a<b$,试证存在$\xi,\eta\in(a,b)$,使$f'(\xi)=\dfrac{a+b}{2\eta}f'(\eta)$.

4. 设实数$a_0,a_1,\cdots,a_n$满足下述等式

$$a_0+\frac{a_1}{2}+\cdots+\frac{a_n}{n+1}=0.$$

证明方程$a_0+a_1x+\cdots+a_nx^n=0$在$(0,1)$内至少有一个实根.

5. 设函数$f(x)$在$[0,3]$上连续,在$(0,3)$内可导,且$f(0)+f(1)+f(2)=3$,$f(3)=1$,试证必存在$\xi\in(0,3)$使$f'(\xi)=0$.

6. 设函数$f(x)$在$[0,1]$上二阶可导,$f(0)=f(1)$,且$|f''(x)|\leqslant 2$,证明$|f'(x)|\leqslant 1$.

7. 证明$f(x)=\left(1+\dfrac{1}{x}\right)^x$在$(0,+\infty)$上单调增加.

8. 设函数$f(x)$在$(-\infty,+\infty)$上二阶可导,且$f(x)+f'(x)>0$,证明$f(x)$至多只有一个零点.

9. 证明$\ln(1+x)>\dfrac{\arctan x}{1+x}(x>0)$.

10. 设$f(0)=0$,在$[0,+\infty)$上$f'(x)$存在,且单调递减,证明对一切$a>0,b>0$有$f(a+b)<f(a)+f(b)$.

11. 证明:当$0<x<1$时,$e^{2x}<\dfrac{1+x}{1-x}$.

12. 证明:当$x>0$时,$(x^2-1)\ln x\geqslant(x-1)^2$.

四、作业

总习题三　*7.　10.(2),(3)　11.(1)　20.

五、预习

第四章　第一节　不定积分的概念和性质.

单元自测(三)

一、求下列极限(每小题5分,共20分)

1. $\lim\limits_{x\to 0}\dfrac{(1+x)^{\frac{1}{x}}-e}{e^x-1}$;　　2. $\lim\limits_{x\to 1}\left(\dfrac{1}{\ln x}-\dfrac{1}{x-1}\right)$;

3. $\lim\limits_{x\to0}(\sqrt{x+3}-\sqrt{x})\ln x$； 4. $\lim\limits_{n\to\infty}\left(n\sin\dfrac{1}{n}\right)^{n^2}$.

二、(8 分)设常数 $k>0$,试确定函数 $f(x)=\ln x-\dfrac{x}{\mathrm{e}}+k$ 在 $[0,+\infty)$ 内零点的个数.

三、(8 分)设函数 $f(x)$ 在 $(-\infty,+\infty)$ 上二阶导数连续,且 $f(0)=0$,对于函数

$$g(x)=\begin{cases}\dfrac{f(x)}{x}, & x\neq0\\ a, & x=0\end{cases}$$

1. 确定 a 的值,使 $g(x)$ 在 $(-\infty,+\infty)$ 上连续；
2. 证明对上述确定的 a 值,$g'(x)$ 在 $(-\infty,+\infty)$ 上连续.

四、(8 分)设 $f(x)=\dfrac{(x-2)(8-x)}{x^2}$,求 $f(x)$ 的增减区间、凹凸区间、极值、拐点和渐近线,并描绘曲线 $y=f(x)$ 的图形.

五、(8 分)当 $0<x_1<x_2<\dfrac{\pi}{2}$ 时,证明不等式:$\dfrac{\tan x_2}{\tan x_1}>\dfrac{x_2}{x_1}$.

六、(8 分)设 $f(x)=nx(1-x)^n$(n 为正整数),求

1. $f(x)$ 在 $0\leqslant x\leqslant1$ 上的最大值 M； 2. $\lim\limits_{n\to\infty}M$.

七、(8 分)设在含 $x=0$ 的某区间 I 上,$f'(x)=g(x)$,$g'(x)=-f(x)$,$f(0)=0$,$g(0)=1$,证明:$f^2(x)+g^2(x)=1\ (x\in I)$.

八、(8 分)设 $f(x)$ 在 $[1,\mathrm{e}]$ 上连续,在 $(1,\mathrm{e})$ 内可导,且 $f(1)=0$,$f(\mathrm{e})=1$,试证明方程 $f'(x)=\dfrac{1}{x}$ 在 $(1,\mathrm{e})$ 内至少有一个实根.

九、(8 分)试比较 e^{π} 与 π^{e} 的大小.

十、(8 分)设 $f(x)$ 在 $[a,b]$ 上连续,在 (a,b) 内 $f'(x)$ 单调增加,试证 $g(x)=\dfrac{f(x)-f(a)}{x-a}$ 在 (a,b) 内单调增加.

十一、(8 分)设 $f(x)$ 在 $[a,b]$ 上连续,在 (a,b) 内有二阶导数,且 $f(a)=0$,$f(b)=0$,又 $f(c)>0\ (a<c<b)$,则至少存在一点 $\xi\in(a,b)$,使 $f''(\xi)<0$.

第四章 不 定 积 分

一、主要问题

对于给定的函数如何求出不定积分.

二、解决问题的主要方法

计算不定积分的基本方法是分析被积函数的特点,联想基本积分公式,通过第一类换元积分法(凑微分法)、代数恒等变形(如四则运算、分子分母有理化、因式分解等)、三角恒等变形、第二类换元积分法(变量代换)、分部积分法等将被积函数转化到基本公式中的情形.

三、考点

不定积分的计算.

第一节 不定积分的概念和性质

一、基本要求

正确理解原函数与不定积分的概念,领会原函数与不定积分之间的区别与联系,掌握并能推证不定积分的性质,牢记并能熟练运用基本积分公式,熟练掌握求简单函数不定积分的直接方法.

二、主要内容

原函数的定义、存在性、性质,不定积分的定义、性质、几何意义,不定积分与导数的关系,基本积分表.

三、重点和难点

重点:原函数与不定积分的概念,基本积分公式.
难点:求原函数.

四、学习方法

1. 关于原函数需弄清以下 3 个问题:
(1) 如果函数 $f(x)$ 在某区间上有原函数,则它在该区间上有无穷多个原函数.
(2) 同一函数的任意两个原函数在同一区间上只相差一个常数.
(3) $f(x)$ 的所有原函数的全体为 $f(x)$ 的不定积分.

2. 不定积分和微分互为逆运算,积分法是在微分法的基础上建立的,利用微分运算法则可推出不定积分的运算法则.

3. 反记基本微分公式,便可推出基本积分表,应尽快熟记常用初等函数的不定积分公式.

4. 熟悉不定积分法则.

5. 求不定积分的直接方法是:利用代数恒等变形、三角恒等变形及不定积分的运算法则,设法将所求积分化为基本积分表中已有的积分形式,然后利用表中公式求解,应通过做题,尽快掌握直接积分法.

五、补充题

1. 求$\int 2^x(e^x-5)dx$.　　2. 求$\int \frac{x^4}{1+x^2}dx$.

3. 求下列积分:(1) $\int \frac{dx}{x^2(1+x^2)}$;　　(2) $\int \frac{dx}{\sin^2 x\cos^2 x}$.

4. 求不定积分$\int \frac{e^{3x}+1}{e^x+1}dx$.

六、作业

习题4-1　2.(5),(12),(14),(20),(23),(25),(26)　5.　6.

七、预习

第二节　换元积分法.

第二节　换元积分法

一、基本要求

熟练掌握第一类换元积分法、第二类换元积分法,领会两类换元积分法之间的区别与联系.

二、主要内容

第一类换元积分法,第二类换元积分法.

三、重点和难点

重点:凑微分法与三角代换.

难点:两类换元积分法中变量代换的选取,变量还原.

四、学习方法

1. 第一类换元积分法(凑微分法)主要解决被积函数为复合函数的积分.其思想方法是:利用变量代换$u=\varphi(x)$化简不定积分$\int f[\varphi(x)]\varphi'(x)dx$,得到容易计算的不定积分

$\int f(u)\mathrm{d}u$,从而使问题得到解决.

2. 凑微分法是计算不定积分用得较多的一种方法,且凑元的方法很多,比较灵活,学习时应熟记以下常用凑微分的类型:

(1) $\int f(ax+b)\mathrm{d}x=\frac{1}{a}\int f(ax+b)\mathrm{d}(ax+b)$;

(2) $\int f(ax^n+b)x^{n-1}\mathrm{d}x=\frac{1}{an}\int f(ax^n+b)\mathrm{d}(ax^n+b)\quad(a\neq 0,n\geqslant 1)$;

(3) $\int f\left(\frac{1}{x}\right)\frac{1}{x^2}\mathrm{d}x=-\int f\left(\frac{1}{x}\right)\mathrm{d}\frac{1}{x}$;

(4) $\int f(\sqrt{x})\frac{1}{\sqrt{x}}\mathrm{d}x=2\int f(\sqrt{x})\mathrm{d}\sqrt{x}$;

(5) $\int f(\mathrm{e}^x)\mathrm{e}^x\mathrm{d}x=\int f(\mathrm{e}^x)\mathrm{d}\mathrm{e}^x$;

(6) $\int\frac{1}{x}f(\ln x)\mathrm{d}x=\int f(\ln x)\mathrm{d}\ln x$;

(7) $\int f(\sin x)\cos x\mathrm{d}x=\int f(\sin x)\mathrm{d}\sin x$;

(8) $\int f(\cos x)\sin x\mathrm{d}x=-\int f(\cos x)\mathrm{d}\cos x$;

(9) $\int f(\tan x)\sec^2 x\mathrm{d}x=\int f(\tan x)\mathrm{d}\tan x$;

(10) $\int f(\cot x)\csc^2 x\mathrm{d}x=-\int f(\cot x)\mathrm{d}\cot x$;

(11) $\int f(\sec x)\tan x\sec x\mathrm{d}x=\int f(\sec x)\ \mathrm{d}\sec x$;

(12) $\int\frac{f(\arctan x)}{1+x^2}\mathrm{d}x=\int f(\arctan x)\mathrm{d}\arctan x$;

(13) $\int f(\arcsin x)\frac{1}{\sqrt{1-x^2}}\mathrm{d}x=\int f(\arcsin x)\mathrm{d}\arcsin x$;

(14) $\int\frac{f'(x)}{f(x)}\mathrm{d}x=\int\frac{\mathrm{d}f(x)}{f(x)}$.

3. 第二类换元积分法主要解决被积函数含有根式的不定积分.其思想方法是:通过变换将被积函数中根式去掉,从而简化被积函数,使不定积分变为容易计算,其关键是选择适当的变量代换.其中三角代换是一种常用的代换方法,要牢记.

4. 熟记教材上几类基本问题的代换方法及变量还原方法,通过例题与练习,掌握代换思想.常用的第二类换元积分法的类型有:

(1) $\int R(x,\sqrt{a^2-x^2})\mathrm{d}x\quad$(令 $x=a\sin t$).

(2) $\int R(x,\sqrt{a^2+x^2})\mathrm{d}x\quad$(令 $x=a\tan t$).

(3) $\int R(x,\sqrt{x^2-a^2})\mathrm{d}x\quad$(令 $x=a\sec t$).

(4) $\int R(x,\sqrt[n]{ax+b})\,dx$ （令$\sqrt[n]{ax+b}=t$）.

5. 当被积函数含有$\sqrt{px^2+qx+r}$时，利用配方与代换可化为4.(1)、(2)、(3)中的一种.

6. 当被积函数的分母含高次x因子时，常用倒代换$x=\dfrac{1}{t}$化简被积表达式.

五、补充题

1. 求$\int (ax+b)^m dx\ (m\neq -1)$.　　2. 求$\int \dfrac{dx}{x(x^{10}+1)}$.

3. 已知$\int x^5 f(x)\,dx=\sqrt{x^2-1}+C$，求$\int f(x)\,dx$.

4. 求下列积分：(1) $\int x^2\dfrac{1}{\sqrt{x^3+1}}dx$；　(2) $\int \dfrac{2x+3}{\sqrt{1+2x-x^2}}dx$.

5. 求下列积分$\int \dfrac{2\sin x\cos x\sqrt{1+\sin^2 x}}{2+\sin^2 x}\,dx$.

6. 求下列积分$\int \dfrac{1}{(1+x^2)\sqrt{1-x^2}}dx$.

六、作业

习题4-2　2.(4),(5),(9),(11),(12),(16),(20),(21),(23),(28),(29),(30),(32),(33),(35),(36),(38),(40),(42),(44)

七、预习

第三节　分部积分法.

第三节　分部积分法

一、基本要求

掌握分部积分法的基本内容和方法，领会分部积分法适用的对象，会用分部积分法求常见类型的不定积分.

二、主要内容

分部积分法的应用.

三、重点和难点

重点：利用分部积分法计算不定积分.
难点：分部积分法中$u(x)$与$v'(x)$的选取.

四、学习方法

1. 分部积分法是利用乘法的求导法则导出的求不定积分的一个基本方法,学习时应循序渐进,首先设出 $u(x)$ 与 $v'(x)$,再求出 $u'(x)$ 与 $v(x)$,然后套公式 $\int uv'\mathrm{d}x=uv-\int u'v\mathrm{d}x$. 熟悉后再用凑微分方法直接用公式 $\int u\mathrm{d}v=uv-\int v\mathrm{d}u$ 计算.

2. 当被积函数为 2 种或 2 种以上不同类型函数的乘积时,一般用分部积分法来求不定积分.

3. 分部积分法的关键是 $u(x)$ 与 $v'(x)$ 的选取,其原则是:①$v'(x)$ 的原函数较易求出;②必须保证 $u'(x)v(x)$ 比 $u(x)v'(x)$ 容易积出.

4. 分部积分法中 $u(x)$ 与 $v'(x)$ 的选取的一般方法是:按照"反三角函数、对数函数、幂函数、指数函数、三角函数"的顺序,排在前面的取为 $u(x)$,排在后面的取为 $v'(x)$.

5. 当被积函数是指数函数与三角函数的乘积时,用两次分部积分可求出其不定积分,其中 $u(x)$、$v'(x)$ 可任选,但应注意前后两次分部积分中 $u(x)$、$v'(x)$ 必须保持取同一类型函数.

五、补充题

1. 求 $\int \frac{\ln\cos x}{\cos^2 x}\mathrm{d}x$.

2. 已知 $f(x)$ 的一个原函数是 $\frac{\cos x}{x}$,求 $\int xf'(x)\mathrm{d}x$.

3. 求 $I=\int \sin(\ln x)\mathrm{d}x$.

六、作业

习题 4-3　4.　5.　9.　14.　18.　20.　21.　22.　24.

七、预习

第四节　有理函数的积分.

第四节　有理函数的积分

一、基本要求

知道部分分式的定义与真假有理分式的定义,会把有理假分式化为多项式与有理真分式之和,会把有理真分式化为部分分式之和,知道有理函数的原函数均是初等函数,会利用不定积分的性质和积分法求出有理函数的不定积分,会综合运用恒等变形、换元积分法、分部积分法等方面的知识求一些有理函数的积分.

二、主要内容

有理分式的部分分式化,有理函数的积分.

三、重点和难点

重点:把有理函数化为部分分式之和,熟练掌握常见部分分式的积分.

难点:回避有理函数积分的一般方法,针对有理函数积分的具体特点,找出最合适、最简便的积分方法.

四、学习方法

1. 有理函数积分的一般方法是:把有理函数分为部分分式之和,这些部分分式都是基本积分公式或是已经解决的积分形式.从理论上讲有理函数总是能积出来的,但这并不是我们的首选,因为该方法的关键是待定系数法.利用待定系数法把有理函数化为部分分式之和时,会遇到以下两个问题:

(1)分母次数较高时,多项式的分解较困难;

(2)确定部分分式系数的计算量非常大.

因此对有理函数的积分应尽量先寻求其他方法,不得已才用一般方法.

2. 要掌握4种常见的部分分式的积分:

(1) $\int \frac{A}{x-a}\mathrm{d}x = A\ln|x-a| + C$;

(2) $\int \frac{A}{(x-a)^n}\mathrm{d}x = \frac{A}{1-n}(x-a)^{1-n} + C(n \neq 1)$;

(3) $\int \frac{Mx+N}{x^2+px+q}\mathrm{d}x = \frac{M}{2}\ln(x^2+px+q) + \frac{b}{a}\arctan\frac{x+\frac{p}{2}}{a} + C(p^2-4q<0)$;

(4) $\int \frac{Mx+N}{(x^2+px+q)^n}\mathrm{d}x = -\frac{M}{2(n-1)(t^2+a^2)^{n-1}} + b\int\frac{\mathrm{d}t}{(t^2+a^2)^n}$.

$p^2-4q<0, n\neq 1, \int\frac{\mathrm{d}t}{(t^2+a^2)^n} = I_n = \frac{1}{2a^2(n-1)}\left[\frac{x}{(x^2+a^2)^{n-1}} + (2n-3)I_{n-1}\right]$.

五、作业

习题4-4　3.　6.　8.　9.　13.　15.　17.　18.　20.　24.

六、预习

第五节　三角函数有理式的积分与无理函数的积分.

第五节　三角函数有理式与简单无理函数的积分

一、基本要求

知道三角有理式可用万能公式代换为有理函数,但这种代换不一定是最简便的方法,会求三角函数有理式的积分,知道简单无理函数的不定积分作适当代换可化为有理函数的不定积分,但不一定是最简单的方法,会求简单的无理函数的积分,会综合运用恒等变形、换元积分法、分部积分法等知识求三角函数的积分.

二、主要内容

三角函数有理式的积分,简单无理函数的积分.

三、重点和难点

重点:化三角函数有理式的积分为有理函数的积分,化无理函数的积分为有理函数或三角函数的积分.

难点:针对三角函数有理式的积分特点,找出简单的积分方法,找到合适的代换,把无理函数的积分化为容易计算的有理函数或三角函数的积分.

四、学习方法

1. 三角函数有理式是视 $\sin x,\cos x$ 为变量时函数表达式为有理函数的一类函数,也就是对 $\sin x,\cos x$ 只作了加、减、乘、除及乘方运算所得到的式子, 记为$\int R(\sin x,\cos x)\mathrm{d}x$.

(1)化三角函数有理式的积分为有理式积分的基本方法是万能代换法,即利用万能公式

$$\sin x=\frac{2\tan\frac{x}{2}}{1+\tan^2\frac{x}{2}},\cos x=\frac{1-\tan^2\frac{x}{2}}{1+\tan^2\frac{x}{2}},$$

作变换 $u=\tan\frac{x}{2}$, 从而$\int R(\sin x,\cos x)\mathrm{d}x=\int R\left(\frac{2u}{1+u^2},\frac{1-u^2}{1+u^2}\right)\frac{2}{1+u^2}\mathrm{d}u$.但万能变换法不一定是最好的方法,所以应尽量考虑是否能用其他更简单的方法.

(2) 形如$\int\frac{a\sin x+b\cos x}{c\sin x+d\cos x}\mathrm{d}x$ 的三角有理式可采用拆项法拆成

$$\int\frac{A(c\sin x+d\cos x)}{c\sin x+d\cos x}\mathrm{d}x+\int\frac{B(c\cos x-d\sin x)}{c\sin x+d\cos x}\mathrm{d}x,$$

式中 A,B 为待定常数,可由比较 $\sin x,\cos x$ 的系数确定.

(3)常见三角函数有理式情形:

(a) 形如$\int\sin^{2n}x\mathrm{d}x$ 或$\int\cos^{2n}x\mathrm{d}x$ 的三角有理式应先降幂.

(b) 形如$\int\sin nx\cos mx\mathrm{d}x$ 的三角有理式应用积化和差公式处理.

(c) 若 $R(-\sin x,\cos x)=-R(\sin x,\cos x)$,则可作变换 $t=\cos x$.

(d) 若 $R(\sin x,-\cos x)=-R(\sin x,\cos x)$,则可作变换 $t=\sin x$.

(e) 若 $R(-\sin x,-\cos x)=R(\sin x,\cos x)$,则可作变换 $t=\tan x$.

(f) 形如 $R(\sin^2x,\cos^2x)$ 或$\int R(\tan x)\mathrm{d}x$,则可作变换 $t=\tan x$.

(g) 形如$\int R(\sin x)\cos x\mathrm{d}x$,则可作变换 $t=\sin x$.

(h) 形如$\int R(\cos x)\sin x\mathrm{d}x$,则可作变换 $t=\cos x$.

2. 无理函数的积分往往比较复杂,而且很多情况下是积不出来的.但一些简单特殊的无理函数的积分是可以化为有理函数或三角函数的积分.

(1)被积函数为 $R(x,\sqrt[n]{ax+b})$ 或 $R\left(x,\sqrt[n]{\dfrac{ax+b}{cx+d}}\right)$,作变换 $t=\sqrt[n]{ax+b}$ 或 $t=\sqrt[n]{\dfrac{ax+b}{cx+d}}$ 即可去根号,化为有理函数的积分.

(2)被积函数含有$\sqrt{a^2\pm b^2x^2}$ 或$\sqrt{b^2x^2-a^2}$,作三角代换可消去根号,化为三角函数的积分.

(3)被积函数含有$\sqrt{px^2+qx+r}$,利用配方化为(2)的情形,再作三角代换.

(4)被积函数同时含有$\sqrt[n]{ax+b}$ 和$\sqrt[m]{ax+b}$ 时,作代换 $t=\sqrt[p]{ax+b}$,其中 p 是 m,n 的最小公倍数.

五、复习

第四章　不定积分.

第六节　习　题　课

一、教学目的

1. 掌握原函数和不定积分的概念.
2. 牢记不定积分的基本公式.
3. 熟练掌握直接积分法、换元积分法和分部积分法.
4. 会将有理函数部分分式化.
5. 掌握有理函数、三角有理函数、简单无理函数的不定积分.

二、典型例题

题组一:基本积分法

求下列不定积分

(1) $\displaystyle\int\frac{\mathrm{d}x}{\sqrt{x+1}-\sqrt{x-1}}$;　　(2) $\displaystyle\int\frac{4\sin^2x+5\cos^2x}{1+\sin x}\mathrm{d}x$;

(3) $\displaystyle\int\frac{\mathrm{d}x}{\sin^3x\cos^5x}$;　　(4) $\displaystyle\int\sqrt{1+\sin x}\,\mathrm{d}x$;

(5) $\displaystyle\int\mathrm{e}^{5+\sin^2x}\sin 2x\mathrm{d}x$;　　(6) $\displaystyle\int x^x(1+\ln x)\mathrm{d}x$;

(7) $\displaystyle\int\frac{1-\ln x}{(x-\ln x)^2}\mathrm{d}x$;　　(8) $\displaystyle\int\frac{\sin x\cos x\mathrm{d}x}{\sqrt[3]{a^2\sin^2x+b^2\cos^2x}}$;

(9) $\displaystyle\int\frac{\arcsin x}{x^2}\cdot\frac{x^2+1}{\sqrt{1-x^2}}\mathrm{d}x$;　　(10) $\displaystyle\int\frac{\sqrt{x-1}\arctan\sqrt{x-1}}{x}\mathrm{d}x$;

(11) $\int \frac{x^3}{\sqrt{1+x^2}}dx$;　(12) $\int \frac{\ln\cos x}{\cos^2 x}dx$;

(13) $\int x\ln(x^4+x)dx$;　(14) $\int \frac{\arctan e^x}{e^{2x}}dx$;

(15) $\int \frac{xe^x}{(1+x)^2}dx$;　(16) $\int e^x\frac{1+\sin x}{1+\cos x}dx$;

(17) $I_n=\int x^n\ln x dx\ (n\neq -1)$;　(18) $I_n=\int \tan^n x dx$.

题组二:特殊函数的不定积分

求下列不定积分

(1) $\int \frac{x^2}{x^2-5x+6}dx$;　(2) $\int \frac{x+1}{x^2-2x+5}dx$;

(3) $\int \frac{x^2+1}{1+x^4}dx$;　(4) $\int \frac{dx}{1+x^4}$;

(5) $\int \frac{x^3}{(1+x^3)^2}dx$;　(6) $\int \frac{dx}{x(1+x^6)}$;

(7) $\int \frac{dx}{(2+\cos x)\sin x}$;　(8) $\int \frac{x+\sin x}{1+\cos x}dx$;

(9) $\int \frac{\sin x}{2\sin x-\cos x}dx$;　(10) $\int \frac{dx}{\sin x\sqrt{1+\cos x}}$;

(11) $\int \frac{dx}{x\sqrt{4-x^2}}$;　(12) $\int \sqrt{\frac{x}{1-x\sqrt{x}}}dx$;

(13) $\int \frac{dx}{\sqrt{x(1-x)}}$;　(14) $\int \frac{xe^x}{\sqrt{e^x-2}}dx$;

(15) $\int \arcsin\sqrt{\frac{x}{1+x}}dx$;　(16) $\int x\sqrt{1-x^2}\arcsin x dx$.

题组三:其他

解下列各题

(1) $\int \max(1,x^2)dx$;　(2) $\int x\left(\frac{\sin x}{x}\right)''dx$;

(3) 已知$f(x)$ 的一个原函数为$(1+\sin x)\ln x$,求$\int xf'(x)dx$;

(4) 设$f(\ln x)=\frac{\ln(1+x)}{x}$,计算$\int f(x)dx$;

(5) 设 $F(x)=\int \frac{x^3-a}{x-a}dx$ 为 x 的多项式,求常数 a 及 $F(x)$;

(6) 设 $F'(x)=f(x)$,$f(x)$ 可微,且$f^{-1}(x)$ 存在,证明:

$\int f^{-1}(x)dx=xf^{-1}(x)-F[f^{-1}(x)]+C$　(C 为常数).

三、作业

总习题四 4.(6),(9),(18),(19),(28),(31),(38),(39)

四、预习

第五章 第一节 定积分的概念和性质.

单 元 自 测 (四)

一、填空(每小题 4 分,共 20 分)

1. $\dfrac{1}{1+\sin x}$的全体原函数为________.

2. 若$\int R(\sin^2 x,\cos^2 x)\mathrm{d}x=\int R\left(\dfrac{u^2}{1+u^2},\dfrac{1}{1+u^2}\right)\dfrac{1}{1+u^2}\mathrm{d}u$,则 $u=$________.

3. $\int xf''(x)\mathrm{d}x=$________.

4. 设$f(x)$ 有原函数 $x\ln x$,则$\int xf'(x)\mathrm{d}x=$________.

5. 设$f'(\mathrm{e}^x)=x+1$,且$f(1)=0$,则$f(x)=$________.

二、写出下列函数的凑微分形式(10 分)

例:$\int f(ax+b)\mathrm{d}x=\underline{\dfrac{1}{a}\int f(ax+b)\mathrm{d}(ax+b)}$.

1. $\int f(ax^n+b)x^{n-1}\mathrm{d}x=$________.

2. $\int f(a^x+b)a^x\mathrm{d}x=$________.

3. $\int f[\ln\varphi(x)]\dfrac{\varphi'(x)}{\varphi(x)}\mathrm{d}x=$________.

4. $\int f(a\tan x+b)\sec^2 x\mathrm{d}x=$________.

5. $\int f\left(\arctan\dfrac{x}{a}\right)\dfrac{1}{a^2+x^2}\mathrm{d}x=$________.

三、计算不定积分(50 分)

1. $\int\dfrac{1}{x^4-1}\mathrm{d}x$.

2. $\int(\sin^5 x+\cos^2 x)\mathrm{d}x$.

3. $\int x^2\sqrt{1+8x^3}\mathrm{d}x$.

4. $\int\dfrac{x\mathrm{d}x}{x^4+2x^2+5}$.

5. $\int\sin^2\sqrt{x}\,\mathrm{d}x$.

6. $\int\dfrac{\ln(1+\mathrm{e}^x)}{\mathrm{e}^x}\mathrm{d}x$.

7. $\int\dfrac{(x^2+1)\arcsin x}{x^2\sqrt{1-x^2}}\mathrm{d}x$.

8. $\int\cos\ln x\mathrm{d}x$.

9. $\int\mathrm{e}^{\sin x}\cdot\dfrac{x\cos^3 x-\sin x}{\cos^2 x}\mathrm{d}x$.

10. $\int\max\{1,x^2\}\mathrm{d}x$.

四、(8 分) 设$I_n=\int x^{\alpha}\ln^n x\mathrm{d}x$(其中 n 为自然数,α 为大于 0 的常数),

证明：$I_n = \frac{1}{\alpha+1}x^{\alpha+1}\ln^n x - \frac{n}{\alpha+1}I_{n-1}$，并计算$\int x^5\ln^3 x\mathrm{d}x$.

五、解下列各题（12 分）

1. 一物体由静止开始作直线运动，在 t 秒末的速度是 $3t^2$（m/s），问

（1）在 3 s 时物体离开出发点的距离是多少？

（2）需要多少时间走完 343 m？

2. 函数 $y=f(x)$ 的导函数 $y'=f'(x)$ 的图像是一条二次抛物线，开口向着 y 轴的正向，且与 x 轴交于 $x=0$ 和 $x=2$. 若 $f(x)$ 的极大值为 4，极小值为 0，求 $f(x)$.

六、（附加题 10 分）设 $f(x)$ 的原函数 $F(x)>0$ 且 $F(0)=0$，当 $x\geqslant 0$ 时有 $f(x)F(x)=\sin^2 2x$，求 $f(x)$.

第五章　定　积　分

一、主要问题

1. 定积分的概念与性质.
2. 定积分的计算.
3. 广义积分的概念.

二、解决问题的主要方法

1. 牛顿—莱布尼兹公式.
2. 定积分的换元积分法.
3. 定积分的分部积分法.

三、考点

积分上限函数求导,定积分的计算与定积分有关的证明问题,广义积分的计算.

第一节　定积分的概念与性质

一、基本要求

知道定积分的定义、各种术语及记号,领会定积分的几何意义,会用定积分的性质计算或估计定积分的值,记住定积分存在的充分条件,领会定积分的性质在计算及证明定积分问题中的作用,会用定积分的定义及几何意义计算简单形式的定积分,会用定积分定义求和式的极限.

二、主要内容

定积分的定义、性质,定积分存在的条件,定积分的几何意义.

三、重点和难点

重点:定积分的概念、性质.
难点:定积分的概念.

四、学习方法

1. 理解定积分"大化小、常代变、近似和、取极限"的思想.
2. 定积分的结果是一个数,它只与被积函数$f(x)$及积分区间$[a,b]$有关,与积分变量的记法无关,即与积分变量用什么字母表示无关.

3. 定积分的值与区间$[a,b]$的分法和ξ_i的取法无关,因此利用定义计算定积分时,可以采用对区间的特殊分法及各点ξ_i的特殊取法使积分和式的极限容易计算,如$\int_a^b f(x)\,dx = \lim\limits_{n\to\infty}\sum\limits_{i=1}^{n} f\left(a+\frac{b-a}{n}i\right)\frac{b-a}{n}$.

4. 利用积分中值定理可以求一些含有积分的极限问题.

五、补充题

1. 用定积分表示下列极限:

(1) $\lim\limits_{n\to\infty}\frac{1}{n}\sum\limits_{i=1}^{n}\sqrt{1+\frac{i}{n}}$;　　(2) $\lim\limits_{n\to\infty}\frac{1^p+2^p+\cdots+n^p}{n^{p+1}}$.

2. 试证:$1\leqslant\int_0^{\frac{\pi}{2}}\frac{\sin x}{x}dx\leqslant\frac{\pi}{2}$.

六、作业

习题 5-1　*2.(2)　6.　7.　10.(3),(4)　12.(3)　13.(1),(5)

七、预习

第二节　微积分基本公式.

第二节　微积分基本公式

一、基本要求

了解积分上限函数的定义与性质,了解定积分与不定积分的联系与区别,会求积分上、下限函数的导数,知道原函数存在定理,会用牛顿—莱布尼兹公式计算定积分,综合运用积分上限函数的求导公式、定积分的性质、罗比达法则等求含有积分上、下限函数的极限、极值、凹凸性、拐点等问题.

二、主要内容

积分上限函数及其导数,牛顿—莱布尼兹公式.

三、重点和难点

重点:积分上限函数及其导数,牛顿—莱布尼兹公式.
难点:积分上限函数的导数.

四、学习方法

1. 对于积分上限函数求导问题,当变限积分的被积函数中出现积分上限变量时,需要通过适当的恒等变形或换元,使被积函数不含积分上限变量,然后再作导数运算.

2. 积分上限函数求导有以下推广结论:

(1)设$f(x)$连续,$\varphi(x)$可导,则

$$\frac{\mathrm{d}}{\mathrm{d}x}\int_0^{\varphi(x)} f(t)\,\mathrm{d}t = f[\varphi(x)]\varphi'(x);$$

(2)设$f(x)$连续,$\varphi(x)$,$\psi(x)$可导,则

$$\frac{\mathrm{d}}{\mathrm{d}x}\int_{\varphi(x)}^{\psi(x)} f(t)\,\mathrm{d}t = f[\psi(x)]\psi'(x) - f[\varphi(x)]\varphi'(x);$$

(3)设$f(x)$连续,$\varphi(x)$可导,则

$$\frac{\mathrm{d}}{\mathrm{d}x}\int_a^x \varphi(x)f(t)\,\mathrm{d}t = \frac{\mathrm{d}}{\mathrm{d}x}\left[\varphi(x)\int_a^x f(t)\,\mathrm{d}t\right] = \varphi'(x)\int_a^x f(t)\,\mathrm{d}t + \varphi(x)f(x).$$

3. 运用积分上限函数求导,结合函数极限的特性,可以求解含有积分上限函数的极限.一般地,含有积分上限函数的极限问题,通常是判断其属于何种未定式,然后用洛比达法则求解.

4. 牛顿—莱布尼兹公式把计算定积分归结为计算任一原函数在一个区间上的增量$\int_a^b f(x)\,\mathrm{d}x = F(x)\big|_a^b = F(b) - F(a)$(其中$F'(x)=f(x)$),因此计算定积分可通过计算不定积分来实现.

5. 在应用牛顿—莱布尼兹公式时,一定要注意其成立的条件.即在积分区间内被积函数必须是连续的,否则不能使用牛顿—莱布尼兹公式;另外牛顿—莱布尼兹公式适用于原函数易于求得的定积分.

五、补充题

1. 设$f(x) = x^2 - x\int_0^2 f(x)\,\mathrm{d}x + 2\int_0^1 f(x)\,\mathrm{d}x$,求$f(x)$.

2. 设$\alpha = \int_0^{x^2} \tan\sqrt{t}\,\mathrm{d}t$,$\beta = \int_0^{\sqrt{x}} \sin t^3\,\mathrm{d}t$,试证:当$x \to 0^+$时,$\alpha = o(\beta)$.

六、作业

习题5-2 3. 4. 5.(3) 8.(8),(11),(12) 11.(2) 14.

七、预习

第三节 定积分的换元积分法.

第三节 定积分的换元积分法

一、基本要求

掌握定积分换元积分法与不定积分换元法的区别,会用定积分的换元法计算及证明定积分问题,会用对称区间奇、偶连续函数的性质及连续的周期函数的性质,简化定积分的

计算.

二、主要内容

定积分的换元公式,由换元积分法得出的相关结论.

三、重点和难点

重点:定积分换元积分公式的应用,定积分“偶倍奇零”性质的应用.
难点:一些特殊定积分的计算.

四、学习方法

1. 应用换元积分公式时要注意:

(1)通常变量代换 $x=\varphi(t)$ 取单调函数,作何种变换类似于不定积分的换元变换,但所作变换 $x=\varphi(t)$ 必须具有连续导数.

(2)用 $x=\varphi(t)$ 把原来变量 x 代换成新变量 t 时,积分限也要换成相应新变量 t 的积分限,即换元必换限.

(3)求出 $f[\varphi(t)]\varphi'(t)$ 的一个原函数 $\Phi(t)$ 后,只要把新变量 t 的上、下限分别代入 $\Phi(t)$ 中,然后相减即可,而不必将 $\Phi(t)$ 还原为变量 x 的函数.

2. 运用凑微分法计算定积分时,若没引入新的变量,就不需要换限,即未换元不换限.

3. 熟练运用定积分的“偶倍奇零”性质:

(1) 设 $f(x)$ 在 $[-a,a]$ 上连续,且为偶函数,则 $\int_{-a}^{a} f(x)\,\mathrm{d}x = 2\int_{0}^{a} f(x)\,\mathrm{d}x$.

(2) 设 $f(x)$ 在 $[-a,a]$ 上连续,且为奇函数,则 $\int_{-a}^{a} f(x)\,\mathrm{d}x = 0$.

4. 设 $f(x)$ 是以 T 为周期的连续函数,则 $\int_{a}^{a+T} f(x)\,\mathrm{d}x = \int_{0}^{T} f(x)\,\mathrm{d}x$,其中 a 是任意常数.

5. 熟悉下面常用的定积分计算公式,以简化计算:

(1) $\int_{-a}^{a} f(x)\,\mathrm{d}x = \int_{0}^{a}[f(x)+f(-x)]\,\mathrm{d}x$;　(2) $\int_{0}^{\frac{\pi}{2}} f(\sin x)\,\mathrm{d}x = \int_{0}^{\frac{\pi}{2}} f(\cos x)\,\mathrm{d}x$;

(3) $\int_{0}^{\pi} f(\sin x)\,\mathrm{d}x = 2\int_{0}^{\frac{\pi}{2}} f(\sin x)\,\mathrm{d}x$;　(4) $\int_{0}^{\pi} xf(\sin x)\,\mathrm{d}x = \frac{\pi}{2}\int_{0}^{\pi} f(\sin x)\,\mathrm{d}x$;

(5) $$\int_{0}^{\frac{\pi}{2}} \sin^n x\,\mathrm{d}x = \int_{0}^{\frac{\pi}{2}} \cos^n x\,\mathrm{d}x = \begin{cases} \dfrac{(n-1)(n-3)\cdots 3\times 1}{n(n-2)\cdots 4\times 2}\times\dfrac{\pi}{2}, n\text{ 为偶数} \\ \dfrac{(n-1)(n-3)\cdots 4\times 2}{n(n-2)\cdots 5\times 3}, n\text{ 为奇数} \end{cases}.$$

五、预习

第三节　定积分的分部积分法.

第四节　定积分的分部积分法

一、基本要求

会用定积分的分部积分法计算及证明定积分问题,综合运用定积分的换元积分法、分部积分法等计算定积分,证明积分等式与不等式,综合运用定积分的性质、换元积分法、分部积分法推导定积分的递推公式,并会用这些公式计算定积分.

二、主要内容

定积分的分部积分公式.

三、重点和难点

重点:利用定积分的分部积分公式计算定积分.

难点:分部积分公式中 u 和 $\mathrm{d}v$ 的适当选取.

四、学习方法

1. 定积分分部积分法的基础是不定积分的分部积分法,因此 u 和 $\mathrm{d}v$ 的适当选取仍然是一个关键,其选择的原则和方法与不定积分的分部积分法类似.

2. 当被积函数含有抽象函数或导函数时,通常采用分部积分法.

3. 若在使用分部积分的过程中出现循环现象,常常可以通过移项得到积分结果.应当注意的是:在反复使用分部积分的过程中,每次都要选同一类函数作为 u,而不要对调 u 与 v 两个函数的位置,否则不仅不会产生循环现象,反而会恢复原状.

五、补充题

1. 设 $f(t)\in C^1$, $f(1)=0$, $\int_1^{x^3} f'(t)\,\mathrm{d}t=\ln x$,求 $f(\mathrm{e})$.

2. 设 $f''(x)$ 在 $[0,1]$ 连续,且 $f(0)=1$, $f(2)=3$, $f'(2)=5$,求 $\int_0^1 f''(2x)\,\mathrm{d}x$.

3. 设 $f(x)$ 在 $[a,b]$ 上有连续的二阶导数,且 $f(a)=f(b)=0$,试证:

$$\int_a^b f(x)\,\mathrm{d}x=\frac{1}{2}\int_a^b (x-a)(x-b)f''(x)\,\mathrm{d}x.$$

六、作业

习题 5-3　1.(4),(10),(16),(24)　3.　7.(4),(9),(10)

七、预习

第四节　反常积分.

第五节　$\boldsymbol{\Gamma}$ 函数.

第五节　反常积分、Γ函数

一、基本要求

知道广义积分与常义积分的联系与区别,掌握两类广义积分的定义,会用广义积分的定义、性质判定广义积分的敛散性,综合运用广义积分、定积分、极限的性质及计算方法计算广义积分、判断其敛散性,知道定积分的近似计算公式.

二、主要内容

无穷区间的广义积分,无界函数的广义积分,定积分的近似计算.

三、重点和难点

重点:广义积分的定义及算法.
难点:无界函数的广义积分.

四、学习方法

1. 两类广义积分的极限定义是判断相应广义积分收敛或发散的一种方法.当广义积分收敛时,它又是求广义积分值的一种方法.

2. 根据广义积分的定义知道,实际上一个广义积分可以看作是一个常义的变限积分取极限所得的结果.

3. 无界函数广义积分的记号$\int_a^b f(x)\,dx$与定积分是相同的,在计算积分$\int_a^b f(x)\,dx$时应先考察$f(x)$在$[a,b]$上是否有无穷间断点,若有无穷间断点,则为广义积分,不能按定积分求.

4. 多种情况的广义积分必须分开来算,只有所有极限都存在,才称广义积分收敛.在一般情形下,每一个广义积分总可以表示成无穷区间上广义积分与有限区间上无界函数的广义积分的和.

5. 在计算一个广义积分时,也可以使用换元法和分部积分法.

6. 由于实际问题的复杂性及有些函数的原函数不能用初等函数表出,所以有些问题不能用牛顿—莱布尼兹公式与其他定积分计算法解决,因此学习近似计算方法求定积分的近似值,可以解决更广泛的实际问题.

五、作业

习题5-4　1.(4),(5),(6),(9),(10)　2.　3.

六、复习

第五章　定积分.

第六节 习 题 课

一、教学目的

1. 深入理解定积分的概念与无限分割和无限求和的思想方法,掌握定积分的基本性质.
2. 掌握积分上限函数及其导数,掌握微积分基本定理.
3. 掌握牛顿—莱布尼兹公式.
4. 熟练运用定积分的换元积分法和分部积分法及各种相应方法计算定积分.
5. 掌握两类广义积分的定义和性质.
6. 会用广义积分的定义、性质判定广义积分的敛散性、计算广义积分.

二、典型例题

题组一:概念题

1. 求极限:

(1) $\lim\limits_{n\to\infty}\left(\dfrac{n}{n^2+1}+\dfrac{n}{n^2+2^2}+\cdots+\dfrac{n}{n^2+n^2}\right)$;

(2) $\lim\limits_{n\to\infty}\sum\limits_{i=1}^{n}\dfrac{\pi^{\frac{i}{n}}}{\left(n+\dfrac{1}{i}\right)}$;

(3) $\lim\limits_{x\to\frac{\pi}{2}}\dfrac{\int_0^x\sin^n t\mathrm{d}t-\int_0^{\frac{\pi}{2}}\cos^n x\mathrm{d}x}{x\sin^2 x\cos x}$;

(4) $\lim\limits_{x\to+\infty}x\int_0^{\frac{1}{x}}\ln(1+t)\mathrm{d}t$;

(5) $\lim\limits_{n\to+\infty}\int_0^1\dfrac{x^n}{1+x}\mathrm{d}x$.

2. 设$f(x)$为连续函数,试解下列各题:

(1) 设$f(x)=x+\int_0^{\pi}f(x)\sin x\mathrm{d}x$,求$f(x)$;

(2) 设$f(x)=x^2-x\int_0^2 f(x)\mathrm{d}x+2\int_0^1 f(x)\mathrm{d}x$,求$f(x)$;

(3) 设$F(x)=\int_a^b f(t)|x-t|\mathrm{d}t\ (a<x<b)$,求$F''(x)$;

(4) 设$\varphi(x)=\int_a^b f(xt)\mathrm{d}t$,且$f(0)=0,f'(0)=1$,求$\varphi'(x)$;

(5) 设$F(x)=\int_0^x(x-2t)f(t)\mathrm{d}t$,证明:

(a) 若$f(x)$为偶函数,则$F(x)$也为偶函数;

(b) 若$f(x)$单调不增,则$F(x)$单调不减.

题组二:计算题

1. $\int_{\frac{1}{2}}^{\frac{3}{4}}\dfrac{\arcsin\sqrt{x}}{\sqrt{x(1-x)}}\mathrm{d}x$.

2. $\int_{-\frac{1}{2}}^{-\frac{3}{5}}\dfrac{\mathrm{d}x}{x\sqrt{1-x^2}}$.

3. $\int_0^{\frac{\pi}{2}} \sqrt{1-\sin 2x}\,dx$.

4. $\int_0^{\frac{\pi}{2}} \frac{x}{1+\cos x}dx$.

5. $\int_{-1}^{1} x^2(\arctan x+\sqrt{1-x^2})dx$.

6. $\int_{-\frac{\pi}{4}}^{\frac{\pi}{4}} \frac{\cos x}{1+e^x}dx$.

7. $\int_{-1}^{1} x\ln(1+e^x)^2dx$.

8. $\int_0^{\pi}(e^{\cos x}-e^{-\cos x})dx$.

9. $\int_{-2}^{3} |x^2+2|x|-3|dx$.

10. $\int_2^{+\infty} \frac{dx}{(x+7)\sqrt{x-2}}$.

11. 设$f(x)=\begin{cases}x^2, x\geqslant 0\\ 2^x, x<0\end{cases}$,求$\int_{-2}^{0} f(x+1)dx$.

题组三:证明题

1. 设 $f(x)$ 在 $[0,1]$ 可导,且 $f(1)=2\int_0^{\frac{1}{2}} e^{1-x^2}f(x)dx$,证明:存在 $\xi\in(0,1)$,使 $f'(\xi)=2\xi f(\xi)$.

2. 设 $f(x)$ 在$[a,b]$ 连续,且 $f(x)>0$,证明:存在唯一的 $\xi\in(a,b)$,使 $\int_a^{\xi} f(x)dx=\int_{\xi}^{b}\frac{1}{f(x)}dx$.

3. 证明:方程 $\int_0^x \frac{2+\sin t}{1+t}dt=\int_x^1\frac{1+t}{2+\sin t}dt$ 在 $[0,1]$ 内存在唯一实根.

4. 证明积分等式:

(1) $\int_a^b f(x)dx=(b-a)\int_0^1 f[a+(b-a)x]dx$;

(2) $\int_1^a f\left(x^2+\frac{a^2}{x^2}\right)\frac{1}{x}dx=\int_1^a f\left(x+\frac{a^2}{x}\right)\frac{1}{x}dx \quad (a>1)$.

5. 证明积分不等式

(1) $\int_0^{\sqrt{2\pi}} \sin x^2 dx>0$;

(2)设$f(x)$在$[a,b]$连续,且单调递增,则

$$\int_a^b xf(x)dx\geqslant\frac{a+b}{2}\int_a^b f(x)dx;$$

(3)设$f(x)$在$[0,1]$有连续导数,且 $0<f'(x)<1$,$f(0)=0$,则

$$\int_0^1 f^2(x)dx>\left[\int_0^1 f(x)dx\right]^2>\int_0^1 f^3(x)dx;$$

(4)设$f'(x)$在 $[0,a]$ 上连续且 $f(0)=0$,$M=\max|f'(x)|$,则

$$\left|\int_0^a f(x)dx\right|\leqslant\frac{M}{2}a^2.$$

三、作业

总习题五 *4. 8. 9.(1) 11.(2),(5),(9) 14.

四、预习

第六章　第一节　定积分的元素法.

第二节　定积分在几何学上的应用.

单元自测（五）

一、填空题（每小题 4 分，共 20 分）

1. $\lim\limits_{n\to\infty}\left[\dfrac{1}{\sqrt{4n^2-1^2}}+\dfrac{1}{\sqrt{4n^2-2^2}}+\cdots+\dfrac{1}{\sqrt{4n^2-n^2}}\right]=$ ________.

2. $y=\int_0^x(1+t)\arctan t\mathrm{d}t$ 的极小值点为 ________，极小值为 ________.

3. 若 $f(x)$ 在 $[-a,a]$ 上连续，则 $\int_{-a}^{a}x[f(x)+f(-x)]\mathrm{d}x=$ ________.

4. 当 $x>0$ 时 $f(x)$ 连续，且 $\int_1^{x^2}f(t)\mathrm{d}t=x^2(1+x)$，则 $f(2)=$ ________.

5. 设 $f(x)$ 连续，且 $f(x)=x+2\int_0^1 f(x)\mathrm{d}x$，则 $f(x)=$ ________.

二、选择题（每小题 4 分，共 20 分）

1. 广义积分 $\int_0^{+\infty}x\mathrm{e}^{-x}\mathrm{d}x=$（　　）.

(A) 1；　　(B) -1；　　(C) e；　　(D) 发散.

2. 设 $M=\int_{-\frac{\pi}{2}}^{\frac{\pi}{2}}\dfrac{\sin x}{1+x^2}\cos^4x\mathrm{d}x$，$N=\int_{-\frac{\pi}{2}}^{\frac{\pi}{2}}(\sin^3x+\cos^4x)\mathrm{d}x$，$P=\int_{-\frac{\pi}{2}}^{\frac{\pi}{2}}(x^2\sin^3x-\cos^4x)\mathrm{d}x$，则有（　　）.

(A) $N<P<M$；　　(B) $M<P<N$；

(C) $N<M<P$；　　(D) $P<M<N$.

3. 若 $f(x)$ 连续且满足 $f(x)=\int_0^{2x}f\left(\dfrac{t}{2}\right)\mathrm{d}t+\ln 2$，则 $f(x)=$（　　）.

(A) $\mathrm{e}^x\ln 2$；　　(B) $\mathrm{e}^{2x}\ln 2$；　　(C) $\mathrm{e}^x+\ln 2$；　　(D) $\mathrm{e}^{2x}+\ln 2$.

4. 设 $f(x)$ 为已知连续函数，$I=t\int_0^{\frac{s}{t}}f(tx)\mathrm{d}x\ (t>0,s>0)$，则 I 的值（　　）.

(A) 依赖于 x 和 t；　　(B) 依赖于 s,t,x；

(C) 依赖于 t，不依赖于 s；　　(D) 依赖于 s，不依赖于 t.

5. 若 $f(x)$ 在 $[a,b]$ 上连续，且 $\varphi(x)=(x-b)\int_a^x f(t)\mathrm{d}t$，则在 (a,b) 内必存在 ξ，使 $\varphi'(\xi)=$（　　）.

(A) 0；　　(B) 1；　　(C) $\dfrac{1}{2}$；　　(D) 2.

三、计算下列定积分(每小题 5 分,共 20 分)

1. $\int_{\frac{1}{2}}^{\frac{3}{4}} \frac{\arcsin \sqrt{x}}{\sqrt{x(1-x)}} dx$. 2. $\int_0^{\pi} x\sqrt{\cos^2 x - \cos^4 x}\, dx$.

3. $\int_0^2 \frac{dx}{\sqrt{x(2-x)}}$.

4. 已知$f(x) = \begin{cases} 1 + x^2, x < 0 \\ e^{-x}, x \geqslant 0 \end{cases}$,求$\int_1^3 f(x-2)\,dx$.

四、解下列各题(20 分)

1. 已知$f(x)$ 连续且$f(1) = 1$,求极限$\lim\limits_{x \to 0} \frac{\int_1^{\cos x} f(t)\,dt}{1 + x - e^x}$.

2. 已知$f(2) = \frac{1}{2}, f'(2) = 0, \int_0^2 f(x)\,dx = 1$,求$\int_0^1 x^2 f''(2x)\,dx$.

3. 设$f(x) = \int_0^{x^2} e^{-t^2} dt$,求$f(x)$ 的极值并计算$\int_{-2}^{2} x^2 f'(x)\,dx$.

五、证明题(20 分)

1. 设$f(x)$ 在$(-\infty, +\infty)$ 上连续,$F(x) = \int_0^x (x - 2t) f(t)\,dt$,试证:

(1) 若$f(x)$ 为偶函数,则 $F(x)$ 亦为偶函数;

(2) 若$f(x)$ 单调递减,则 $F(x)$ 单调递增.

2. 函数$f(x)$ 在区间$[0,1]$ 上可导,且满足$f(1) = 2\int_0^{\frac{1}{2}} x f(x)\,dx$,试证:至少存在一点$\xi \in (0,1)$,使$\xi f'(\xi) + f(\xi) = 0$.

六、附加题(20 分)

1. 设$f(x)$是以 π 为周期的连续函数,证明:

$$\int_0^{2\pi} (\sin x + x) f(x)\,dx = \int_0^{\pi} (2x + \pi) f(x)\,dx.$$

2. 证明不等式$\int_0^{\sqrt{2\pi}} \sin x^2 dx > 0$.

3. 设$f(x)$在$[0,1]$上具有连续的导数,且$0<f'(x)<1$,$f(0)=0$,证明:

$$\left[\int_0^1 f(t)\,dt\right]^2 > \int_0^1 f^3(t)\,dt.$$

第六章　定积分的应用

一、主要问题

定积分的微元素法,定积分在几何上的应用,定积分在物理上的应用.

二、解决问题的主要方法

定积分的微元素法.

三、主要应用

1. 定积分在几何上的应用.
2. 定积分在物理上的应用.

四、考点

用元素法求平面图形面积、立体体积、平面曲线弧长.

第一节　定积分的元素法、平面图形的面积

一、基本要求

知道量 U 可用定积分计算所具有的 3 个特征,掌握定积分的元素法,领会定积分元素法中主要步骤是以“不变代变”得到的,会用定积分元素法求平面图形的面积.

二、主要内容

定积分的元素法,平面图形的面积.

三、重点和难点

重点:用定积分的微元素法计算几何量.
难点:将要计算的几何量用定积分表示.

四、学习方法

1. 解题时先画出草图,再根据图形的具体特点选取合适的坐标系(直角坐标、极坐标、参数方程)及积分变量.

2. 利用定积分的元素法解决问题的步骤是:定区间,求微元,算积分.其中求出所求量的微元是最关键的,而微元的取法不是唯一的.选取不同的坐标系,微元可以有不同的取法.在

同一坐标系下,微元的取法也可以不同.

3. 积分上、下限的确定,是应用定积分解决问题的一个难点.一般情况下,积分变量确定以后,要根据实际问题找出变量的变化范围,并根据“在哪里分割(找代表小区间),就在哪里累加(积分)”的原则确定积分上、下限.

五、补充题

1. 求由摆线 $x=a(t-\sin t)$, $y=a(1-\cos t)$ $(a>0)$ 的一拱与 x 轴所围平面图形的面积.
2. 计算心形线 $r=a(1+\cos\theta)$ $(a>0)$ 与圆 $r=a$ 所围图形的面积.
3. 求双纽线 $r^2=a^2\cos 2\theta$ 所围图形的面积.

六、作业

习题 6-2　2.(1),(3)　3.　4.　5.(2),(3)　8.(2)　9.　10.

七、预习

第二节　元素法求立体体积和平面曲线的弧长.

第二节　体积、平面曲线的弧长

一、基本要求

会用定积分的元素法求旋转体的体积,会用定积分的元素法求平行截面为已知的立体的体积,会用定积分的元素法求平面曲线的弧长.

二、主要内容

旋转体的体积,已知平行截面面积函数的立体的体积,平面曲线的弧长.

三、重点和难点

重点:用定积分的微元素法计算几何量.

难点:将要计算的几何量用定积分表示.

四、学习方法

1. 用定积分的元素法求平行截面为已知的立体的体积时,用公式前要适当选取坐标系,使平行截面面积容易计算.

2. 求弧长的关键是要记住在直角坐标、参数方程、极坐标 3 种情形下的弧微分公式.

3. 计算由连续曲线 $y=f(x)$, $y=g(x)$ $(f(x)\geqslant g(x)\geqslant 0)$ 及直线 $x=a$, $x=b$ 所围图形绕 x 轴旋转一周所成旋转体的体积时,所求体积 V_x 是两部分体积之差.

$$V_x = V_2 - V_1 = \pi\int_a^b [f(x)]^2\mathrm{d}x - \pi\int_a^b [g(x)]^2\mathrm{d}x = \pi\int_a^b [f^2(x) - g^2(x)]\mathrm{d}x.$$

容易出现的错误是:$V_x = \pi\int_a^b [f(x) - g(x)]^2\mathrm{d}x$.

五、补充题

1. 设 $y=f(x)$ 在 $x\geqslant 0$ 时为连续的非负函数,且 $f(0)=0$,$V(t)$ 表示 $y=f(x)$,$x=t(x>0)$ 及 x 轴所围图形绕直线 $x=t$ 旋转一周所成旋转体体积,证明:$V''(t)=2\pi f(t)$.

2. 计算由曲面 $\frac{x^2}{a^2}+\frac{y^2}{b^2}+\frac{z^2}{c^2}=1$ 所围立体(椭球体)的体积.

六、作业

习题6-2 13. 14. 15.(1),(4) 17. 18. 22. 25. 27. 30.

七、预习

第三节 定积分在物理上的应用.

第三节 定积分在物理上的应用

一、基本要求

会用定积分的元素法求变力沿直线所做的功、水压力、细棒对质点的引力等.

二、主要内容

变力沿直线做功,水压力,引力.

三、重点和难点

重点:用定积分的微元素法计算物理量.
难点:将要计算的物理量用定积分表示.

四、学习方法

在定积分的物理应用中,建立坐标系是重要的手段和步骤.坐标系的选择不同(如原点、坐标轴的位置等)积分区间和被积函数会不一样,将影响计算的难易程度,但计算结果是完全相同的.

五、作业

习题6-3 2. 3. 5. 9. 12.

六、复习

第六章 定积分的应用.

第四节　习　题　课

一、教学目的

1. 熟练掌握“微元素法”的思想.
2. 利用“微元素法”将一些几何量表示成定积分.
3. 利用“微元素法”将一些物理量表示成定积分.

二、典型例题

题组一:几何应用

1. 求由两抛物线 $y^2=-2(x-1)$ 及 $y^2=2x$ 所围平面图形的面积.

2. 求由 $y=\frac{2}{3}x^2, y=0, x^2+y^2=1$ 及 $x^2+y^2=27$ 所围平面图形的面积.

3. 由 $y=\sin x\ (x\in[0,\pi])$ 与 x 轴所围的图形分别绕 x 轴、y 轴及 $y=1$ 旋转,求各旋转体的体积.

4. 求曲线 $y=x^2-2x, y=0, x=1, x=3$ 所围平面图形绕 y 轴旋转一周所得的旋转体的体积.

5. 求星形线 $x^{\frac{2}{3}}+y^{\frac{2}{3}}=a^{\frac{2}{3}}(a>0)$ 所围图形的面积及所围图形绕 x 轴旋转而成的旋转体的表面积.

6. 证明:曲线 $y=\sin x(0\leqslant x\leqslant 2\pi)$ 的弧长等于椭圆 $x^2+2y^2=2$ 的周长.

题组二:物理应用

1. 已知弹簧拉长 0.02 m 需要 9.8 N 的力,求弹簧拉长 0.10 m 所做的功.

2. 有一容器的外壳为抛物线 $y=x^2$ 绕 y 轴旋转而成的抛物面,里面装满水,水面齐到 $y=1$ (水比重为1),求将水全部抽到高为 $h(h\geqslant 1)$ 处所做的功.

3. 长方体器皿盛满等体积的水和油,假设油比水轻一倍.证明:如果器皿完全用油盛满,则它在每一壁上的压力将减少五分之一.(提示:油浮于水上)

4. 一均匀细棒(密度 $\rho=1$)放在 x 轴上,其区间为 $[a,b]$,一质量为 m 的质点位于 y 轴上点 $(0,h)$ 处,求细棒对质点的引力.

题组三:综合题

1. $0<k<2$,当 k 为何值时,曲线 $y=x^2$ 与直线 $y=kx$ 及 $x=2$ 所围图形的面积最小.

2. 设曲线 $y=\sqrt{x-1}$,过原点作其切线,求由此曲线、切线及 x 轴围成的平面图形绕 x 轴旋转一周所得的旋转体的体积与表面积.

3. 设 $f(x)$ 在 $[a,b]$ 可导,且 $f'(x)>0, f(a)>0$,试证:对如图 6-1 所示的两个面积 $A(t), B(t)$ 而言,存在唯一的 $\xi\in(a,b)$,使得:$\frac{A(\xi)}{B(\xi)}=2003$.

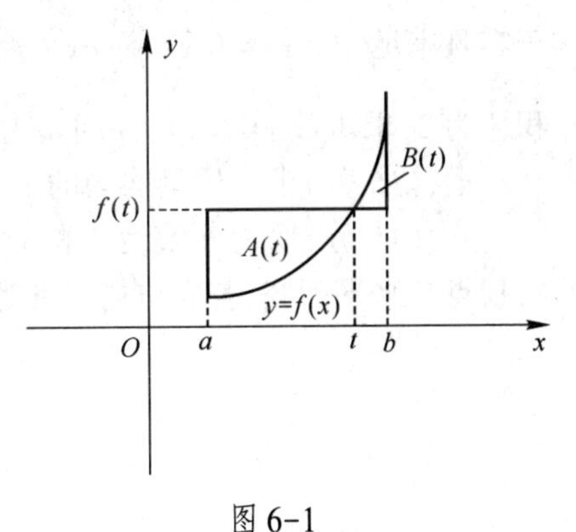

图 6-1

三、作业

总习题六　4.　5.　8.　9.　10.

四、预习

第七章　第一节　微分方程的基本概念.

第二节　可分离变量的微分方程.

单 元 自 测 (六)

一、填空题(每小题4分,共20分)

1. 函数 $y=\dfrac{x^2}{\sqrt{1-x^2}}$ 在区间 $\left[\dfrac{1}{2},\dfrac{\sqrt{3}}{2}\right]$ 上的平均值为 $\bar{y}=$________.

2. 曲线 $y=\ln(1-x^2)$ 上 $0\leqslant x\leqslant\dfrac{1}{2}$ 一段弧长 $s=$________.

3. 曲线 $y=e^x-e, y=0, x=0, x=2$ 所围图形的面积 $A=$________.

4. 曲线 $y=x^2$ 与 $y^2=x$ 所围图形绕 y 轴旋转一周所成旋转体的体积 $V=$________.

5. 横截面为 S,深为 h 的水池装满水,把水全部抽到高为 H 的水塔上,所做功 $W=$_____.

二、(10分)求摆线 $\begin{cases}x=1-\cos t\\ y=t-\sin t\end{cases}$ 一拱 $(0\leqslant t\leqslant 2\pi)$ 的弧长.

三、(10分)求曲线 $y=3-|x^2-1|$ 与 x 轴所围封闭图形绕直线 $y=3$ 旋转所得旋转体的体积.

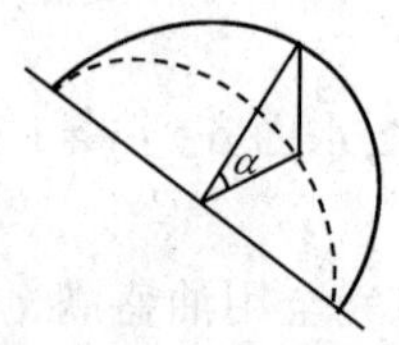

图6-2

四、(10分)设有一正椭圆柱体,其底面的长、短轴分别为 $2a,2b$,用过此柱体底面的短轴且与底面成 α 角 $\left(0<\alpha<\dfrac{\pi}{2}\right)$ 的平面截此柱体得一如图6-2所示的楔形体,求此楔形体的体积.

五、(10分)求曲线 $y=\ln x$ 在区间 $(2,6)$ 内的一条切线,使该切线与直线 $x=2, x=6$ 及曲线所围图形的面积最小.

六、(10分)设函数 $f(x)$ 在闭区间 $[0,1]$ 上连续,在开区间 $(0,1)$ 内大于零且满足 $xf'(x)=f(x)+\dfrac{3}{2}ax^2$($a$ 为常数).又曲线 $y=f(x)$ 与 $x=1, y=0$ 所围的圆形 S 的面积值为2,求函数 $y=f(x)$,并问 a 为何值时,图形 S 绕 x 轴旋转一周所得旋转体体积最小.

七、(15分)求一质量均匀的半圆弧对位于其原点的单位质量质点的引力.

八、(15分)底为 b、高为 h 的对称抛物线弓形闸门,底平行于水平面且离水平面距离为 h,顶点与水平面齐,若底与高之和为常数 a,问高和底各为何值时,闸门所受的压力最大.

第七章 常微分方程

一、主要问题

1. 微分方程的基本概念.
2. 特殊类型的一阶微分方程及其求解方法.
3. 可降阶的高阶方程及其解法.
4. 线性方程的性质及常系数线性方程的求解.
5. 利用微分方程解决实际问题.

二、解决问题的主要方法

1. 对特殊类型的一阶方程,利用初等积分法求解.
2. 对特殊类型的高阶方程,利用降阶法求解.
3. 对常系数线性方程,用特征根法或待定系数法求解.
4. 对应用问题,一般根据几何关系或物理规律列方程后再求解.

三、主要应用

建立实际问题所满足的微分方程并求解.

四、考点

求特殊类型一阶方程的通解或特解,通过适当变换可化成特殊类型方程的求解,可降阶的二阶方程求解,二阶常系数非齐次线性方程的通解或特解,简单应用问题.

第一节 微分方程的基本概念 可分离变量的微分方程

一、基本要求

掌握微分方程、微分方程的阶、解、通解、特解的概念,熟练掌握可分离变量型微分方程的解法.

二、主要内容

微分方程、微分方程的解、通解、特解的定义,可分离变量型微分方程的解法.

三、重点和难点

重点:可分离变量型微分方程的解法.

难点:利用微分方程求解应用题.

四、学习方法

1. 常微分方程是高等数学的重要组成部分,是解决实际问题的一个重要数学工具,应尽快熟悉微分方程的相关概念.

2. 求解微分方程需要准确、迅速地判断方程的类型并正确选用相应的解法.对变量可分离型方程,应掌握其特征,会用分离变量法求解,关键是会求不定积分.

3. 对应用题应注意利用已有的相关知识建立微分方程,确定定解条件并求解方程.

五、补充题

1. 已知曲线上点 $P(x,y)$ 处的法线与 x 轴交点为 Q 且线段 PQ 被 y 轴平分,求所满足的微分方程.

2. 微分方程$\frac{dy}{dx}=3x^2y$ 的通解.

3. 解初值问题$\begin{cases}xy\mathrm{d}x+(x^2+1)\mathrm{d}y=0\\y(0)=1\end{cases}$.

4. 求下述微分方程的通解:$y'=\sin^2(x-y+1)$.

六、作业

习题 7-1 1. 2.(3),(4) 3.(2) 4.(2),(3) 6.
习题 7-2 1.(1),(5),(7),(10) 2.(3),(4) 4. 5. 6.

七、预习

第三节 齐次方程.

第二节 齐 次 方 程

一、基本要求

熟练掌握齐次方程求解方法.

二、主要内容

将齐次方程作恰当的变量代换化为可分离变量型的方程.

三、重点和难点

重点:齐次方程的求解.
难点:作恰当的变量代换化方程为变量可分离型方程.

四、学习方法

齐次方程的求解较容易,难点是作恰当的变量代换将已知方程化为齐次方程求解,关键在于多读例题多做题积累经验.

五、补充题

1. 求微分方程 $y'=\frac{y}{x}+\tan\frac{y}{x}$ 的通解.

2. 解微分方程 $(y^2-2xy)\mathrm{d}x+x^2\mathrm{d}y=0$.

3. 解初值问题 $\begin{cases}\frac{\mathrm{d}y}{\mathrm{d}x}=\frac{x+y+4}{x-y-6}.\\ y(2)=-5\end{cases}$

六、作业

习题 7-3 1.(1),(4),(6) 2.(2),(3) 3.

七、预习

第四节 一阶线性微分方程.

第三节 一阶线性微分方程

一、基本要求

熟练掌握一阶线性微分方程的解法,掌握伯努利方程的解法.

二、主要内容

一阶线性微分方程、伯努利方程.

三、重点和难点

重点:线性非齐次微分方程,常数变易法.
难点:伯努利方程求解.

四、学习方法

1. 解一阶线性非齐次方程 $y'+P(x)y=Q(x)$ 使用的是常数变易法,即先求出其对应的齐次方程 $y'+P(x)y=0$ 的通解 $y=Ce^{-\int P(x)\mathrm{d}x}$,再将通解中的常数 C 变易为自变量的函数,即 $y=u(x)e^{-\int P(x)\mathrm{d}x}$,代入原方程可确定待定函数 $u(x)$,然后得通解.

2. 应记住并会应用一阶非齐次线性方程的通解公式,这是今后求解该类型方程的主要方法,但也不应忽视常数变易法.

3. 由公式可知,非齐次线性方程的通解=对应齐次方程的通解+自身的一个特解,这是线性方程的通解结构,不仅一阶线性方程有此性质,高阶线性方程也有此性质,应注意理解.

4. 对伯努利方程,先将方程变形为 $y^{-n}y'+P(x)y^{1-n}=Q(x)$,然后再作变换 $z=y^{1-n}$,就可化

为一阶线性方程.若注意到 $dy^{1-n}=(1-n)y^{-n}dy$,实际求解时用凑微分法,更简便.

5. 有些方程若将变量 x 视为变量 y 的函数,也可化为线性方程或伯努利方程.

五、补充题

1. 求微分方程 $\frac{dx}{\sqrt{xy}}+\left(\frac{2}{y}-\sqrt{\frac{x}{y^3}}\right)dy=0$ 的通解.

2. 求一连续可导函数 $f(x)$,使其满足下列方程:

$$f(x)=\sin x-\int_0^x f(x-t)\,dt.$$

3. 设有微分方程 $y'+y=f(x)$,其中 $f(x)=\begin{cases}2,0\leqslant x\leqslant 1\\0,x>1\end{cases}$,试求此方程满足初始条件 $y(0)=0$ 的连续解.

六、作业

习题7-4　1.(3),(6),(9)　2.(5)　6.　*8.(1),(3),(5)(选做,可不做)

七、预习

第五节　可降阶的高阶微分方程.

第四节　可降阶的高阶微分方程

一、基本要求

掌握可降阶的高阶微分方程的解法.

二、主要内容

3 种类型:$y^{(n)}=f(x)$,$y''=f(x,y')$,$y''=f(y,y')$ 的解法.

三、重点和难点

重点:降阶法.

难点:$y''=f(y,y')$ 的解法.

四、学习方法

1. 采用降阶法,可将高阶方程化为低一阶的方程求解,如将二阶方程降为一阶方程求解.3 种可降阶类型的方程,前 2 种较易,后 1 种相对难一点,关键是由变换 $y'=p(y)$ 利用复合函数求导法导出 $y''=p\frac{dp}{dy}$.具体解题时,采用哪种降阶法,要因题而异.

2. 求可降阶方程的特解,注意边解边定常数,可以简化计算.另外,应注意降阶后的一阶方程的通解可能是多值函数,求解时不要遗漏也不要多求,应根据初始条件作出正确选择.

五、补充题

1. 求满足 $x^2y''-y'^2=0$ 的积分曲线,使其在点(1,0)处有切线 $y=x-1$.

2. 解初值问题 $\begin{cases} y''-e^{2y}=0 \\ y(0)=0, y'(0)=1 \end{cases}$.

六、作业

习题7-5　1.(5),(7),(10)　2.(3),(6)　3.　4.

七、预习

第六节　高阶线性微分方程.

第七节　常系数齐次线性微分方程.

第五节　高阶线性微分方程及常系数齐次线性微分方程

一、基本要求

了解高阶线性方程解的结构,熟练掌握二阶常系数线性齐次微分方程的解法.

二、主要内容

定义在区间 I 上的函数的线性相关性,线性齐次方程解的叠加原理及通解结构,线性非齐次方程的叠加原理及通解结构,二阶常系数线性齐次方程的特征方程、通解.

三、重点和难点

重点:线性方程的通解结构,二阶常系数线性方程的特征方程、特征根、通解.

难点:相关定理的证明.

四、学习方法

1. 本讲内容是线性方程的理论基础,应注意掌握二阶齐次线性方程与非齐次线性方程的叠加原理与通解结构,注意区别它们的异同,并能将其推广到更高阶的线性方程中去.

2. 常数变易法是求解线性非齐次方程的一种基本方法,应予以重视并学会应用.

例如:对二阶线性非齐次方程 $y''+p(x)y'+q(x)y=f(x)$,若 $y=c_1y_1(x)+c_2y_2(x)$ 是对应齐次方程 $y''+p(x)y'+q(x)y=0$ 的通解,则设 $y^*=c_1(x)y_1(x)+c_2(x)y_2(x)$ 是原方程的解.

由方程组 $\begin{cases} c_1'(x)y_1(x)+c_2'(x)y_2(x)=0 \\ c_1'(x)y_1'(x)+c_2'(x)y_2'(x)=f(x) \end{cases}$ 可确定待定函数 $c_1(x)$、$c_2(x)$.

3. 常系数线性齐次方程的求解是化成求代数方程的根,即特征方程的特征根进行的.根据特征根是单根或重根、实根或复根的不同情况可直接写出微分方程的通解.学习时首先应掌握二阶常系数线性齐次方程的求解方法,再将其推广到类似的高阶方程中去.

五、补充题

1. 已知微分方程 $y''+\psi(x)y'=f(x)$ 有 3 个解 $y_1=x, y_2=e^x, y_3=e^{2x}$，求此方程满足初始条件 $y(0)=1, y'(0)=3$ 的特解.

2. 求方程 $x^2y''-(x+2)(xy'-y)=x^4$ 的通解.

3. 设二阶非齐次方程 $y''+\psi(x)y'=f(x)$ 有特解 $y=\dfrac{1}{x}$，而对应齐次方程有解 $y=x^2$，求 $\psi(x)$，$f(x)$ 及微分方程的通解.

4. 解方程 $y^{(5)}-y^{(4)}=0$.

5. 解方程 $y^{(4)}+2y''+y=0$.

6. 求由 $y_1(x)=e^x, y_2(x)=2x$ 所满足的三阶常系数齐次方程.

六、作业

习题 7-7　1. (3)，(6)，(10)　2. (2)，(3)，(6)　3.

七、预习

第八节　常系数线性非齐次微分方程.

第六节　常系数线性非齐次微分方程

一、基本要求

熟练掌握 $f(x)=e^{\lambda x}P_m(x)$，$f(x)=e^{\lambda x}[P_l(x)\cos\omega x+\tilde{P}_n(x)\sin\omega x]$ 型方程的待定系数法.

二、主要内容

二阶常系数线性非齐次方程的待定系数法.

三、重点和难点

重点：求常系数线性非齐次方程特解的待定系数法.

难点：求方程 $y''+py'+qy=e^{\lambda x}[P_l(x)\cos\omega x+\tilde{P}_n(x)\sin\omega x]$ 通解的待定系数法.

四、学习方法

1. 由线性非齐次方程的通解结构，求常系数线性非齐次方程的通解关键在于求出它的任一特解 y^*，既可用常数变易法也可用待定系数法，由于右端函数 $f(x)$ 一般由多项式、指数函数、三角函数构成，故更多地采用待定系数法.

2. 对二阶常系数线性非齐次方程 $y''+py'+qy=f(x)$，虽然由自由项 $f(x)$ 的不同特点所设的特解 y^* 形式不同，但它们之间是有联系的.学习时应注意归纳，掌握特点，以便记忆和使用公式.

3. 应用待定系数法,常用的特解设法如下:

(1)对 $y''+py'+qy=P_m(x)e^{\lambda x}$,若 λ 为特征方程的 $k(=0,1,2)$ 重根,则设特解 $y^*=x^kQ_m(x)e^{\lambda x}$,其中 $P_m(x)$是已知的 m 次多项式,$Q_m(x)$是待定 m 次多项式.

(2)对 $y''+py'+qy=e^{\lambda x}[P_l(x)\cos\omega x+\tilde{P}_n(x)\sin\omega x]$,若 $\lambda\pm i\omega$ 为特征方程的 $k(=0,1)$重根,则设特解

$$y^*=x^ke^{\lambda x}[R_m(x)\cos\omega x+\tilde{R}_m(x)\sin\omega x].$$

其中,$m=\max\{l,n\}$,$P_l(x)$,$\tilde{P}_n(x)$,$R_m(x)$,$\tilde{R}_m(x)$都是多项式.

五、补充题

1. 求解定解问题$\begin{cases}y'''+3y''+2y'=1\\y(0)=y'(0)=y''(0)=0\end{cases}$.

2. 求方程 $y''+9y=18\cos 3x-30\sin 3x$ 的通解.

3. 设下列高阶常系数线性非齐次方程的特解形式:

(1) $y^{(4)}+2y''+y=\sin x$;　　(2) $y^{(4)}+y''=x+e^x+3\sin x$.

六、作业

习题7-8　1.(1),(5),(6),(10)　2.(2),(4)　3.　6.

总习题七　4.(8)　5.(2),(4)　8.

七、复习

第七章　常微分方程.

第七节　习　题　课

一、教学目的

1. 掌握一阶可求解类型方程的解法.
2. 会用变量代换法求解某些一阶微分方程.
3. 掌握可降阶方程的解法.
4. 熟练掌握二阶常系数线性微分方程的解法.
5. 会求解简单的几何、物理应用题.

二、典型例题

题组一:一阶微分方程

1. 求下列方程的通解:

(1) $(x+2y-4)dx+(2x+y-5)dy=0$;　　(2) $y^2dx-(y^2+2xy-x)dy=0$;

(3) $x(2x^3+y)y'-6y^2=0$;　　(4) $\tan y\cdot y'-\ln\cos y=xe^x$;

(5) $xdy=y(xy-1)dx$.

2. 求下列方程的特解：

(1) $(1+y^2)\mathrm{d}x-x(1+x)y\mathrm{d}y=0, y|_{x=1}=0$； (2) $x\cdot y'+x+\sin(x+y)=0, y|_{x=\frac{\pi}{2}}=0$；

(3) $2yy'+2xy^2=x\mathrm{e}^{-x^2}, y(0)=1$.

3. 解下列各题：

(1)已知微分方程 $y'+y=f(x)$，其中 $f(x)=\begin{cases}2,0\leqslant x\leqslant 1\\0,x>1\end{cases}$，试求一连续函数 $y=y(x)$，满足条件 $y(0)=0$，且在区间$[0,+\infty)$上满足上述方程；

(2) 已知$\int_0^1 f(tx)\,\mathrm{d}t=\dfrac{1}{2}f(x)-1$，试在 $x\neq 0$ 条件下求 $f(x)$.

4. 设 $y_1(x), y_2(x)$ 是微分方程 $y'+p(x)y=q(x)$ 的两个不同的解，求证：对于该方程的任意一个解 $y(x)$，都满足：$\dfrac{y(x)-y_1(x)}{y_2(x)-y_1(x)}=c$（$c$ 为任意常数）.

题组二：高阶方程

1. 解初值问题 $y''=3\sqrt{y}, y(0)=1, y'(0)=2$.

2. 解初值问题 $y''(x+y'^2)=y'$ 满足初始条件 $y(1)=y'(1)=1$.

3. 写出下列方程特解：

(1) $y''-(a+b)y+aby=x^2\mathrm{e}^{3x}$，其中 a, b 为常数；

(2) $y''+2y'+5y=x\mathrm{e}^{-x}\sin 2x+\sin^2 x+\sin\dfrac{x}{2}\cos\dfrac{x}{2}$.

4. 求方程 $y''-2y'+y=\mathrm{e}^x$ 的通解.

5. 求方程 $y''+y=\cos^2 x$ 在原点处与直线 $y=2x$ 相切的特解.

6. 设$f(x)$ 为二阶可导函数，且 $f(x)=\sin x+\int_0^x (x-t)f(t)\,\mathrm{d}t$，试求 $f(x)$.

7. 设函数 $y=f(x)$ 满足方程 $y''+m^2y=0\,(m>0)$，试证：$F(x)=[f''(x)]^2+m^2[f'(x)]^2$ 与 x 无关.

8. 已知函数 $y=\mathrm{e}^{2x}+(x+1)\mathrm{e}^x$ 是二阶常系数非齐次线性方程 $y''+ay'+by=c\mathrm{e}^x$ 的一个特解，试确定常数 a, b, c 并求方程的通解.

题组三：应用题

1. 曲线上点(x,y)在 x 轴上垂足为 $M(x,0)$，曲线上点(x,y)处的切线为 T，已知 M 到 T 垂线之长等于1，试求曲线族的方程，并求一曲线使之与 y 轴正交.

2. 设一容器内有 100 L 溶液，其中含有 10 L 净盐，若每分钟向容器内以匀速注入 3 L 净水，同时以每分钟 2 L 的速率放出浓度均匀的溶液，问过程开始 1 h 后，溶液中还有多少净盐？

3. 设 $y=y(x)$是一条向上凸的连续曲线，其上任一点(x,y)处的曲率为$\dfrac{1}{\sqrt{1+y'^2}}$，且此曲线上点(0,1)处的切线方程为 $y=x+1$，求该曲线的方程.

4. 从海平面向海中沉放一种探测仪，按要求需确定仪器下沉深度 y 与速度 v 之间的函数关系.仪器在重力作用下，从海平面由静止开始铅直下沉，设其质量为 m，体积为 V，海水比重为 ρ，下沉阻力与速度成正比，比例系数为 k，试建立 y 与 v 所满足的微分方程，并求 $y=y(v)$.

单元自测(七)

一、解下列各题(每题 5 分,共 15 分)

1. 函数 $y=\frac{x^3}{6}+Cx$(其中 C 为任意常数)是微分方程的什么解?为什么?

2. 有一半径为 2,圆心在 y 轴上的圆族,求以此圆族为通解的微分方程.

3. 已知函数 $y=e^{2x}+(x+1)e^x$ 是二阶常系数非齐次线性方程 $y''+ay'+by=Ce^x$ 的一个特解,试确定常数 a,b,C 及该方程的通解.

二、求下列方程的通解(每题 6 分,共 30 分)

1. $\frac{dy}{dx}=\frac{y}{2x}-\frac{1}{2y}\tan\frac{y^2}{x}$.

2. $(x\sin y+\sin 2y)y'=1$.

3. $x\frac{dy}{dx}=y+(x^2+y^2)^{\frac{1}{2}}$.

4. $y''+2y'+5y=\sin 2x$.

5. $y''-y=\sinh x$.

三、应用题(每题 8 分,共 16 分)

1. 求 $y^2y''+1=0$ 的积分曲线方程,使积分曲线通过点 $\left(0,\frac{1}{2}\right)$,且在该点处切线的斜率为 2.

2. 设长为 t 的弹簧,其上端固定,用五个质量都为 m 的砝码同时挂于下端,弹簧伸长了 $5b$.今突然取去一个砝码,弹簧由静止开始上下振动,若不计弹簧自重及空气阻力,求所挂重物的运动规律(如图 7-1).

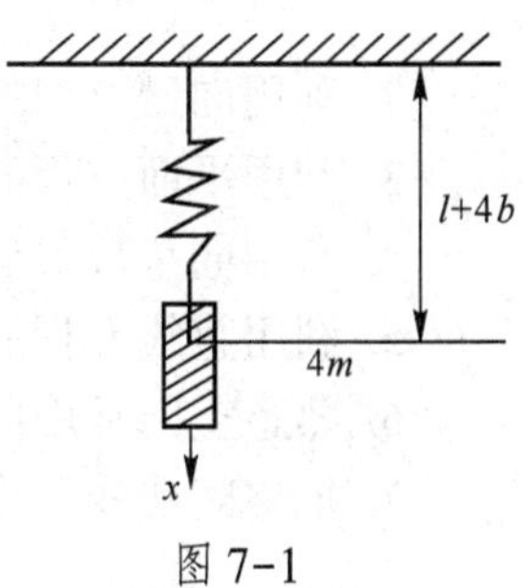

图 7-1

四、综合题(每题 8 分,共 32 分)

1. 若 $f(x)$ 在 $(-\infty,+\infty)$ 上有意义且不恒为零,$f'(0)$ 存在,若对任意 x,y 恒有等式 $f(x+y)=f(x)f(y)$,求 $f(x)$.

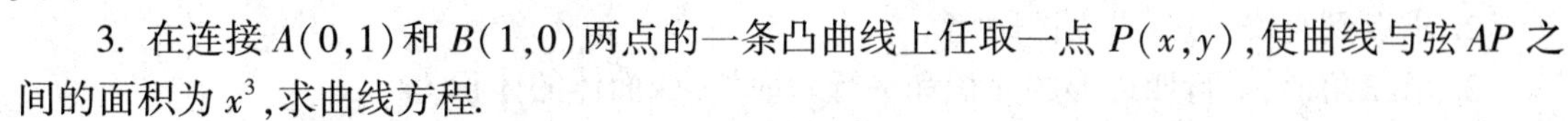
2. 设 $f(x)=\sin x-\int_0^x(x-t)f(t)\,dt$,其中 $f(x)$ 是连续函数,求 $f(x)$.

3. 在连接 $A(0,1)$ 和 $B(1,0)$ 两点的一条凸曲线上任取一点 $P(x,y)$,使曲线与弦 AP 之间的面积为 x^3,求曲线方程.

4. 设二阶非齐次方程 $y''+\psi(x)y'=f(x)$ 有特解 $y=\frac{1}{x}$,而对应齐次方程有解 $y=x^2$,求 $\psi(x)$、$f(x)$ 及微分方程的通解.

五、解下列各题(7 分)

1. 设微分方程 $y''+p(x)y'+q(x)y=0$. 证明:若 $1+p(x)+q(x)=0$,则方程有一特解 $y=e^x$;若 $p(x)+xq(x)=0$,则方程有一特解 $y=x$.

2. 求 $(x-1)y''-xy'+y=0$ 满足初始条件 $y(0)=2,y'(0)=1$ 的特解.

第八章　空间解析几何与向量代数

一、主要问题

1. 向量的概念与向量的运算.
2. 空间平面与直线,空间曲面与曲线.

二、解决问题的主要方法

1. 理解向量的概念,掌握向量的运算的几何意义和坐标运算公式.

$$\boldsymbol{a}\pm\boldsymbol{b}=\{a_x\pm b_x,a_y\pm b_y,a_z\pm b_z\},\qquad \lambda\boldsymbol{a}=\{\lambda a_x,\lambda a_y,\lambda a_z\},$$

$$\boldsymbol{a}\times\boldsymbol{b}=\begin{vmatrix}\boldsymbol{i}&\boldsymbol{j}&\boldsymbol{k}\\a_x&a_y&a_z\\b_x&b_y&b_z\end{vmatrix},\qquad \boldsymbol{a}\cdot\boldsymbol{b}=a_xb_x+a_yb_y+a_zb_z,$$

$$|\boldsymbol{a}|=\sqrt{\boldsymbol{a}\cdot\boldsymbol{a}}=\sqrt{a_x^2+a_y^2+a_z^2},\qquad \cos<\boldsymbol{a},\boldsymbol{b}>=\frac{\boldsymbol{a}\cdot\boldsymbol{b}}{|\boldsymbol{a}||\boldsymbol{b}|}.$$

2. 利用向量点积的几何意义建立平面的点法式方程.
3. 利用平面方程的一般式、截距式建立平面方程.
4. 利用向量数乘运算的几何意义建立直线的对称式方程,进而写出参数式方程.
5. 利用直线方程的一般式、两点式建立直线的方程.
6. 熟悉空间常用曲面,如柱面、旋转曲面、二次曲面的方程.
7. 把空间曲线看作两曲面的交线或者写出曲线的参数方程.

三、主要应用

1. 判别两直线或两平面及直线与平面的位置关系.
2. 求点到直线、点到平面的距离.
3. 求三角形、平行四边形的面积和平行六面体、四面体的体积.
4. 证明平面几何中的有关命题.

四、考点

求向量的数量积、向量积,建立空间平面、直线的方程,判别两直线间、两平面间及直线与平面的位置关系,求点到直线、点到平面的距离,求三角形、四边形的面积,求四面体的体积,判定三点共线,四点共面,求空间曲线在坐标面的投影.

第一节　向量及其线性运算

一、基本要求

掌握空间直角坐标系、空间点 M 与有序数 (x,y,z) 之间的一一对应关系，理解向量的概念，掌握向量的加减运算、数乘运算定义及运算法则.

二、主要内容

空间直角坐标系，向量的概念，向量的加减运算，数乘运算及其运算律.

三、重点和难点

重点：向量的概念、向量的线性运算.
难点：$\boldsymbol{a}$ 与 $\lambda\boldsymbol{b}$ 的关系.

四、学习方法

1. 向量的概念产生于实际问题.
2. 判定 $\boldsymbol{a}$ 与 $\boldsymbol{b}$ 平行或共线.
3. 讨论关系 $\boldsymbol{a}$ 与 $\lambda\boldsymbol{b}$.

五、补充题

设 $\boldsymbol{m}=\boldsymbol{i}+\boldsymbol{j}$，$\boldsymbol{n}=-2\boldsymbol{j}+\boldsymbol{k}$，求以向量 $\boldsymbol{m}$，$\boldsymbol{n}$ 为边的平行四边形的对角线的长度.

六、作业

习题 8-1　3.　5.　13.　14.

七、预习

第一节　向量的模、方向角、投影.

第二节　向量的坐标

一、基本要求

熟练掌握向量在坐标轴上的分向量与向量的坐标，向量的加减法运算、数乘运算的坐标表示，向量的模与方向余弦的坐标表示式.

二、主要内容

在空间直角坐标系中向量与点的一一对应关系，向量在坐标轴上的分向量与向量的坐标，向量的加减、数乘的坐标表示式，向量模与方向余弦的坐标表示式.

三、重点和难点

重点:向量的坐标.
难点:分向量与分量.

四、学习方法

1. 在空间直角坐标系中,向量与有序的三元数组一一对应,这个三元有序数就是向量的坐标.这样就把线性运算中的几何关系转化为坐标间的代数运算.

2. 在坐标表示下,判定两向量平行或共线只需讨论对应坐标是否成比例.

五、作业

习题 8-1 15. 18. 19.

六、预习

第二节 数量积、向量积、混合积.

第三节 数量积、向量积

一、基本要求

熟练掌握向量的数量积、向量积运算及其坐标表示式,两个向量夹角的计算,两个向量垂直或平行的条件.

二、主要内容

向量的数量积、向量积,向量间夹角的计算公式,向量垂直或平行的判定.

三、重点和难点

重点:数量积与向量积.
难点:向量积及其运算律.

四、学习方法

1. 在这部分学习应该注意向量间运算所具有的特点,尤其是向量积具有反交换律;数的乘法可化为 $a\times b=a\cdot b=ab$,而向量中 $\boldsymbol{a}\times\boldsymbol{b}$ 是向量,$\boldsymbol{a}\cdot\boldsymbol{b}$ 是数量.

2. 已知向量的模和夹角时,直接利用定义计算 $\boldsymbol{a}\times\boldsymbol{b}$,$\boldsymbol{a}\cdot\boldsymbol{b}$.

3. 直接利用定义计算有困难时,要根据条件充分应用有关运算律间接计算.

4. 利用数量积可判定 $\boldsymbol{a}$ 与 $\boldsymbol{b}$ 是否垂直.

5. 利用向量积可判定 $\boldsymbol{a}$ 与 $\boldsymbol{b}$ 是否平行.

6. 注意利用向量积的模求平行四边形、三角形的面积.

7. 证明平面几何中的有关命题.

五、补充题

1. 设 $\boldsymbol{a}=\boldsymbol{i}+2\boldsymbol{j}-\boldsymbol{k}$，$\boldsymbol{b}=-\boldsymbol{i}+\boldsymbol{j}$，计算 $\boldsymbol{a}\cdot\boldsymbol{b}$ 及 $\boldsymbol{a}\times\boldsymbol{b}$，并求 $\boldsymbol{a}$，$\boldsymbol{b}$ 夹角 θ 的正弦与余弦.

2. 用向量方法证明正弦定理：

$$\frac{a}{\sin A}=\frac{b}{\sin B}=\frac{c}{\sin C}.$$

3. 已知向量 $\boldsymbol{a}$，$\boldsymbol{b}$ 的夹角 $\theta=\frac{3}{4}\pi$，且 $|\boldsymbol{a}|=\sqrt{2}$，$|\boldsymbol{b}|=3$，求 $|\boldsymbol{a}-\boldsymbol{b}|$.

4. 在顶点为 $A(1,-1,2)$，$B(1,1,0)$ 和 $C(1,3,-1)$ 的三角形中，求 AC 边上的高 BD.

六、作业

习题 8-2　3.　4.　6.　7.　9.(1)，(2)　10.　12.

七、预习

第三节　平面及其方程.

第四节　平面及其方程

一、教学目标

掌握平面方程的点法式、一般式、截据式，两平面的位置关系，如垂直、平行的判定，平面间夹角的计算.

二、主要内容

平面方程的点法式、一般式、截据式，两平面的夹角，两平面的位置关系，点到平面的距离.

三、重点和难点

重点：平面的点法式方程.

难点：平面方程的建立，平面垂直、平行的条件.

四、学习方法

1. 学习这部分内容要注重数与形的结合.注意到过定点与定直线垂直的点在同一平面上，在定直线上任取一向量作为平面的法向量 $\boldsymbol{n}$，平面上任取动点 $M(x,y,z)$，定点为 $M_0(x_0,y_0,z_0)$，得 $\boldsymbol{n}\perp\overrightarrow{M_0M}$，写成坐标表示就得到平面的点法式方程.

2. 平面方程的一般式、截距式都是由最基本的点法式变形而得.

3. 两平面的位置关系，是由平面的法向量所夹锐角的大小来确定.因此，判定两平面的位置关系就转化为第三节中的向量间的相互关系，向量夹角的计算公式是解决这个问题的基础.

五、补充题

1. 求内切于平面 $x+y+z=1$ 与三个坐标面所构成四面体的球面方程.
2. 求过点(1,1,1)且垂直于两平面 $x-y+z=7$ 和 $3x+2y-12z+5=0$ 的平面方程.

六、作业

习题 8-3 2. 6. 7. 9.

七、预习

第四节 空间直线及其方程.

第五节 空间直线及其方程

一、基本要求

熟练掌握建立满足条件的直线方程,直线与直线、直线与平面的夹角公式,以及平面垂直的条件,点到直线的距离公式,会用平面束的方法解决有关直线与平面的问题.

二、主要内容

空间直线方程的一般式、对称式、参数式,直线与直线的位置关系,直线与平面的位置关系,点到直线的距离.

三、重点和难点

重点:空间直线的方程.
难点:直线方程的建立,直线间、线面间的位置关系的确定.

四、学习方法

1. 过一定点与已知向量平行的直线唯一确定,把已知向量记为 $\boldsymbol{s}$,定点记为 $P_0(x_0,y_0,z_0)$,直线上动点记为 $P(x,y,z)$,则 $\overrightarrow{PP_0}/\!/\boldsymbol{s}$,写出坐标关系就是直线的对称式方程.
2. 直线是空间曲线的特例,因此也可以把直线看作两平面的交线,其代数表示式就是直线的一般式方程.
3. 对于空间的基本图形直线和平面,还要研究它们之间的位置关系,其方法同前一讲,通过直线间的方向向量之间的夹角,方向向量与平面的法向量之间夹角反映线与线、线与面的位置关系.
4. 求空间直线的方程,通常利用平面方程求解较为简单.

五、补充题

一直线过点 $A(1,2,1)$ 且垂直于直线 $L_1:\dfrac{x-1}{3}=\dfrac{y}{2}=\dfrac{z+1}{1}$,又和直线 $L_2:\dfrac{x}{2}=y=\dfrac{z}{-1}$ 相交,求

此直线方程.

六、作业

习题 8-4　3.　4.　5.　7.　9.

七、预习

第五节　曲面及其方程.

第六节　曲面及其方程

一、基本要求

理解空间曲面与三元方程 $F(x,y,z)=0$ 的关系,掌握常用曲面的方程与某些二次曲面.

二、主要内容

球面,旋转曲面,柱面,常用二次曲面.

三、重点和难点

重点:坐标平面内平面曲线绕某一坐标轴旋转而成的旋转曲面方程,母线平行于坐标轴的柱面方程,常用二次曲面.

难点:由方程特点判断曲面.

四、学习方法

1. 注意"数形结合",有关动点的描述用坐标表示出来,就得出轨迹方程,对三元方程 $F(x,y,z)=0$,找出点 (x,y,z) 的轨迹,就得出图形.

2. 掌握柱面特征,其母线平行于定直线,若母线平行坐标轴,其方程是二元方程;反之,对二元方程比如 $F(y,z)=0$ 在空间中就表示柱面,其母线平行与 x 轴,准线是 yOz 面上的曲线 $F(y,z)=0$.

3. 旋转曲面是平面上的曲线绕平面内一直线旋转而成的曲面,其特征是用垂直于旋转轴的平面去截曲面其截痕是圆周,由此可以得到旋转曲面的方程,特别地 xOy 面上的曲线 $f(x,y)=0$ 绕 x 轴旋转而得的旋转曲面方程为 $f(x,\pm\sqrt{y^2+z^2})=0$.

4. 熟悉常用的二次曲面:椭球面、双曲面、抛物面、锥面.

五、作业

习题 8-5　2.　4.　7.　8.(1),(5)　11.

六、预习

第六节　空间曲线及其方程.

第七节　空间曲线及其方程

一、基本要求

掌握空间曲线方程及其在坐标面上的投影.

二、主要内容

空间曲线的一般式方程、参数式方程,空间曲线在坐标面上的投影.

三、重点和难点

重点:空间曲线方程的建立.
难点:空间曲线在坐标面上的投影.

四、学习方法

1. 把空间曲线看作两个曲面的交线,其一般式为$\begin{cases}F(x,y,z)=0\\G(x,y,z)=0\end{cases}$.

2. 把曲线 C 上动点坐标 x,y,z 表示成参数 t 的函数$\begin{cases}x=x(t)\\y=y(t)\\z=z(t)\end{cases}$,这是曲线的参数方程.

3. 注意曲线的表示不唯一.

五、补充题

1. 将下列曲线化为参数方程表示:

(1) $\begin{cases}x^2+y^2=1\\2x+3z=6\end{cases}$;　　(2) $\begin{cases}z=\sqrt{a^2-x^2-y^2}\\x^2+y^2-ax=0\end{cases}$ $(a>0)$.

2. 求曲线$\begin{cases}z=y^2\\x=0\end{cases}$绕 z 轴旋转的曲面与平面 $x+y+z=1$ 的交线在 xOy 平面的投影曲线方程.

六、作业

习题 8-6　3.　4.　5.　6.　8.

七、复习

第八章.

第八节　习　题　课

一、基本要求

1. 理解向量的概念,掌握向量的运算及其运算律.

2. 会用向量证明平面几何中的有关命题.
3. 建立满足条件的平面、直线方程.
4. 掌握判定面与面、线与线、线与面的关系的判别方法.
5. 熟悉常用的空间曲面和空间曲线的图形与方程及其投影.

二、典型例题

题组一:向量及其运算

1. 是非题

(1) 若 $\boldsymbol{a}\cdot\boldsymbol{b}=\boldsymbol{a}\cdot\boldsymbol{c}$ 且 $\boldsymbol{a}\neq\boldsymbol{0}$,则 $\boldsymbol{a}=\boldsymbol{b}$;

(2) 若 $\boldsymbol{a}\times\boldsymbol{b}=\boldsymbol{a}\times\boldsymbol{c}$ 且 $\boldsymbol{a}\neq\boldsymbol{0}$,则 $\boldsymbol{b}=\boldsymbol{c}$;

(3) $(\boldsymbol{a}\times\boldsymbol{b})\times\boldsymbol{c}=\boldsymbol{a}\times(\boldsymbol{b}\times\boldsymbol{c})$;

(4) $(\boldsymbol{a}\times\boldsymbol{b})\times\boldsymbol{c}=\boldsymbol{a}\times(\boldsymbol{b}\times\boldsymbol{c})$;

(5) $(\boldsymbol{a}\times\boldsymbol{b})\cdot\boldsymbol{c}=\boldsymbol{a}\cdot(\boldsymbol{b}\times\boldsymbol{c})$;

(6) $(\boldsymbol{a}-\boldsymbol{b})\cdot[(\boldsymbol{b}-\boldsymbol{c})\times(\boldsymbol{c}-\boldsymbol{a})]=\boldsymbol{0}$.

2. 证明:

(1) $\boldsymbol{c}\perp[(\boldsymbol{b}\cdot\boldsymbol{c})\boldsymbol{a}-(\boldsymbol{a}\cdot\boldsymbol{c})\boldsymbol{b}]$;

(2) $(\boldsymbol{a}\cdot\boldsymbol{b})^2+|\boldsymbol{a}\times\boldsymbol{b}|^2=|\boldsymbol{a}|^2|\boldsymbol{b}|^2$;

(3) $(2\boldsymbol{a}+\boldsymbol{b})\times(\boldsymbol{c}-\boldsymbol{a})+(\boldsymbol{b}+\boldsymbol{c})\times(\boldsymbol{a}+\boldsymbol{b})=\boldsymbol{a}\times\boldsymbol{c}$.

3. 设 $\boldsymbol{a}=\{-1,3,2\}$,$\boldsymbol{b}=\{2,-3,-4\}$,$\boldsymbol{c}=\{-3,12,6\}$.

(1) 试证 $\boldsymbol{a},\boldsymbol{b},\boldsymbol{c}$ 共面;　(2) 沿 $\boldsymbol{a}$ 和 $\boldsymbol{b}$ 分解 $\boldsymbol{c}$;　(3) 求 $\boldsymbol{a}$ 在 $\boldsymbol{b}\times\boldsymbol{c}$ 上的投影.

4. 设 $\boldsymbol{a},\boldsymbol{b},\boldsymbol{c}$ 均为非零向量,且 $\boldsymbol{a}=\boldsymbol{b}\times\boldsymbol{c}$,$\boldsymbol{b}=\boldsymbol{c}\times\boldsymbol{a}$,$\boldsymbol{c}=\boldsymbol{a}\times\boldsymbol{b}$,求 $|\boldsymbol{a}|+|\boldsymbol{b}|+|\boldsymbol{c}|$.

5. 设 $\boldsymbol{a}+\boldsymbol{b}+\boldsymbol{c}=0$ 且 $|\boldsymbol{a}|=3$,$|\boldsymbol{b}|=2$,$|\boldsymbol{c}|=5$,求 $\boldsymbol{a}\cdot\boldsymbol{b}+\boldsymbol{b}\cdot\boldsymbol{c}+\boldsymbol{c}\cdot\boldsymbol{a}$.

6. 已知 $\overrightarrow{OA}=\boldsymbol{a}$,$\overrightarrow{OB}=\boldsymbol{b}$,$\angle OBA=\dfrac{\pi}{2}$.

(1)证明 $\triangle OAB$ 的面积 $=\dfrac{|\boldsymbol{a}\cdot\boldsymbol{b}||\boldsymbol{a}\times\boldsymbol{b}|}{2|\boldsymbol{b}|^2}$;

(2)当 $\boldsymbol{a}$ 与 $\boldsymbol{b}$ 的夹角为何值时,$\triangle OAB$ 的面积取最大值.

7. 用向量证明:三角形的三条高交于一点.

题组二:空间平面与直线

1. 平面 π 过点 $P(2,3,-5)$ 且与已知平面 $x-y+z=1$ 垂直,又与直线 $15(x+1)=3(y-2)=-5(z+7)$ 平行,求平面 π 的方程.

2. 过直线 $L:\begin{cases}2x-5y+z-4=0\\x-6y+3z-3=0\end{cases}$ 与点 $P(2,0,-1)$ 的平面方程.

3. 有一平面,它与 xOy 平面的交线是 $\begin{cases}2x+y-2=0\\z=0\end{cases}$ 且与三个坐标面围成的四面体体积等于2,求这平面的方程.

4. 一直线过点 $P(-3,5,-9)$ 且和两直线 $L_1:\begin{cases}y=3x+5\\z=2x-3\end{cases}$,$L_2:\begin{cases}y=4x-7\\z=5x+10\end{cases}$ 相交,求直线方程.

5. 过平面 $\pi: x+y+z=1$ 和直线 $L_1:\begin{cases}y=1\\z=-1\end{cases}$ 的交点,求在已知平面上,垂直于已知直线的直线方程.

6. 在一切过直线 $L:\begin{cases}x+y+z+1=0\\2x+y+z=0\end{cases}$ 的平面中求一平面,使原点到它的距离为最大.

题组三:空间曲面与曲线

1. 讨论平面 $x+2y-2z+m=0$ 与曲面 $x^2+y^2+z^2-8x+2y-6z+22=0$ 间相互的位置关系.

2. 设空间曲线 $\boldsymbol{\Gamma}:\begin{cases}2y^2+z^2+4x=4z\\y^2+3z^2-8x=12z\end{cases}$,试将曲线 $\boldsymbol{\Gamma}$ 的方程用母线平行于 x 轴和 z 轴的两个投影柱面的方程表示.

3. 求锥面 $z=\sqrt{x^2+y^2}$ 与柱面 $z=\sqrt{1-x^2}$ 所围立体在三个坐标平面上的投影区域.

三、作业

习题 8-4　11.　13.　15.

总习题八　16.　17.　18.　19.

单 元 自 测 (八)

一、填空题(每题 4 分,共 20 分)

1. 设 $|\boldsymbol{a}|=3,|\boldsymbol{b}|=4$,且 $\boldsymbol{a}\perp\boldsymbol{b}$,则 $|(\boldsymbol{a}+\boldsymbol{b})\times(\boldsymbol{a}-\boldsymbol{b})|=$________.

2. 设向量 $\boldsymbol{a}=2\boldsymbol{i}-\boldsymbol{j}+\boldsymbol{k},\boldsymbol{b}=4\boldsymbol{i}-2\boldsymbol{j}+\lambda\boldsymbol{k}$,则当 $\lambda=$________时,$\boldsymbol{a}$ 与 $\boldsymbol{b}$ 垂直;当 $\lambda=$________时,$\boldsymbol{a}$ 与 $\boldsymbol{b}$ 平行.

3. 方程 $x^2-2y^2+3z^2+1=0$ 表示________曲面,它的对称轴在________轴上.

4. 空间曲线 $\begin{cases}x^2+y^2+z^2=64\\y+z=0\end{cases}$ 的参数方程是________.

5. 旋转曲面 $z=2-\sqrt{x^2+y^2}$ 是由曲线________绕________轴旋转一周而得的.

二、(10 分)已知平行四边形 $ABCD$ 的两条邻边 $\overrightarrow{AB}=\boldsymbol{a}-2\boldsymbol{b}$,$\overrightarrow{AD}=\boldsymbol{a}-3\boldsymbol{b}$,其中 $|\boldsymbol{a}|=4,|\boldsymbol{b}|=3,(\widehat{\boldsymbol{a},\boldsymbol{b}})=\frac{\pi}{3}$,求此平行四边形的面积 S 及向量 $\overrightarrow{AB}$ 在 $\overrightarrow{AD}$ 上的投影.

三、(10 分)已知单位向量 $\overrightarrow{OA}$ 与三坐标轴正方向夹角相等且为钝角,B 是点 $M(1,-3,2)$ 关于点 $N(-1,2,1)$ 的对称点,求 $\overrightarrow{OA}\times\overrightarrow{OB}$.

四、(10 分)求过直线 $\frac{x}{2}=y+2=\frac{z+1}{3}$ 与平面 $x+y+z+15=0$ 的交点,且与平面 $2x-3y+4z+5=0$ 垂直的直线方程.

五、(10 分)已知直线 $L:\begin{cases}x+5y+z=0\\x-z+4=0\end{cases}$ 与平面 $\pi: x-4y-8z-9=0$,求直线 L 在平面 π 上的投影直线方程.

六、(10 分) 在过直线$\frac{x-1}{0}=y-1=\frac{z+3}{-1}$的所有平面中求一平面,使它与原点的距离最远,试建立此平面的方程.

七、(10 分) 求两直线 $L_1:\frac{x-1}{-1}=\frac{y}{2}=\frac{z+2}{1}$与 $L_2:\frac{x+1}{2}=\frac{y-2}{1}=\frac{z+17}{4}$之间的距离.

八、(10 分) 画出旋转曲面 $z=8-x^2-y^2$ 与平面 $z=2y$ 所围立体的图形,并画出此立体在 xOy 坐标面与 yOz 坐标面上投影区域 D 的图形.

九、(10 分) 已知点 $A(1,0,0)$ 与点 $B(0,1,1)$,且线段 AB 绕 z 轴旋转一周所成的旋转曲面为 Σ,求由 Σ 及两平面 $z=0$ 和 $z=1$ 所围成立体的体积.

第九章　多元函数微分学

一、主要问题

1. 多元函数的函数极限、连续.
2. 多元函数的偏导数、全微分,多元复合函数及隐函数的求导法则.
3. 多元函数微分学的几何应用.
4. 方向导数与梯度.
5. 多元函数的极值问题(无条件极值与条件极值).

二、解决问题的主要方法

1. 求一元函数的极限的方法(洛必达法则除外)一般都可用于求多元函数的极限,许多时候是将多元函数的极限转化为一元函数的极限求解.

2. 将多元函数的偏导数转化为求一元函数的导数.

3. 求复合函数的偏导数利用函数结构图,常用的方法为:链式法则,一阶全微分形式的不变性.

4. 求隐函数偏导数的常用方法为:公式法,直接法,全微分法.

5. 用偏导数求空间曲线的切线、法平面方程及空间曲面的切平面与法线方程.

6. 求多元函数的极值问题,最值问题.

三、主要应用

1. 几何应用:空间曲线的切线与法平面方程;空间曲面的切平面与法线方程.

2. 多元函数的极值:无条件极值——必要条件,充分条件;条件极值——拉格朗日乘数法.

四、考点

多元复合函数、隐函数的偏导数,高阶偏导数,抽象函数的偏导数问题,几何应用,方向导数与梯度,多元函数的极值问题.

第一节　多元函数的概念

一、基本要求

掌握多元函数的概念、极限及连续性概念,了解多元函数的邻域、区域、聚点、开域及闭域概念.

二、主要内容

多元函数的极限定义，二重极限与累次极限，多元函数的连续性，有界闭域上多元连续函数的性质.

三、重点和难点

重点：二元函数极限的概念与求法.

难点：二重极限的求法，用定义求分段函数在衔接点处的极限并讨论连续性.

四、学习方法

1. 利用点函数将一元函数的概念与性质推广到二元及二元以上的函数.

2. 掌握一元函数极限与二元函数极限的异同点，注意一元函数中 x 趋于 x_0 仅在 x 轴上变化，因此有双侧极限与左右极限之分. 二元函数中点 $P(x,y)$ 趋于点 $P_0(x_0,y_0)$ 的方式有无穷多种，可以在整个平面上以任意方式逼近，这是二者的本质区别.

3. 注意求二元函数的极限可利用一元函数求极限的各种方法，但洛必达法则不能直接用.

4. 判断多元函数在无定义点处是否有极限，应直接从极限的定义来求解. 个别简单情况可归结为求某一个二元函数的极限.

5. 判断二元函数极限不存在，通常考虑点 $P(x,y)$ 按某种特殊方式趋于 $P_0(x_0,y_0)$ 时，$f(x,y)$ 的极限是否存在；当 $P(x,y)$ 沿 2 种不同路径趋于 $P_0(x_0,y_0)$ 时，$f(x,y)$ 趋于 2 个不同的常数；或者点 $P(x,y)$ 沿某种特殊路径趋于点 $P_0(x_0,y_0)$ 时极限不存在，皆可确定该极限不存在.

6. 多元分段函数连续性的讨论与一元函数相似，应利用连续的定义讨论函数在衔接点处的连续性问题.

五、补充题

1. 设 $f(x,y)=\begin{cases} x\sin\dfrac{1}{y}+y\sin\dfrac{1}{x}, xy\neq 0 \\ 0, xy=0 \end{cases}$，求证：$\lim\limits_{\substack{x\to 0\\ y\to 0}} f(x,y)=0$.

2. 求 $\lim\limits_{\substack{x\to 0\\ y\to 0}}\dfrac{1-\cos(x^2+y^2)}{(x^2+y^2)x^2y^2}$.

3. 求函数 $f(x,y)=\dfrac{\arcsin(3-x^2-y^2)}{\sqrt{x-y^2}}$ 的连续域.

4. 讨论二重极限 $\lim\limits_{\substack{x\to 0\\ y\to 0}}\dfrac{xy}{x+y}$ 时，下列算法是否正确？

解法 1：原式 $=\lim\limits_{\substack{x\to 0\\ y\to 0}}\dfrac{1}{\dfrac{1}{y}+\dfrac{1}{x}}=0$.

解法 2:令 $y=kx$,原式$=\lim\limits_{x\to 0} x\dfrac{k}{1+k}=0$.

解法 3:令 $x=r\cos\theta, y=r\sin\theta$,原式$=\lim\limits_{r\to 0}\dfrac{r\cos\theta\sin\theta}{\cos\theta+\sin\theta}=0$.

5. 设$f(xy,\dfrac{y^2}{x})=x^2+y^2$,求$f\left(\dfrac{y^2}{x},xy\right)$.

6. $\lim\limits_{\substack{x\to 0\\ y\to 0}} x\dfrac{\ln(1+xy)}{x+y}$是否存在?

7. 证明$f(x,y)=\begin{cases}\dfrac{xy}{\sqrt{x^2+y^2}},(x,y)\neq(0,0)\\ 0,(x,y)=(0,0)\end{cases}$ 在全平面连续.

六、作业

习题 9-1 5.(2),(4),(6) 6.(2),(3),(5),(6) 7. 10.

七、预习

第二节 偏导数.

第二节 偏 导 数

一、基本要求

掌握偏导数的定义及几何意义,熟练掌握一阶、二阶及二阶混合偏导数的计算方法,熟悉偏导数的记号.

二、主要内容

一点处的偏导数及偏导函数的计算方法,高阶偏导数的计算方法.

三、重点和难点

重点:偏导数的概念与计算.
难点:用定义计算分段函数在衔接点处的一阶及二阶偏导数.

四、学习方法

1. 在理解偏导数定义的基础上,熟练掌握计算一点处偏导数的方法有:先代后求;先求后代;利用定义.

2. 熟练掌握求高阶偏导数的方法是逐次求导法.注意混合偏导数连续时与求导顺序无关,这时应选择简便的求导顺序.

3. 注意:函数在某点偏导数存在但函数在此点不一定连续.

五、补充题

1. 求函数 $z=\mathrm{e}^{x+2y}$ 的二阶偏导数及 $\dfrac{\partial^3 z}{\partial y\partial x^2}$.

2. 设 $z=f(u)$，方程 $u=\phi(u)+\int_y^x p(t)\,\mathrm{d}t$ 确定 u 是 x,y 的函数，其中 $f(u)$，$\phi(u)$ 可微，$p(t)$，$\phi'(u)$ 连续，且 $\phi'(u)\neq 1$，求 $p(y)\dfrac{\partial z}{\partial x}+p(x)\dfrac{\partial z}{\partial y}$.

六、作业

习题 9-2　1.(4)，(6)，(8)　3. 5.　6.(3)　7.　8.　9.(2)

七、预习

第三节　全微分.

第三节　全　微　分

一、基本要求

掌握全微分的定义及其计算，了解或掌握全微分在近似计算中的应用(可根据不同专业选择)，掌握函数连续、可导、可微与偏导数连续的关系.

二、主要内容

全微分的定义，可微与偏导数的关系，叠加原理，近似计算.

三、重点和难点

重点：全微分定义与全微分的计算.
难点：连续、可微与偏导数的关系.

四、学习方法

1. 理解二元函数 $z=f(x,y)$ 的全微分概念是全增量 Δz 可分解为两部分之和，即：$\Delta z=f(x+\Delta x,y+\Delta y)-f(x,y)=(A\Delta x+B\Delta y)+o(\rho)$，其中 $\rho=\sqrt{(\Delta x)^2+(\Delta y)^2}$，$A$ 与 B 是与 Δx，Δy 无关的量.

2. 由全微分存在的必要条件，用定义判断函数在某点 (x_0,y_0) 是否可微，关键看极限

$$\lim_{\substack{\Delta x\to 0\\ \Delta y\to 0}}\frac{\Delta z-[f_x(x_0,y_0)\Delta x+f_y(x_0,y_0)\Delta y]}{\sqrt{(\Delta x)^2+(\Delta y)^2}}$$

是否为零，若为零则全微分存在；若不为零，则全微分不存在.

3. 若偏导数易求，且易判断它连续，则由充分条件知函数可微，并用公式 $\mathrm{d}z=\dfrac{\partial z}{\partial x}\mathrm{d}x+\dfrac{\partial z}{\partial y}\mathrm{d}y$

计算全微分,也可用此公式计算偏导数.

4. 二元函数 $z=f(x,y)$ 在点 $P(x,y)$ 处可微、连续、偏导数存在及偏导数连续的关系如下图所示.

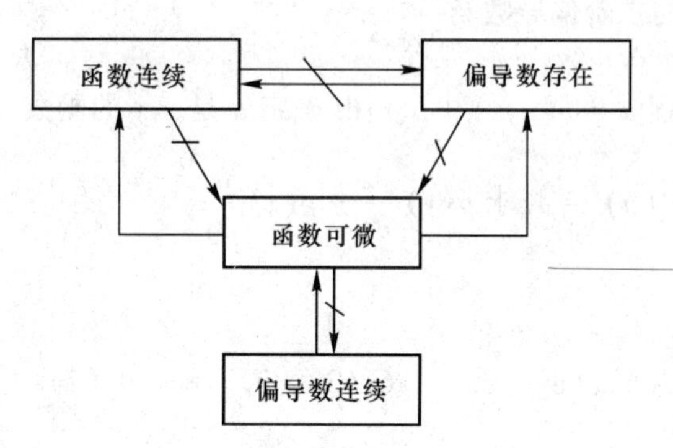

五、补充题

1. 函数 $z=f(x,y)$ 在 (x_0,y_0) 可微的充分条件是(　　).

(A) $f(x,y)$ 在 (x_0,y_0) 连续;

(B) $f'_x(x,y)$, $f'_y(x,y)$ 在 (x_0,y_0) 的某领域内存在;

(C) $\Delta z-f'_x(x,y)\Delta x-f'_y(x,y)\Delta y$ 当 $\sqrt{(\Delta x)^2+(\Delta y)^2}\to 0$ 时是无穷小量;

(D) $\dfrac{\Delta z-f'_x(x,y)\Delta x-f'_y(x,y)\Delta y}{\sqrt{(\Delta x)^2+(\Delta y)^2}}$ 当 $\sqrt{(\Delta x)^2+(\Delta y)^2}\to 0$ 时是无穷小量.

2. 设 $f(x,y,z)=\dfrac{x\cos y+y\cos z+z\cos x}{1+\cos x+\cos y+\cos z}$,求 $\mathrm{d}f|_{(0,0,0)}$.

3. 已知 $z=\arctan\dfrac{x+y}{x-y}$,求 $\mathrm{d}z$.

4. 证明:函数 $f(x,y)=\begin{cases}xy\sin\dfrac{1}{\sqrt{x^2+y^2}},(x,y)\neq(0,0)\\0,(x,y)=(0,0)\end{cases}$ 在(0,0)连续且偏导数存在,但偏导数在点(0,0)不连续,而 $f(x,y)$ 在点(0,0)可微.

六、作业

习题9-3　1.(3),(4)　3.　*6.　*9.　*11.

七、预习

第四节　多元复合函数的求导法则.

第四节　多元复合函数的求导法则

一、基本要求

掌握多元复合函数求导的链式法则,掌握多元复合函数的全微分.

二、主要内容

各种类型的多元复合函数的求导法则，多元复合函数的一阶全微分形式不变性.

三、重点和难点

重点：多元复合函数的求导公式及计算.
难点：多元复合函数各变量间的复合关系.

四、学习方法

1. 求复合函数的偏导数，关键是分清各变量间的关系，画出函数结构图及熟悉求导公式，利用口诀“分段用乘，分叉用加，单路全导，叉路偏导”的基本规则求导.

2. 注意若将定理中条件$f(u,v)$在点(u,v)的偏导数连续减弱为偏导数存在，则定理的结论不一定成立.

3. 当$z=f(x,v)$，$v=\psi(x,y)$都可微时，有$\frac{\partial z}{\partial x}=\frac{\partial f}{\partial x}+\frac{\partial f}{\partial v}\frac{\partial v}{\partial x}=f'_1+f'_2\psi'_1$，注意这里的$\frac{\partial z}{\partial x}$与$\frac{\partial f}{\partial x}$不同. $\frac{\partial z}{\partial x}$表示固定$y$对$x$求导，此时$x$为自变量；$\frac{\partial f}{\partial x}$表示固定$v$对$x$求导，此时$x$为中间变量.

4. 一阶全微分形式的不变性是：对$z=f(u,v)$，不论u,v是自变量还是中间变量，都有$\mathrm{d}z=f_u(u,v)\mathrm{d}u+f_v(u,v)\mathrm{d}v$，利用此结论求偏导数有时会很方便.

五、补充题

1. 设函数f二阶连续可微，求下列函数的二阶偏导数$\frac{\partial^2 z}{\partial x\partial y}$.

(1) $z=xf\left(\frac{y^2}{x}\right)$；　(2) $z=f\left(x+\frac{y^2}{x}\right)$；　(3) $z=f\left(x,\frac{y^2}{x}\right)$.

2. 已知$f(x,y)\big|_{y=x^2}=1$，$f'_1(x,y)\big|_{y=x^2}=2x$，求$f'_2(x,y)\big|_{y=x^2}$.

3. 设函数$z=f(x,y)$在点$(1,1)$处可微，且$f(1,1)=1$，$\left.\frac{\partial f}{\partial x}\right|_{(1,1)}=2$，$\left.\frac{\partial f}{\partial y}\right|_{(1,1)}=3$，$\phi(x)=f[x,f(x,x)]$，求$\left.\frac{\mathrm{d}}{\mathrm{d}x}\phi^3(x)\right|_{x=1}$.（2001年考研）

六、作业

习题9-4　2.　4.　6.　9.　10.　*12.(4)　*13.

七、预习

第五节　隐函数的求导方法.

第五节　隐函数的求导公式

一、基本要求

熟练掌握由一个方程所确定的隐函数的存在性及其导数或偏导数的求法，掌握由方程组所确定的隐函数组的存在性及其偏导数和全导数的求法.

二、主要内容

隐函数存在定理，隐函数及隐函数组的求导方法.

三、重点和难点

重点：隐函数的求导方法，隐函数组的求导方法.

难点：隐函数及其隐函数组的存在定理.

四、学习方法

1. 正确理解隐函数或隐函数组存在的条件和结论，记住相应的求导公式和求偏导数的公式.

2. 掌握求由方程 $F(x,y,z)=0$ 所确定的隐函数 $y=f(x,y)$ 的偏导数的 3 种方法：公式法、直接法、微分法.注意在不同方法中变量 x,y,z 的关系.

3. 求由方程组所确定隐函数的偏导数与 2. 类同，但常用的为直接法与微分法，即先对方程组中各方程两边关于指定变量求偏导数，再解方程组得偏导数；或利用一阶全微分形式的不变性，对各方程两边分别求全微分，再解方程组得偏导数.

五、补充题

1. 验证方程 $\sin y+e^x-xy-1=0$ 在点$(0,0)$某领域可确定一个可导隐函数 $y=f(x)$，并求 $\left.\dfrac{dy}{dx}\right|_{x=0}$，$\left.\dfrac{d^2y}{dx^2}\right|_{x=0}$.

2. 设 $F(x,y)$具有连续偏导数，已知方程 $F\left(\dfrac{x}{z},\dfrac{y}{z}\right)=0$，求 dz.

3. 设 $z=f(x+y+z,xyz)$，求$\dfrac{\partial z}{\partial x},\dfrac{\partial x}{\partial z},\dfrac{\partial x}{\partial y}$.

4. 设 $u=f(x,y,z)$ 有连续的一阶偏导数，又函数 $y=y(x)$ 及 $z=z(x)$ 分别由下列两式确定：$e^{xy}-xy=2$，$e^x=\int_0^{x-z}\dfrac{\sin t}{t}dt$，求$\dfrac{du}{dx}$.（2001 年考研）

5. 设 $y=y(x)$，$z=z(x)$是由方程 $z=xf(x+y)$ 和 $F(x,y,z)=0$ 所确定的函数，求$\dfrac{dz}{dx}$.（1999 年考研）

六、作业

习题 9-5　3.　6.　7.　*9.　10.(1),(3)　11.

七、预习

第六节　多元函数微分学的几何应用.

第六节　多元函数微分学的几何应用

一、基本要求

掌握空间曲线的切线与法平面及曲面的切平面与法线的求法.

二、主要内容

曲线的切线与法平面方程,曲面的切平面与法线方程.

三、重点和难点

重点:曲线的切线方程,曲面的切平面方程.
难点:曲线为一般式时,确定切线的方向向量.

四、学习方法

1. 熟悉空间解析几何中直线与平面的各种形式及面与面、线与线、线与面的平行与垂直的位置关系的知识,灵活应用各个公式求解相关问题.

2. 空间曲线为参数方程时,求其在某点 P 处的切线或法平面,应注意其方向(法)向量 $\left.\left\{\frac{\mathrm{d}x}{\mathrm{d}t},\frac{\mathrm{d}y}{\mathrm{d}t},\frac{\mathrm{d}z}{\mathrm{d}t}\right\}\right|_{t=t_0}$ (t_0 为点 $P(x_0,y_0,z_0)$ 所对应的参数).

3. 在求曲线的切线或曲面的切平面时,常常需要求切点,这时应注意切点在曲线或曲面上,即切点的坐标满足曲线或曲面的方程.

五、补充题

1. 确定正数 σ 使曲面 $xyz=\sigma$ 与球面 $x^2+y^2+z^2=a^2$ 在点 $M(x_0,y_0,z_0)$ 相切.

2. 如果平面 $3x+\lambda y-3z+16=0$ 与椭球面 $3x^2+y^2+z^2=16$ 相切,求 λ.

3. 设 $f(u)$ 可微,证明曲面 $z=xf\left(\frac{y}{x}\right)$ 上任一点处的切平面都通过原点.

4. 证明曲面 $F(x-my,z-ny)=0$ 的所有切平面恒与定直线平行,其中 $F(u,v)$ 可微.

5. 求曲线 $\begin{cases}x^2+y^2+z^2-3x=0\\2x-3y+5z-4=0\end{cases}$ 在点 $(1,1,1)$ 的切线与法平面.

六、作业

习题9-6 2. 4. 6. 7. 10. 11 12.

七、预习

第七节 方向导数与梯度.

第七节 方向导数与梯度

一、基本要求

掌握方向导数和梯度的概念与计算,了解其物理意义.

二、主要内容

方向导数与梯度的概念,方向导数与全微分的关系.

三、重点和难点

重点:方向导数与梯度.
难点:用定义求方向导数,方向导数与偏导数或梯度的关系.

四、学习方法

1. 函数在某点的方向导数是函数在该点沿一指定方向的变化率,是一个数;而函数在某点处的梯度是一个向量,它们是两个不同的概念,不能混淆.

2. 函数$f(P)$的梯度是函数$f(P)$增长最快的方向,即在点P的各方向导数取得最大值的方向.

3. 梯度的模$|\mathbf{grad}\, f(P)|=\sqrt{f_x^2(P)+f_y^2(P)+f_z^2(P)}$为沿这一方向的方向导数的值,且$\max\left\{\left.\frac{\partial f}{\partial l}\right|_P\right\}=|\mathbf{grad}\, f(P)|$($l$为由点$P$出发的任一方向).

4. 全微分存在 $\rightleftarrows$(⇏) 方向导数存在 $\rightleftarrows$(⇏) 偏导数存在.

五、补充题

1. 求函数$u=x^2yz$在点$P(1,1,1)$沿向量$l=(2,-1,3)$的方向导数.

2. 求函数$z=3x^2y-y^2$在点$P(2,3)$沿曲线$y=x^2-1$朝x增大方向的方向导数.

3. 设$\boldsymbol{n}$是曲面$2x^2+3y^2+z^2=6$在点$P(1,1,1)$处指向外侧的法向量,求函数$u=\frac{\sqrt{6x^2+8y^2}}{z}$在点$P$处沿方向$\boldsymbol{n}$的方向导数.

4. 设函数$f(x,y,z)=x^2+y^z$

(1) 求等值面$f(x,y,z)=2$在点$P(1,1,1)$处的切平面方程.

(2) 求函数 f 在点 $P(1,1,1)$ 沿增加最快方向的方向导数.

5. 函数 $u=\ln(x^2+y^2+z^2)$ 在点 $M(1,2,-2)$ 处的梯度 $\mathbf{grad}\ u|_M=$ ________.(1992 年考研)

6. 函数 $u=\ln(x+\sqrt{y^2+z^2})$ 在点 $A(1,0,1)$ 处沿点 A 指向 $B(3,-2,2)$ 方向的方向导数是________.(1996 年考研)

六、作业

习题 9-7　2.　3.　6.　7.　8.　9.　10.

七、预习

第八节　多元函数的极值及其求法.

第八节　多元函数的极值及其求法

一、基本要求

掌握多元函数的极值、最值应用问题,条件极值的求法.

二、主要内容

多元函数极值的概念,极值存在的必要条件与充分条件,最值应用问题,无条件极值和条件极值的求法.

三、重点和难点

重点:多元函数极值的必要与充分条件,最值问题,拉格朗日乘数法.
难点:充分性的证明(不作要求).

四、学习方法

1. 即使一元函数 $f(x,y_0)$ 及 $f(x_0,y)$ 在点 (x_0,y_0) 均取极值,二元函数 $f(x,y)$ 在点 (x_0,y_0) 处也不一定取极值,但 $f(x_0,y)$ 及 $f(x,y_0)$ 在点 (x_0,y_0) 处均取极值是 $f(x,y)$ 在点 (x_0,y_0) 处取极值的必要条件.

2. 注意驻点仅为极值可疑点的部分,它既不是全部极值的可疑点,也不一定是极值点,故对驻点应用充分条件来确定它是否为极值点,但 $B^2-AC=0$ 时判别法无效,应采用其他方法.

3. 对一元函数若连续函数在某区间内只有一个极值,并且是极大(小)值,那么这个极大(小)值就是函数在该区间上的最大(小)值.但此结论对二元函数不一定成立,而要将此极值与边界上的函数值进行比较,方能确定.

4. 注意极值点与最值点是对自变量而言,极值与最值是对函数而言,不可混淆.

5. 用多元函数的条件极值解决实际问题,关键在于确定目标函数及找出约束条件.作拉格朗日函数时应尽量化简目标函数,使得容易求解.用拉格朗日乘数法求条件极值时,不一定要解出参变量 λ,应尽量消去 λ,必要时再解出.

五、补充题

1. 讨论函数 $z=x^3+y^3$ 及 $z=(x^2+y^2)^2$ 在点(0,0)是否取得极值.

2. 已知平面上两定点 $A(1,3)$,$B(4,2)$,试在椭圆 $\frac{x^2}{9}+\frac{y^2}{4}=1(x\geqslant 0,y\geqslant 0)$ 圆周上求一点 C,使 $\triangle ABC$ 面积 $S_\triangle$ 最大.

3. 求半径为 R 的圆的内接三角形中面积最大者.

4. 求平面上以 a,b,c,d 为边的面积最大的四边形,试列出其目标函数和约束条件.

5. 在第一卦限作椭球面 $\frac{x^2}{a^2}+\frac{y^2}{b^2}+\frac{z^2}{c^2}=1$ 的切平面,使其在三坐标轴上的截距的平方和最小,并求切点.

六、作业

习题9-8 3. 5. 9. 10. 13.

七、复习

第九章 多元函数微分学.

第九节 习 题 课

一、基本要求

1. 复习多元函数的各种基本概念,进一步理解各基本概念间的关系.
2. 掌握各种求偏导数和全微分的方法,特别是多元复合函数求导法则.
3. 掌握偏导数的几何应用.
4. 掌握极值应用问题,特别是用条件极值求解应用问题.

二、典型例题

题组一:概念题

1. 设 $f(x,y)=\begin{cases}0, xy=0\\ 1, xy\neq 0\end{cases}$,

(1) 求 $\frac{\partial f}{\partial x},\frac{\partial f}{\partial y}$;

(2) 讨论 $f(x,y)$ 的连续性;

(3) 讨论 $f(x,y)$ 在(0,0)是否可微.

2. 设 $f(x,y)=\begin{cases}x+y+\frac{x^3y}{x^4+y^2}, (x,y)\neq(0,0)\\ 0, (x,y)=(0,0)\end{cases}$,证明函数 $f(x,y)$ 在(0,0)不可微但沿任意

方向 $l=(\cos\alpha,\cos\beta)$ 的方向导数存在.

3. 解下列各题:

(1) 设 f 有二阶连续偏导数,且 $f(x,2x)=x$,$f_1'(x,2x)=x^2$,$f_{12}''(x,2x)=x^3$,求 $f_{22}''(x,2x)$;

(2) 设 $\dfrac{\partial z}{\partial x}=\dfrac{x^2+y^2}{x}$,$z(1,y)=\sin y$,求 $z(x,y)$,$(x>0)$.

题组二:计算与证明

1. 计算下列各题:

(1) 设 $z=\mathrm{e}^{xy}\ln(x^2+y^2)$,求 $\mathrm{d}z$;

(2) 设 $u=x^{yz}+x^{y^z}$,求 $\mathrm{d}u$;

(3) 设 $z=x^2\mathrm{e}^{-y}\sin\dfrac{y}{x}$,求点 $\left(\dfrac{2}{\pi},0\right)$ 处的二阶混合偏导数.

2. 设 $z=f(x^2+y^2,x^2-y^2)$,$y=x+\varphi(x)$,其中 f,φ 为可微函数,求 $\mathrm{d}z$.

3. 设 $z=\dfrac{1}{y}f(xy)+xf\left(\dfrac{y}{x}\right)$,$f$ 为可微函数,求 $\mathrm{d}z$.

4. 设 $z=f(x^2,\mathrm{e}^{xy})$,f 有二阶连续偏导数,求 $\mathrm{d}z$,$\dfrac{\partial^2 z}{\partial x\partial y}$.

5. 设 $z=f(x,y)$ 满足方程 $6\dfrac{\partial^2 z}{\partial x^2}+\dfrac{\partial^2 z}{\partial x\partial y}-\dfrac{\partial^2 z}{\partial y^2}=0$,且二阶混合偏导数连续,证明:变换 $\xi=x-2y$,$\eta=x+3y$ 可将方程简化为 $\dfrac{\partial^2 z}{\partial\xi\partial\eta}=0$.

6. 设方程 $F\left(x+\dfrac{z}{y},y+\dfrac{z}{x}\right)=0$ 确定了隐函数 $z=z(x,y)$,求 $x\dfrac{\partial z}{\partial x}+y\dfrac{\partial z}{\partial y}$.

7. 设函数 F,u 均有二阶连续偏导数,且 F_1',F_2' 不同时为零,$F\left(\dfrac{\partial u}{\partial x},\dfrac{\partial u}{\partial y}\right)=0$,证明:

$$\frac{\partial^2 u}{\partial x^2}\cdot\frac{\partial^2 u}{\partial y^2}=\left(\frac{\partial^2 z}{\partial x\partial y}\right)^2.$$

8. 已知 $x+y-z=\mathrm{e}^z$,$x\mathrm{e}^x=\tan t$,$y=\cos t$,求 $\left.\dfrac{\mathrm{d}z}{\mathrm{d}t}\right|_{t=0}$ 及 $\left.\dfrac{\mathrm{d}^2 z}{\mathrm{d}t^2}\right|_{t=0}$.

9. 求函数 $f(x,y,z)=\dfrac{\sqrt{x^2+y^2}}{xyz}$ 在点 $M(-1,3,-3)$ 沿曲线 $x=-t^2$,$y=3t^2$,$z=-3t^3$ 在该点的切线方向上的方向导数和梯度.

题组三:应用题

1. 过直线 $\begin{cases}10x+2y-2z=27\\x+y-z=0\end{cases}$ 作曲面 $3x^2+y^2-z^2=27$ 的切平面,求此切平面的方程.

2. 求曲线 $\begin{cases}2x^2+3y^2+z^2=47\\x^2+2y^2=z\end{cases}$ 在点 $(-2,1,6)$ 处的切线方程.

3. 证明曲线 Γ:$x=a\mathrm{e}^t\cos t$,$y=a\mathrm{e}^t\sin t$,$z=a\mathrm{e}^t$ 与锥面 $x^2+y^2=z^2$ 的各母线相交成定角.

4. 在曲面 $a\sqrt{x}+b\sqrt{y}+c\sqrt{z}=1(a>0,b>0,c>0)$ 上做切平面,使得切平面与三坐标平面所围成的体积最大,求切点的坐标.

5. 求方程 $x^2+y^2+z^2-xz-yz+2x+2y+2z-2=0$ 所确定的隐函数 $z=z(x,y)$ 的极值.

6. 求在半径为 R 的球内嵌入具有最大表面积的圆柱.

7. 已知两平面曲线 $f(x,y)=0$ 及 $\varphi(x,y)=0$,点 (α,β) 和 (ξ,η) 分别为两曲线上的点,试证:如果这两点是两曲线上相距最近和相距最远的点,则 $\dfrac{\alpha-\xi}{\beta-\eta}=\dfrac{f_x(\alpha,\beta)}{f_y(\alpha,\beta)}=\dfrac{\varphi_x(\xi,\eta)}{\varphi_y(\xi,\eta)}$.

三、作业

总习题九 5. 6. 7. 10. 11. 15. 16. 17. 18.

四、预习

第十章 第一节 二重积分的概念与性质.

第二节 二重积分的计算法.

单 元 自 测 (九)

一、选择题(每小题 4 分,共 20 分)

1. 对于二元函数 $z=f(x,y)$,下列有关偏导数与全微分关系中正确的命题是(　　).

(A) 偏导数不连续,则全微分必不存在; (B) 全微分存在,则偏导数必连续;

(C) 偏导数连续,则全微分必存在; (D) 全微分存在,而偏导数不一定存在.

2. 若函数 $z=f(u,v)=f(x^2+y^2,x^2-y^2)$ 为二阶连续可微函数,则 $\dfrac{\partial^2 z}{\partial x\partial y}$ 等于(　　).

(A) $2x\left(\dfrac{\partial^2 f}{\partial u^2}+\dfrac{\partial f}{\partial v}\right)$; (B) $2x\left(\dfrac{\partial^2 f}{\partial u^2}+\dfrac{\partial^2 f}{\partial v^2}\right)$;

(C) $2x\left(\dfrac{\partial^2 f}{\partial u^2}-\dfrac{\partial^2 f}{\partial v^2}\right)$; (D) $4xy\left(\dfrac{\partial^2 f}{\partial u^2}-\dfrac{\partial^2 f}{\partial v^2}\right)$.

3. 设函数 $z=z(x,y)$ 由方程 $e^{-xy}-2z+e^z=0$ 确定,于是 z 关于 x 的二阶偏导数为(　　).

(A) $\dfrac{-y^2e^{-xy}}{e^z-2}$; (B) $\dfrac{-y^2e^{-xy}(e^z-2)-ye^{-xy}e^z}{(e^z-2)^2}$;

(C) $\dfrac{-y^2e^{-xy}(e^z-2)+y^2e^{-2xy+z}}{(e^z-2)^2}$; (D) $\dfrac{-y^2e^{-xy}(e^z-2)^2-y^2e^{-2xy+z}}{(e^z-2)^3}$.

4. 曲面 $xy+yz+zx-1=0$ 与平面 $x-3y+z-4=0$ 在点 $(1,-2,-3)$ 处的夹角为(　　).

(A) $\dfrac{\pi}{6}$; (B) $\dfrac{\pi}{3}$; (C) $\dfrac{\pi}{2}$; (D) $\dfrac{2\pi}{3}$.

5. 设函数 $z=x^3-3x-y^2$,则它在点 $(1,0)$ 处(　　).

(A) 取得极大值; (B) 无极值;

(C) 取得极小值; (D) 无法判别是否有极值.

二、填空题(每小题 4 分,共 20 分)

1. 设函数 $z=f(u)+y$,其中 $u=x^2+y^2$,f 为可微函数,则 $y\dfrac{\partial z}{\partial x}+x\dfrac{\partial z}{\partial y}=$ ________.

2. 由方程 $xyz+\sqrt{x^2+y^2+z^2}=\sqrt{2}$ 所确定的函数 $z=z(x,y)$ 在点 $(1,0,-1)$ 处的全微分 $dz=$________.

3. 函数 $u=\ln(x+\sqrt{y^2+z^2})$ 在 $A(1,0,1)$ 处沿 A 指向 $B(3,-2,2)$ 方向的方向导数为____.

4. $\lim\limits_{\substack{x\to+\infty\\ y\to+\infty}}\left(\dfrac{xy}{x^2+y^2}\right)^{x^2}=$________.

5. 在曲线 $x=t,y=-t^2,z=t^3$ 的所有切线中，与平面 $x+2y+z=4$ 平行的切线有________条.

三、(10分)设函数 $f(x,y)=|x-y|\varphi(x,y)$，其中 $\varphi(x,y)$ 在点 $(0,0)$ 的邻域内连续，问：

1. $\varphi(x,y)$ 应满足什么条件，才能使偏导数 $f_x(0,0)$，$f_y(0,0)$ 存在？

2. 在上述条件下，$f(x,y)$ 在点 $(0,0)$ 处是否可微？

四、(10分)设函数 $z=z(x,y)$ 由方程 $F(x^2-y^2,y^2-z^2)=0$ 确定，F 为任意可微函数，求 $yz\dfrac{\partial z}{\partial x}+zx\dfrac{\partial z}{\partial y}$.

五、(10分)已知三角形周长为 $2p$，试求这样的三角形，当它绕自己的一边旋转时所构成的体积最大.

六、(10分)证明曲面 $f\left(\dfrac{x-a}{z-c},\dfrac{y-b}{z-c}\right)=0$ 的切平面通过一定点.

七、(10分)设函数 $f(x,y)=\int_0^{xy}e^{-t^2}dt$，求 $\dfrac{x}{y}\dfrac{\partial^2 f}{\partial x^2}-2\dfrac{\partial^2 f}{\partial x\partial y}+\dfrac{y}{x}\dfrac{\partial^2 f}{\partial y^2}$.

八、(10分)求函数 $f(x,y,z)=\ln x+\ln y+3\ln z$ 在球面 $x^2+y^2+z^2=5r^2(x>0,y>0,z>0)$ 上的最大值，并证明对任何正数 a,b,c 有

$$abc^3\leqslant 27\left(\frac{a+b+c}{5}\right)^5.$$

第十章 重 积 分

一、主要问题

1. 二重积分与三重积分的概念

$$\iint_D f(x,y)\,\mathrm{d}\sigma = \lim_{\lambda\to 0}\sum_{i=1}^{n} f(\xi_i,\eta_i)\Delta\sigma_i.$$

$$\iiint_\Omega f(x,y,z)\,\mathrm{d}v = \lim_{\lambda\to 0}\sum_{k=1}^{n} f(\xi_k,\eta_k,\zeta_k)\Delta v_k.$$

2. 二重积分的计算:将二重积分化为二次积分计算.

3. 三重积分的计算:将三重积分化为三次积分计算.

4. 几何与物理应用.

二、解决问题的主要方法

与定积分类似,利用“大化小,常代变,近似和,求极限”的分析思想,由实际问题抽象出重积分概念,再用“元素法”将重积分化为累次积分计算,计算时应注意坐标系与积分顺序的选择.

1. 二重积分的计算

(1)利用直角坐标系计算二重积分.

(2)利用极坐标系计算二重积分.

2. 三重积分的计算

(1)利用直角坐标系计算,如

$$\iiint_\Omega f(x,y,z)\,\mathrm{d}x\mathrm{d}y\mathrm{d}z = \int_a^b \mathrm{d}x\int_{y_1(x)}^{y_2(x)}\mathrm{d}y\int_{z_1(x,y)}^{z_2(x,y)} f(x,y,z)\,\mathrm{d}z;$$

(2)利用柱面坐标系计算

$$\iiint_\Omega f(x,y,z)\,\mathrm{d}x\mathrm{d}y\mathrm{d}z = \iiint_\Omega f(r\cos\theta,r\sin\theta,z)\,r\mathrm{d}r\mathrm{d}\theta\mathrm{d}z;$$

(3)利用球坐标系计算

$$\iiint_\Omega f(x,y,z)\,\mathrm{d}x\mathrm{d}y\mathrm{d}z = \iiint_\Omega f(r\sin\varphi\cos\theta,r\sin\varphi\sin\theta,r\cos\varphi)\,r^2\sin\varphi\,\mathrm{d}r\mathrm{d}\varphi\mathrm{d}\theta.$$

三、主要应用

1. 求平面与曲面的面积,求空间立体的体积.

2. 求平面薄片的质量与重心.

3. 求平面薄片对 x 轴、y 轴以及原点的转动惯量.

4. 求空间物体的质量与重心.
5. 求空间物体对坐标轴、原点及坐标平面的转动惯量.

四、考点

利用直角坐标计算重积分,利用极坐标计算二重积分,利用柱坐标与球坐标计算三重积分,重积分的几何与物理应用.

第一节　二重积分的概念与性质

一、基本要求

理解二重积分的定义,知道二重积分的性质,掌握曲顶柱体体积的计算方法.

二、主要内容

二重积分的定义和性质,曲顶柱体体积的计算.

三、重点和难点

重点:二重积分的概念和计算性质,曲顶柱体体积计算.
难点:二重积分定义.

四、学习方法

1. 二重积分是定积分的推广,因此研究方法、定义、性质都与定积分类似,学习时应与定积分类比.注意有些性质的几何意义,以便理解和应用.
2. 曲顶柱体体积的计算方法即为计算二重积分的累次积分法,需予以充分的重视.

五、补充题

1. 估计积分之值 $I=\iint\limits_D \frac{\mathrm{d}x\mathrm{d}y}{100+\cos^2 x+\cos^2 y}$,$D$:$|x|+|y|\leqslant 10$.
2. 判断积分 $\iint\limits_{x^2+y^2\leqslant 4}\sqrt[3]{1-x^2-y^2}\,\mathrm{d}x\mathrm{d}y$ 的正负号.
3. 比较下列积分值的大小关系

$$I_1=\iint\limits_{x^2+y^2\leqslant 1}|xy|\mathrm{d}x\mathrm{d}y,I_2=\iint\limits_{|x|+|y|\leqslant 1}|xy|\mathrm{d}x\mathrm{d}y,I_3=\int_{-1}^{1}\int_{-1}^{1}|xy|\mathrm{d}x\mathrm{d}y.$$

4. 设 D 是第二象限的一个有界闭域,且 $0<y<1$,则 $I_1=\iint\limits_D yx^3\mathrm{d}\sigma$,$I_2=\iint\limits_D y^2x^3\mathrm{d}\sigma$,$I_3=\iint\limits_D y^{\frac{1}{2}}x^3\mathrm{d}\sigma$ 的大小顺序为(　　).

(A) $I_1\leqslant I_2\leqslant I_3$;　　(B) $I_2\leqslant I_1\leqslant I_3$;
(C) $I_3\leqslant I_2\leqslant I_1$;　　(D) $I_3\leqslant I_1\leqslant I_2$.

5. 计算 $I=\int_0^{\frac{\pi}{2}}\int_0^{\frac{\pi}{2}}\sin(x+y)\mathrm{d}x\mathrm{d}y$.

6. 证明:$1\leqslant\iint\limits_D(\sin x^2+\cos y^2)\mathrm{d}\sigma\leqslant\sqrt{2}$,其中 D 为 $0\leqslant x\leqslant 1,0\leqslant y\leqslant 1$.

7. 估计 $I=\iint\limits_D\frac{\mathrm{d}\sigma}{\sqrt{x^2+y^2+2xy+16}}$ 的值,其中 D 为 $0\leqslant x\leqslant 1,0\leqslant y\leqslant 2$.

8. 判断 $\iint\limits_{\sigma\leqslant|x|+|y|\leqslant 1}\ln(x^2+y^2)\mathrm{d}x\mathrm{d}y(0<\sigma<1)$ 的正负.

9. 计算 $\iint\limits_D\frac{\sin x}{x}\mathrm{d}x\mathrm{d}y$,其中 D 是直线 $y=x,y=0,x=\pi$ 所围成的闭区域.

六、作业

习题 10-1　2.　4.　5.　6.
习题 10-2　1.(1)　8.

七、预习

第二节　二重积分的计算法.

第二节　二重积分的计算法

一、基本要求

熟练掌握在直角坐标系和极坐标系下计算二重积分的方法.

二、主要内容

利用直角坐标计算二重积分,利用极坐标计算二重积分.

三、重点和难点

重点:在直角坐标或极坐标系下计算二重积分的方法.

难点:计算二重积分时选择合适的坐标系与积分顺序,并恰当地配置累次积分的上下限.

四、学习方法

1. 计算二重积分的关键是在直角坐标或极坐标系下将其化为累次积分,选择坐标系和累次积分顺序的目的是使计算简便.

2. 二重积分化为累次积分的一般方法是“画图定限法”.当图形不易画出时,可利用“代数定限法”,即联立区域边界曲线组成的不等式组来分别确定各积分变量的变化范围,从而得累次积分的各个积分限,注意二次积分的上限大于下限.

3. 当区域是圆形区域、扇形区域、环形区域或者是它们的一部分,被积函数含有因子(x^2+

$y^2)^{\frac{n}{2}}$或 $\arctan\dfrac{y}{x}$等形式时，利用极坐标计算较为简便，其余情况一般利用直角坐标计算.

4. 计算二重积分时，须考虑积分区域的对称性及被积函数的奇偶性，尽可能简化积分计算.在审题时应注意以下几个准则：

(1)图形的对称性以及被积函数的奇偶性；

(2)坐标系的选择；

(3)积分的先后顺序；

(4)计算定积分的准确性.

五、补充题

1. 交换积分次序

$$I=\int_0^2 dx\int_0^{\frac{x^2}{2}} f(x,y)\,dy+\int_2^{2\sqrt{2}} dx\int_0^{\sqrt{8-x^2}} f(x,y)\,dy.$$

2. 计算 $I=\iint\limits_D x\ln\left(y+\sqrt{1+y^2}\right)dxdy$，其中 D 由 $y=-3x, x=1(x<1)$ 所围成.

3. 设 $f(x)\in C[0,1]$，且 $\int_0^1 f(x)\,dx=A$，求 $I=\int_0^1 dx\int_x^1 f(x)f(y)\,dy$.

4. 交换积分顺序 $I=\int_{\frac{-\pi}{2}}^{\frac{\pi}{2}} d\theta\int_0^{a\cos\theta} f(r,\theta)\,dr\,(a>0)$.

(1) 给定 $I=\int_0^{2a} dx\int_{\sqrt{2ax-x^2}}^{\sqrt{2ax}} f(x,y)\,dy\,(a>0)$，改变积分的次序；

(2) 计算 $\iint\limits_D (x^2+y^2)\,dxdy$，其中 D 为由圆 $x^2+y^2=2y, x^2+y^2=4y$ 及直线 $x-\sqrt{3}y=0$，$y-\sqrt{3}x=0$ 所围成的平面闭区域.

六、作业

习题 10-2　1. (2), (4)　2. (3), (4)　5.　6. (2), (4)　11. (2), (4)　13. (3), (4)　14. (2), (3)　15. (1), (4)　*19. (1)　*20. (2)

七、预习

第三节　三重积分.

第三节　三　重　积　分

一、基本要求

理解三重积分的概念，熟练掌握各种坐标系下三重积分的计算.

二、主要内容

三重积分的概念，利用直角坐标系计算三重积分，利用柱坐标系计算三重积分，利用球坐标系计算三重积分.

三、重点和难点

重点:三重积分的计算方法.

难点:三重积分化为累次积分时积分限的确定.

四、学习方法

1. 三重积分是在空间立体 Ω 上关于三元函数的积分,其基础是空间解析几何的知识,应复习相关内容,并善于利用常见的空间曲面画出立体的几何图形.还应正确求解立体 Ω 在各坐标面上的投影,尤其是在 xOy 面上的投影.

2. 三重积分是二重积分的推广,学习时应与二重积分类比,注意联系与区别.常用的计算三重积分的方法有 3 种:

(1)在直角坐标系、柱面坐标、球面坐标系下直接化为三次积分;

(2)截面(切片)法:即先计算一个二重积分,再计算定积分.例如,

$$\iiint_{\Omega} f(x,y,z)\,\mathrm{d}x\mathrm{d}y\mathrm{d}z = \int_a^b \mathrm{d}z \iint_{D_z} f(x,y,z)\,\mathrm{d}x\mathrm{d}y \ (\text{先二后一});$$

(3)投影(穿针)法:即先计算一个定积分,再计算一个二重积分.例如,

$$\iiint_{\Omega} f(x,y,z)\,\mathrm{d}x\mathrm{d}y\mathrm{d}z = \iint_{D_{xy}} \mathrm{d}x\mathrm{d}y \int_{z_1(x,y)}^{z_2(x,y)} f(x,y,z)\,\mathrm{d}z (\text{先一后二}).$$

3. 将三重积分化三次积分关键是确定三次积分的上下限,主要利用画图定限法.当图形不易画出时,利用代数方法分析积分域对某个坐标平面的投影域及其相应的底和顶,从而列出不等式组确定累次积分的积分限(上限大于下限),且先积分变量的上下限是后积分变量的函数或常数,最后一次积分的上下限为常数.

4. 注意各坐标系下的体积元素 $\mathrm{d}x\mathrm{d}y\mathrm{d}z, r\mathrm{d}r\mathrm{d}\theta\mathrm{d}z, r^2\sin\varphi\mathrm{d}r\mathrm{d}\varphi\mathrm{d}\theta$.

五、补充题

1. 计算三重积分 $\iiint_{\Omega} z\sqrt{x^2+y^2}\,\mathrm{d}x\mathrm{d}y\mathrm{d}z$,其中 Ω 为由柱面 $x^2+y^2=2x$ 及平面 $z=0, z=a(a>0), y=0$ 所围成的半圆柱体.

2. 计算三重积分 $\iiint_{\Omega} \dfrac{\mathrm{d}x\mathrm{d}y\mathrm{d}z}{1+x^2+y^2}$,其中 Ω 由 $x^2+y^2=4z$ 与平面 $z=h(h>0)$ 所围成.

3. 计算三重积分 $\iiint_{\Omega}(x^2+y^2+z^2)\,\mathrm{d}x\mathrm{d}y\mathrm{d}z$,其中 Ω 为锥面 $z=\sqrt{x^2+y^2}$ 与球面 $x^2+y^2+z^2=R^2$ 所围立体.

4. 求曲面 $(x^2+y^2+z^2)^2=a^3z(a>0)$ 所围立体体积.

5. 将 $I=\iiint_{\Omega} f(x,y,z)\,\mathrm{d}v$ 用三次积分表示,其中 Ω 由六个平面 $x=0, x=2, y=1, x+2y=4, z=x, z=2$ 所围成, $f(x,y,z)\in C(\Omega)$.

6. 设 $\Omega: x^2+y^2+z^2\leqslant 1$,计算 $\iiint_{\Omega} \dfrac{z\ln(x^2+y^2+z^2+1)}{x^2+y^2+z^2+1}\mathrm{d}v$.

7. 设 Ω 由锥面 $z=\sqrt{x^2+y^2}$ 和球面 $x^2+y^2+z^2=4$ 所围成,计算 $I=\iiint\limits_{\Omega}(x+y+z)^2\mathrm{d}v$.

8. 计算 $I=\iiint\limits_{\Omega}y\sqrt{1-x^2}\mathrm{d}x\mathrm{d}y\mathrm{d}z$,其中 Ω 由 $y=-\sqrt{1-x^2-z^2}$,$x^2+z^2=1$,$y=1$ 所围成.

9. 计算 $I=\iiint\limits_{\Omega}(x^2+5xy^2\sin\sqrt{x^2+y^2})\mathrm{d}x\mathrm{d}y\mathrm{d}z$,其中 Ω 由 $z=\frac{1}{2}(x^2+y^2)$,$z=1$,$z=4$ 围成.

六、作业

习题 10-3　1. (2),(3),(4)　4.　5.　7.　8.　9. (2)　*10. (2)　11. (1),*(4)

七、预习

第四节　重积分的应用.

第四节　重积分的应用

一、基本要求

熟练掌握利用二重积分计算几何量与简单物理量的方法,能够用三重积分计算空间立体的体积和求解简单的物理问题.

二、主要内容

重积分的几何应用与物理应用.

三、重点和难点

重点:求立体体积, 曲面面积,物质的质心,物体的转动惯量,物体的引力.
难点:重积分在物理上的应用.

四、学习方法

1. 重积分的应用十分广泛,应掌握用二重积分元素法导出的解决几何和物理问题的计算公式,在求解二重积分的应用问题时,可直接套用公式.

2. 二重积分的元素法既是定积分元素法的推广,也是三重积分元素法的基础,应掌握使用二重积分解决实际问题的特点:

(1)所求量是分布在有界闭域上的整体量;

(2)所求量对区域具有可加性.

3. 三重积分的应用与二重积分类似,具体计算时,只需将各公式中的被积函数由二元函数转换成三元函数, 积分号由 $\iint$ 改成 $\iiint$, 积分区域由 D 换成空间立体 Ω 即可.

五、补充题

1. 求曲面 $S_1:z=x^2+y^2+1$ 任一点的切平面与曲面 $S_2:z=x^2+y^2$ 所围立体的体积 V.

2. 计算双曲抛物面 $z=xy$ 被柱面 $x^2+y^2=R^2$ 所截出的面积 A.

3. 一个炼钢炉为旋转体形,剖面壁线的方程为 $9x^2+9y^2=z(3-z)^2,0\leqslant z<3$,若炉内储有高为 h 的均质钢液,不计炉体的自重,求它的质心.

4. 设面密度为 μ,半径为 R 的圆形薄片 $x^2+y^2\leqslant R^2,z=0$,求它对位于点 $M_0(0,0,a)(a>0)$ 处的单位质量质点的引力.

5. 设有一高度为 $h(t)$(t 为时间)的雪堆在融化过程中,其侧面满足方程 $z=h(t)-\dfrac{2(x^2+y^2)}{h(t)}$,设长度单位为 cm,时间单位为 h,已知体积减少的速率与侧面积成正比(比例系数 0.9),问高度为 130 cm 的雪堆全部融化需要多少小时?(2001 年考研)

六、作业

习题 10-2　7.　10.　17.

习题 10-4　1.　3.　6.　11.　13.(选做)　14.(选做)

七、复习

第十章　重积分.

第五节　习　题　课　(一)

一、教学目的

1. 复习计算二重积分的基本方法.
2. 巩固计算二重积分的基本技巧:
(1)交换积分顺序的方法;
(2)利用对称性重心公式简化计算;
(3)消去被积函数的绝对值符号,分块积分,利用对称性等.
3. 熟练掌握利用二重积分求解几何和物理的主要应用问题的计算公式.

二、典型例题

1. 计算二重积分

(1) $I=\iint\limits_D xy\cos xy^2\,\mathrm{d}x\mathrm{d}y$,其中 $D=\{(x,y)\mid 0\leqslant x\leqslant\dfrac{\pi}{2},0\leqslant y\leqslant 2\}$.

(2) $I=\iint\limits_D \mathrm{e}^{-(x^2+y^2-\pi)}\sin(x^2+y^2)\,\mathrm{d}x\mathrm{d}y$,其中 $D=\{(x,y)\mid x^2+y^2\leqslant\pi\}$.

(3) $I=\iint\limits_D (x^3y^5+\sin y\cos x)\,\mathrm{d}x\mathrm{d}y$,其中 D 是由三点 $A(1,1),B(-1,1),C(-1,-1)$ 围

成的三角形区域.

(4) $I=\iint\limits_D x^5[\sin^7 y+y^3f(x^2+y^2)]\mathrm{d}x\mathrm{d}y$,其中 D 是由 $y=x^3,x=-1,y=1$ 围成.

(5) $I=\iint\limits_D (x+y)\mathrm{d}x\mathrm{d}y$,其中 $D=\{(x,y)\quad x^2+y^2\leqslant x+y+1\}$.

(6) $I=\iint\limits_D (|x|+y)\mathrm{d}x\mathrm{d}y$,其中 $D=\{(x,y)\quad |x|+|y|\leqslant 1\}$.

(7) $I=\iint\limits_D |\cos(x+y)|\mathrm{d}x\mathrm{d}y$,其中 D 是由 $y=x,y=0,x=\dfrac{\pi}{2}$ 围成.

(8) 设 $f(x,y)=\begin{cases}x+y,x^2\leqslant y\leqslant 2x^2\\0,\text{其他}\end{cases}$,求 $I=\iint\limits_D f(x,y)\mathrm{d}x\mathrm{d}y$,其中 $D=\{(x,y)\quad 0\leqslant x\leqslant 1,0\leqslant y\leqslant 1\}$.

2. 二次积分

(1) 将 $I=\iint\limits_D f(x,y)\mathrm{d}x\mathrm{d}y$ 化为直角坐标系下的累次积分,其中 D:$y\leqslant 2x,x\leqslant 2y,x+y\leqslant 3$.

(2) 将 $I=\int_0^1\mathrm{d}x\int_0^1 f(x,y)\mathrm{d}y$ 化为极坐标系下的累次积分.

(3) 交换下列二次积分的积分顺序:

(a) $I=\int_0^1\mathrm{d}x\int_{x-1}^{\sqrt{1-x^2}} f(x,y)\mathrm{d}y$.

(b) $I=\int_0^1\mathrm{d}x\int_0^{x^2} f(x,y)\mathrm{d}y+\int_1^3\mathrm{d}x\int_0^{\frac{1}{2}(3-x)} f(x,y)\mathrm{d}y$.

(c) $I=\int_{\frac{1}{2}}^1\mathrm{d}x\int_{\frac{1}{x}}^{x} f(x,y)\mathrm{d}y$.

(4) 计算 $I=\int_0^{\frac{\pi}{2}}\mathrm{d}y\int_y^{\frac{\pi}{2}}\dfrac{\sin x}{x}\mathrm{d}x$.

(5) 设 $f(x)=\int_{x^3}^{x}\mathrm{e}^{-y^2}\mathrm{d}y$,计算 $I=\int_0^1 x^2f(x)\mathrm{d}x$.

(6) 设 $f(x)$ 在 $[0,a](a>0)$ 上连续,证明 $\int_0^a\mathrm{d}x\int_0^x f(x)f(y)\mathrm{d}y=\dfrac{1}{2}\left[\int_0^a f(x)\mathrm{d}x\right]^2$.

3. 二重积分的应用

(1) 利用二重积分证明不等式

设 $f(x)$ 在 $[a,b]$ 上连续,且 $f(x)>0$,则 $\int_a^b f(x)\mathrm{d}x\int_a^b\dfrac{1}{f(x)}\mathrm{d}x\geqslant(b-a)^2$.

(2) 求抛物面 $z=x^2+y^2$ 与球面 $x^2+y^2+z^2=6$ 所围立体的体积和表面积.

(3) 证明:曲面 $z=4+x^2+y^2$ 上任一点处的切平面与曲面 $z=x^2+y^2$ 所围立体体积为定值.

(4) 已知球 A 的半径为 a,另求一球 B,球心在球 A 的球面上,问球 B 的半径 R 为多少时,球 B 位于球 A 内部的表面积为最大,并求出最大表面积.

(5) 求由两同心圆 $x^2+y^2=1$ 和 $x^2+y^2=4$ 所围在第一象限内的四分之一圆环板的重心,其中面密度 ρ 为常数.

三、作业

总习题十　3.(2),(4)　4.　5.　6.　7.　11.　12.(选做)　13.

四、复习

三重积分.

第六节　习　题　课　(二)

一、教学目的

1. 复习三重积分的概念.

2. 掌握三重积分计算的几种方法,注意一般解题步骤:写出积分域,选择坐标系,确定积分序,定出积分限,计算要简便.

3. 会使用简化计算重积分的基本技巧,如利用积分域的对称性和被积函数的奇偶性简化积分的计算.

4. 利用三重积分解决几种物理问题.

二、典型例题

1. 已知 $I=\iiint\limits_{\Omega} z\mathrm{d}x\mathrm{d}y\mathrm{d}z$,其中 Ω 由 $x^2+y^2+z^2\leqslant 4$ 与 $z\geqslant\frac{1}{3}(x^2+y^2)$ 围成,试将 I 分别化为三种坐标系下的三次积分,并计算其值.

2. 计算 $I=\iiint\limits_{\Omega}\left(\frac{x^2}{a^2}+\frac{y^2}{b^2}+\frac{z^2}{c^2}\right)\mathrm{d}x\mathrm{d}y\mathrm{d}z$,其中 Ω:$\frac{x^2}{a^2}+\frac{y^2}{b^2}+\frac{z^2}{c^2}\leqslant 1$.

3. 计算 $I=\iiint\limits_{\Omega}\frac{z\mathrm{e}^{\sqrt{x^2+y^2+z^2}}}{1+x^2+y^2+z^2}\mathrm{d}x\mathrm{d}y\mathrm{d}z$,其中 Ω 由 $x^2+y^2+z^2=1$ 围成.

4. 计算 $I=\iiint\limits_{\Omega}\mathrm{e}^{|z|}\mathrm{d}x\mathrm{d}y\mathrm{d}z$,其中 Ω:$x^2+y^2+z^2\leqslant 1$.

5. 计算 $I=\iiint\limits_{\Omega}(x+2y+3z)\mathrm{d}x\mathrm{d}y\mathrm{d}z$,其中 Ω 由 $x^2+y^2+z^2-2x-2y-2z-6=0$ 围成.

6. 当 $f(x)$ 连续时,证明:$\iiint\limits_{x^2+y^2+z^2\leqslant 1} f(z)\,\mathrm{d}v=\pi\int_{-1}^{1}f(x)(1-x^2)\,\mathrm{d}x$.

7. 设 $f(x)$ 为连续函数,且 $\Phi(t)=\iiint\limits_{\Omega}f(x^2+y^2+z^2)\mathrm{d}x\mathrm{d}y\mathrm{d}z$(其中 Ω 由 $x^2+y^2+z^2=t^2(t>0)$ 围成),求 $\Phi'(t)$.

8. 设 $f(x)$ 为连续函数,对 $F(t)=\iiint\limits_{\Omega}[z^2+f(x^2+y^2)]\mathrm{d}x\mathrm{d}y\mathrm{d}z$,其中 Ω:$0\leqslant z\leqslant h, x^2+y^2\leqslant t^2$,求 $\lim\limits_{t\to 0^+}\frac{F(t)}{t^2}$.

9. 求由曲面 $z=(x^2+y^2+z^2)^2$ 围成立体的体积.

10. 已知 yOz 平面内一条曲线 $z=y^2$,将其绕 z 轴旋转得一旋转曲面,此曲面与 $z=2$ 所围立体在任一点的密度为 $\rho(x,y,z)=\sqrt{x^2+y^2}$,求该立体对 z 轴的转动惯量.

11. 在球心位于原点,半径为 a 的均匀半球体靠圆形平面一侧拼接一个底半径与球半径相等且材料相同的圆柱体,并使拼接后的整个物体的重心在球心,求圆柱体的高.

三、作业

总习题十 8. 9.

习题 10-2 21.(选做) 22.(1)(选做)

习题 10-4 4. 9.

单 元 自 测 (十)

一、填空题(每小题 4 分,共 20 分)

1. 积分 $\int_0^2 dx\int_x^2 e^{-y^2}dy$ 的值为 ________.

2. 由曲线 $y=\ln x$ 与两直线 $y=(e+1)-x$ 及 $y=0$ 围成的平面图形的面积为 ________

3. 位于两圆 $r=2\sin\theta$,$r=4\sin\theta$ 之间的均匀簿片的重心是 ________ .

4. 设 Ω 是球体 $x^2+y^2+z^2\leqslant 1$,则 $\iiint\limits_{\Omega} e^{|z|}dv=$ ________.

5. 由 $y=a^2-x^2$,$z=x+2y$,$x=0$,$y=0$,$z=0$ 所围第一卦限部分的立体体积为 ________.

二、(8 分) 证明:$\int_0^a dx\int_0^x \dfrac{f'(y)}{\sqrt{(a-x)(x-y)}}dy=\pi[f(a)-f(0)](a>0)$.

三、计算下列各题(每小题 9 分,共 27 分)

1. 求 $\lim\limits_{r\to 0}\dfrac{1}{\pi r^2}\iint\limits_D e^{x^2-y^2}\cos(x+y)dxdy$,其中 D 为 $\{(x,y)\mid x^2+y^2\leqslant r^2\}$.

2. 设 $f(x,y)=\begin{cases}x^2y, & 若\ 1\leqslant x\leqslant 2, 0\leqslant y\leqslant x\\ 0, & 其他\end{cases}$,

求:$\iint\limits_D f(x,y)dxdy$,其中 $D=\{(x,y)\mid x^2+y^2\geqslant 2x\}$.

3. 求球面 $x^2+y^2+z^2=a^2$ 包含在柱面 $\dfrac{x^2}{a^2}+\dfrac{y^2}{b^2}=1(0<b<a)$ 内部分的面积.

四、(16 分) 将三重积分 $I=\iiint\limits_{\Omega}\sqrt{x^2+y^2+z^2}dv$ (其中 Ω 由曲面 $z=-\sqrt{x^2+y^2}$ 与平面 $z=-1$ 围成) 分别化为直角坐标系、柱面坐标系和球面坐标系下的三次积分,并选用一种方法计算其值.

五、(12 分) 设有一半径为 R 的球体,P_0 是球表面上的一个定点,球体上任一点的密度与

该点到 P_0 距离的平方成正比（比例常数 $k>0$），求球体的重心位置.

六、(10 分) 设一由 $y=\ln x$，x 轴及 $x=\mathrm{e}$ 所围均匀簿板，其密度 $\mu=1$，求此簿板绕 $x=t$ 旋转的转动惯量 $I(t)$，并问 t 为何值时，$I(t)$ 最小？

七、(7 分) 设 $f(x)$ 在闭区间 $[a,b]$ 上连续，证明：

$$\left[\int_a^b f(x)\,\mathrm{d}x\right]^2 \leqslant (b-a)\int_a^b f^2(x)\,\mathrm{d}x.$$

第十一章　曲线积分与曲面积分

一、主要问题

1. 曲线积分的 2 种情况：对弧长的曲线积分，对坐标的曲线积分.
2. 曲面积分的 2 种情况：对面积的曲面积分，对坐标的曲面积分.

二、解决问题的主要方法

1. 利用“大化小，常代变，近似和，取极限”的分析思想，由实际问题抽象出线，面积分的概念并由此导出计算线、面积分的基本方法——化为定积分或二重积分.

2. 曲线积分计算的方法：

(1) 统一变量将所求曲线积分转化为定积分的计算；

(2) 通过格林公式将平面上闭路曲线积分化成二重积分计算；

(3) 将空间闭曲线积分通过斯托克斯公式化成曲面积分计算；

(4) 利用线积分与路径无关的几个等价命题简化计算.

3. 曲面积分计算的方法：

(1) 对面积的曲面积分计算——化为二重积分.

变换：将曲面积分中的面积元素 dS 化为相应的二重积分的面积元素，将 Σ 投影到平面上得平面区域 D；

代入：将曲面 Σ 的方程代入被积函数中；

计算：计算转化后的二重积分.

(2) 对坐标的曲面积分计算——化为二重积分.

审题：根据积分变量确定积分的侧，定出二重积分的正、负号；

代入：将曲面 Σ 的方程代入被积函数，把被积函数化为二元函数；

计算：计算转化后的二重积分.

(3) 利用高斯公式将沿闭曲面 Σ 的曲面积分转化为 Σ 所围的空间区域 Ω 上的三重积分计算.

三、主要应用

1. 求曲线的弧长，求曲面的面积.
2. 求柱面的侧面积.
3. 求曲线形构件 L 的质量、重心及转动惯量.
4. 求变力沿曲线 L 所做的功.
5. 求曲面形构件 Σ 的质量、重心、转动惯量.
6. 求流体的流量.

四、考点

两类线面积分的计算,格林公式的应用,高斯公式的应用,平面上曲线积分与路径无关的条件,二元函数的全微分求解,线面积分的物理应用.

第一节　对弧长的曲线积分

一、基本要求

理解对弧长的曲线积分的概念与性质,熟练掌握对弧长的曲线积分的计算方法.

二、主要内容

对弧长的曲线积分的定义、性质、计算及其应用.

三、重点和难点

重点:对弧长曲线积分的概念与计算公式.
难点:计算公式的推导.

四、学习方法

1. 将对弧长的曲线积分通过曲线 L 的方程转化为一元函数,化为定积分计算.

2. 注意定义中的 Δs_i 表示弧长的长度,始终为正,即 $ds > 0$,故在将线积分 $\int_L f(x,y)ds$ 化为定积分计算时上限应大于下限.

3. 计算步骤:首先画草图,将曲线 L 的方程考虑用直角坐标,参数方程或极坐标方程写出,视曲线而定;写出相应坐标下的弧微分公式;把曲线 L 的表达式及弧微分公式直接代入积分式化成定积分计算.

五、补充题

1. 计算 $I = \int_L |x| ds$,其中 L 为双纽线 $(x^2 + y^2)^2 = a^2(x^2 - y^2)\ (a > 0)$.

2. 计算 $\oint_\Gamma x^2 ds$,其中 Γ 为球面 $x^2 + y^2 + z^2 = a^2$ 被平面 $x + y + z = 0$ 所截的圆周.

3. 计算 $\oint_\Gamma x^2 ds$,其中 Γ 为球面 $(x-1)^2 + (y+1)^2 + z^2 = a^2$ 被平面 $x + y + z = 0$ 所截的光滑曲线.

4. 计算 $I = \int_\Gamma (x^2 + y^2 + z^2) ds$,其中 Γ 为球面 $x^2 + y^2 + z^2 = \frac{9}{2}$ 与平面 $x + z = 1$ 的交线.

5. 有一半圆弧 $y = R\sin\theta, x = R\cos\theta\ (0 \leqslant \theta \leqslant \pi)$,其线密度 $\mu = 2\theta$,求它对原点处单位质量质点的引力.

6. 已知椭圆 $L: \frac{x^2}{4} + \frac{y^2}{3} = 1$ 周长为 a ,求 $\oint_L (2xy + 3x^2 + 4y^2) ds$.

7. 设均匀螺旋形弹簧 L 的方程为 $x = a\cos t, y = a\sin t, z = kt(0 \leqslant t \leqslant 2\pi)$，

(1) 求它关于 z 轴的转动惯量 I_z；(2) 求它的质心.

8. 设 C 是由极坐标系下曲线 $r = a, \theta = 0$ 及 $\theta = \dfrac{\pi}{4}$ 所围区域的边界，求 $I = \int_C e^{\sqrt{x^2+y^2}} ds$.

六、作业

习题 11-1　3.(3),(4),(6),(7)　5.

七、预习

第二节　对坐标的曲线积分.

第二节　对坐标的曲线积分

一、基本要求

理解对坐标的曲线积分的概念与性质，熟练掌握对坐标的曲线积分的计算方法，掌握两类曲线积分之间的联系公式.

二、主要内容

对坐标的曲线积分的计算方法，两类曲线积分之间的关系.

三、重点和难点

重点：对坐标的曲线积分的计算，两类曲线积分之间的关系.

难点：积分路径的方向及计算公式的推导.

四、学习方法

1. 对坐标的曲线积分定义中的 Δx_i 与 Δy_i 表示有向小弧段在坐标轴上的投影，其正负与曲线 L 的方向有关，在化为定积分计算时，下限与上限分别对应 L 的起点和终点.

2. 对第二类曲线积分，要特别注意积分路径的方向性，若改变方向，切记积分值要反号，这与定积分性质 $\int_a^b f(x)dx = -\int_b^a f(x)dx$ 相同，注意定积分是对坐标的曲线积分的特殊情况.

3. 将对坐标的曲线积分直接化为定积分计算，一般是当被积函数 $P(x,y)$、$Q(x,y)$ 形式相对简单，且将积分曲线 L 的方程代入积分式化为定积分计算较为容易时，采用直接计算方法；当积分曲线分段光滑时，采用分段积分法，此时各子段参变量选取应由积分曲线的形状具体而定.

4. 注意利用两类曲线积分的联系公式将两类积分互化简化计算，并注意利用垂直性和对称性简化计算.

五、补充题

1. L 为球面 $x^2 + y^2 + z^2 = R^2$ 在第一卦限与三个坐标面的交线，求其形心坐标.

2. 设在力场 $\boldsymbol{F}=(y,-x,z)$ 作用下，质点由 $A(R,0,0)$ 沿 Γ 移动到 $B(R,0,2\pi k)$，其中 Γ 为：(1) $x=R\cos t, y=R\sin t, z=kt$；(2) $\overrightarrow{AB}$. 试求力场对质点所做的功.

3. 求 $I=\int_{\Gamma}(z-y)\,\mathrm{d}x+(x-z)\,\mathrm{d}y+(x-y)\,\mathrm{d}z$，其中 $\Gamma:\begin{cases}x^2+y^2=1\\x-y+z=2\end{cases}$，从 z 轴正向看为顺时针方向.

4. 设 $M=\max\sqrt{P^2+Q^2}$，$P(x,y)$，$Q(x,y)$ 在 L 上连续，曲线段 L 的长度为 s，证明 $\left|\int_L P\mathrm{d}x+Q\mathrm{d}y\right|\leqslant Ms$.

5. 设一个质点在 $M(x,y)$ 处受力 $\boldsymbol{F}$ 的作用，$\boldsymbol{F}$ 的大小与 M 到原点 O 的距离成正比，$\boldsymbol{F}$ 的方向恒指向原点，此质点由点 $A(a,0)$ 沿椭圆 $\frac{x^2}{a^2}+\frac{y^2}{b^2}=1$ 沿逆时针移动到 $B(0,b)$，求力 $\boldsymbol{F}$ 所做的功.

6. 已知 Γ 为有向闭折线 $ABCOA$，这里的 A、B、C、O 依次为点 $(1,0,0)$、$(0,1,0)$、$(0,0,1)$、$(0,0,0)$，计算 $I=\oint_{\Gamma}\mathrm{d}x-\mathrm{d}y+y\mathrm{d}z$.

7. 一质点在力场 $\boldsymbol{F}$ 作用下由点 $A(2,2,1)$ 沿直线移动到 $B(4,4,2)$，求力 $\boldsymbol{F}$ 所做的功 W. 已知 $\boldsymbol{F}$ 的方向指向坐标原点，其大小与作用点到 xOy 面的距离成反比.

8. 设曲线 C 为曲面 $x^2+y^2+z^2=a^2$ 与曲面 $x^2+y^2=ax(z\geqslant 0, a>0)$ 的交线，从 ox 轴正向看去为逆时针方向.

(1) 写出曲线 C 的参数方程；

(2) 计算曲线积分 $\int_C y^2\mathrm{d}x+z^2\mathrm{d}y+x^2\mathrm{d}z$.

9. 设质点在力场 $\boldsymbol{F}=\frac{k}{r^2}(y,-x)$ 作用下沿曲线 $y=\frac{\pi}{2}\cos x$，由 $A\left(0,\frac{\pi}{2}\right)$ 移动到 $B\left(\frac{\pi}{2},0\right)$，求力场所做的功 W(其中 $r=\sqrt{x^2+y^2}$).

六、作业

习题 11-2 3. (2),(4),(6),(7) 4. 5. 7. 8.

七、预习

第三节 格林公式及其应用.

第三节 格林(Green)公式及其应用

一、基本要求

掌握格林公式的条件和结论，熟练掌握平面上曲线积分与路径无关的等价条件.

二、主要内容

格林公式，平面上曲线积分与路径无关的 4 个等价条件.

三、重点和难点

重点:格林公式和线积分与路径无关定理及应用.

难点:格林公式和线积分与路径无关定理的证明.

四、学习方法

1. 格林公式是计算平面曲线积分的重要公式,它将沿闭路曲线积分与一个相应的二重积分联系起来,既可将平面曲线积分化为二重积分,也可将二重积分化为平面曲线积分.

2. 若积分路径不是闭曲线,可添加辅助线化为闭曲线后用格林公式.

3. 计算曲线积分时,若在某单连通区域内$\frac{\partial P}{\partial y}=\frac{\partial Q}{\partial x}$(注意此条件),则

(1)可任意选择积分路径计算,为简化计算,一般取平行于坐标轴的折线路径;

(2)用积分法可由 $\mathrm{d}u=P(x,y)\mathrm{d}x+Q(x,y)\mathrm{d}y$ 解得域 $\boldsymbol{D}$ 内的一个原函数 $u(x,y)$,方法是取定点$(x_0,y_0)\in\boldsymbol{D}$ 及动点$(x,y)\in\boldsymbol{D}$,则原函数为

$$\begin{aligned}u(x,y)&=\int_{(x_0,y_0)}^{(x,y)}P\mathrm{d}x+Q\mathrm{d}y\\&=\int_{x_0}^{x}P(x,y_0)\mathrm{d}x+\int_{y_0}^{y}Q(x,y)\mathrm{d}y\end{aligned}$$

或

$$u(x,y)=\int_{y_0}^{y}Q(x_0,y)\mathrm{d}y+\int_{x_0}^{x}P(x,y)\mathrm{d}x.$$

五、补充题

1. 设 $L:x^2+\frac{1}{4}y^2=1,l:x^2+y^2=4$,且都取正向,问下列计算是否正确?

(1) $\oint_L\frac{x\mathrm{d}y-4y\mathrm{d}x}{x^2+y^2}=\oint_l\frac{x\mathrm{d}y-4y\mathrm{d}x}{x^2+y^2}=\frac{1}{4}\oint_l x\mathrm{d}y-4y\mathrm{d}x=\frac{1}{4}\iint_D 5\mathrm{d}\sigma=5\pi$;

(2) $\oint_L\frac{x\mathrm{d}y-y\mathrm{d}x}{x^2+y^2}=\oint_l\frac{x\mathrm{d}y-y\mathrm{d}x}{x^2+y^2}=\frac{1}{4}\oint_l x\mathrm{d}y-y\mathrm{d}x=\frac{1}{4}\iint_D 2\mathrm{d}\sigma=2\pi$.

2. 设 $\mathbf{grad}\,u(x,y)=(x^4+4xy^3,6x^2y^2-5y^4)$,求 $u(x,y)$.

3. 设 C 为沿 $x^2+y^2=a^2$ 从点$(0,a)$依逆时针到点$(0,-a)$的半圆,计算

$$\int_C\frac{y^2}{\sqrt{a^2+x^2}}\mathrm{d}x+\left[ax+2y\ln\left(x+\sqrt{a^2+x^2}\right)\right]\mathrm{d}y.$$

4. 质点 M 沿着以 AB 为直径的半圆,从 $A(1,2)$ 运动到 $B(3,4)$,在此过程中受力 $\boldsymbol{F}$ 的作用,$\boldsymbol{F}$ 的大小等于点 M 到原点的距离,其方向垂直于 OM,且与 y 轴正向夹角为锐角,求变力 $\boldsymbol{F}$ 对质点 M 所做的功.(1990 年考研)

5. 已知曲线积分$\int_L F(x,y)[y\sin x\mathrm{d}x-\cos x\mathrm{d}y]$与路径无关,其中 $F\in\boldsymbol{C}^1$,$F(0,1)=0$,求由 $F(x,y)=0$ 确定的隐函数 $y=f(x)$.

六、作业

习题11-3 2.(1) 3. 6.(3) 7.(1),(4) 8.(2),(5) 11.

七、预习

第四节 对面积的曲面积分.

第四节 对面积的曲面积分

一、基本要求

理解对面积的曲面积分的概念与性质,熟练掌握将对面积的曲面积分化为二重积分计算的方法.

二、主要内容

对面积的曲面积分的定义与计算方法,对面积的曲面积分的应用.

三、重点和难点

重点:对面积的曲面积分的概念与计算公式.
难点:推导计算公式.

四、学习方法

1. 注意对面积的曲面积分定义要求曲面分片光滑,被积函数一般而言是三元函数.

2. 计算对面积的曲面积分的方法是将其化为某个坐标平面上的二重积分,计算时应注意:

(1)曲面Σ在公式所对应的坐标面的投影区域的面积不为零,且Σ的方程为单值函数;

(2)选取使曲面的投影区域简单,二重积分的被积函数易求的公式.例如,若Σ:$z=z(x,y)$,则$\iint\limits_{\Sigma}f(x,y,z)\,\mathrm{d}S=\iint\limits_{D_{xy}}f(x,y,z(x,y))\sqrt{1+z_x^2+z_y^2}\,\mathrm{d}x\mathrm{d}y$.

3. 计算步骤:

(1)变换:将曲面积分中的面积元素$\mathrm{d}S$化为相应的二重积分的面积元素,将曲面Σ化为平面区域D;

(2)代入:将Σ的方程代入被积函数中,变三元函数为二元函数;

(3)计算:计算转化后的二重积分.

4. 注意利用球面坐标、柱面坐标、对称性、重心公式等技巧简化计算.

五、补充题

1. 设Σ:$x^2+y^2+z^2=a^2$,$f(x,y,z)=\begin{cases}x^2+y^2,\text{当 } z\geqslant\sqrt{x^2+y^2}\\0,\text{当 } z<\sqrt{x^2+y^2}\end{cases}$,计算$I=\iint\limits_{\Sigma}f(x,y,z)\,\mathrm{d}S$.

2. 设 $\Sigma: x^2+y^2+z^2=a^2$, $f(x,y,z)=\begin{cases} x^2+y^2, 当 |z| \geqslant \sqrt{x^2+y^2} \\ 0, 当 |z| < \sqrt{x^2+y^2} \end{cases}$，计算 $I=\iint\limits_{\Sigma} f(x,y,z)\,\mathrm{d}S$.

3. 求半径为 R 的均匀半球壳 Σ 的重心.

4. 计算 $I=\iint\limits_{\Sigma} \dfrac{\mathrm{d}S}{\lambda - z}(\lambda > R)$, $\Sigma: x^2+y^2+z^2=R^2$.

5. 计算 $I=\oiint\limits_{\Sigma}(x^2+y^2)\,\mathrm{d}S$,其中 Σ 是球面 $x^2+y^2+z^2=2(x+y+z)$.

六、作业

习题 11-4　4.(3)　5.(2)　6.(1),(3),(4)　8.

七、预习

第五节　对坐标的曲面积分.

第五节　对坐标的曲面积分

一、基本要求

了解对坐标的曲面积分的概念,熟练掌握有向曲面与曲面的有向投影及对坐标的曲面积分的计算方法,掌握两类曲面积分的联系.

二、主要内容

有向曲面及曲面的投影,对坐标的曲面积分的计算方法,两类曲面积分的联系.

三、重点和难点

重点:对坐标的曲面积分的概念,对坐标的曲面积分的计算方法.
难点:曲面的方向,计算公式的推导.

四、学习方法

1. 注意对坐标的曲面积分定义要求曲面是分片光滑的有向曲面,这是指曲面 Σ 在 xOy 面上的投影上正下负,在 yOz 面上的投影左负右正,在 zOx 面上的投影前正后负.

2. 对坐标的曲面积分直接化为二重积分计算,公式中的 3 项一般应分别计算.

3. 计算步骤:

(1) 将曲面 Σ 投影到某个坐标平面,得平面区域 D,再确定积分的侧,定出二重积分的正负号;

(2) 将曲面 Σ 的方程代入公式中的被积函数,将被积函数化为二元函数;

(3) 计算转化后的二重积分.

4. 注意分清两类曲面积分的联系与区别,学会用联系公式将两类曲面积分互化计算.

5. 要特别注意对坐标的曲面积分的方向性，即改变曲面的侧，积分值要反号.还应注意利用对称性、垂直性、可加性等简化计算的技巧.

五、补充题

1. 求椭圆柱面$\frac{x^2}{5}+\frac{y^2}{9}=1$位于$xOy$面上方及平面$z=y$下方那部分柱面$\Sigma$的侧面积$S$.

2. 已知曲面壳$z=3-(x^2+y^2)$的面密度$\mu=x^2+y^2+z$，求此曲面壳在平面$z=1$以上部分Σ的质量m.

3. 设Σ是四面体$x+y+z\leqslant 1,x\geqslant 0,y\geqslant 0,z\geqslant 0$的表面积，计算$I=\oint\!\!\!\oint_{\Sigma}\frac{1}{(1+x+y)^2}\mathrm{d}S$.

4. 计算$\iint_{\Sigma}(x+y)\mathrm{d}y\mathrm{d}z+(y+z)\mathrm{d}z\mathrm{d}x+(z+x)\mathrm{d}x\mathrm{d}y$其中$\Sigma$是以原点为中心，边长为$a$的正立方体的整个表面的外侧.

5. 设S是球面$x^2+y^2+z^2=1$的外侧，计算$I=\iint_{S}\frac{2\mathrm{d}y\mathrm{d}z}{x\cos^2 x}+\frac{\mathrm{d}z\mathrm{d}x}{\cos^2 y}-\frac{\mathrm{d}x\mathrm{d}y}{z\cos^2 z}$.

六、作业

习题11-5　3.(1),(2),(4)　4.(1),(2)

七、预习

第六节　高斯公式、通量与散度.

第六节　高斯公式、通量与散度

一、基本要求

掌握高斯公式及其应用，知道通量与散度的定义和物理意义.

二、主要内容

高斯公式、通量与散度的定义.

三、重点和难点

重点：高斯公式及其应用.
难点：通量与散度.

四、学习方法

1. 求解对坐标的曲面积分问题，应优先考虑用高斯公式，但应注意定理的条件："闭曲面""外侧"及被积函数有一阶连续偏导数.

2. 高斯公式可将曲面积分转化为三重积分计算，它是计算沿闭曲面对坐标的曲面积分的重要方法.

3. 当Σ为非封闭曲面时,添加简单的曲面Σ_1使得$\Sigma_1+\Sigma$成为闭曲面(必要时可加几片)后可用高斯公式简化计算,但需注意所补曲面的方向与原曲面同侧.

五、补充题

1. 位于原点电量为q的点电荷产生的电场为$\boldsymbol{E}=\frac{q}{r^3}\boldsymbol{r}=\frac{q}{r^3}(x,y,z)\,(r=\sqrt{x^2+y^2+z^2})$,求$\boldsymbol{E}$通过球面$\Sigma:r=R$外侧的电通量$\Phi$.

2. 设$\Sigma:z=\sqrt{1-x^2-y^2}$,$\gamma$是其外法线与$z$轴正向夹成的锐角,计算$I=\iint\limits_{\Sigma}z^2\cos\gamma\,\mathrm{d}S$.

3. 求$I=\oiint\limits_{\Sigma}\left(\frac{\mathrm{d}y\mathrm{d}z}{x}+\frac{\mathrm{d}z\mathrm{d}x}{y}+\frac{\mathrm{d}x\mathrm{d}y}{z}\right)$,其中$\Sigma:\frac{x^2}{a^2}+\frac{y^2}{b^2}+\frac{z^2}{c^2}=1$取外侧.

4. 设Σ为曲面$z=2-x^2-y^2,1\leqslant z\leqslant 2$取上侧,求$I=\iint\limits_{\Sigma}(x^3z+x)\mathrm{d}y\mathrm{d}z-x^2yz\mathrm{d}z\mathrm{d}x-x^2z^2\mathrm{d}x\mathrm{d}y$.

5. 求向量场$\boldsymbol{A}=yz\boldsymbol{j}+z^2\boldsymbol{k}$穿过曲面$\Sigma$流向上侧的通量,其中$\Sigma$为柱面$y^2+z^2=1(z\geqslant 0)$被平面$x=0$及$x=1$截下的有限部分.

6. 置于原点,电量为q的点电荷产生的场强为$\boldsymbol{E}=\frac{q}{r^3}\boldsymbol{r}=\frac{q}{r^3}(x,y,z)\,(\boldsymbol{r}\neq\boldsymbol{0})$,求$\mathrm{div}\boldsymbol{E}$.

7. 设$\Sigma:x^2+y^2+z^2=R^2$取外侧,Ω为Σ所围立体,$r=\sqrt{x^2+y^2+z^2}$,判断下列演算是否正确?

(1)
$$\begin{aligned}&\iint\limits_{\Sigma}\frac{x^3}{r^3}\mathrm{d}y\mathrm{d}z+\frac{y^3}{r^3}\mathrm{d}z\mathrm{d}x+\frac{z^3}{r^3}\mathrm{d}x\mathrm{d}y\\&=\frac{1}{R^3}\iint\limits_{\Sigma}x^3\mathrm{d}y\mathrm{d}z+y^3\mathrm{d}z\mathrm{d}x+z^3\mathrm{d}x\mathrm{d}y\\&=\frac{1}{R^3}\iiint\limits_{\Omega}3(x^2+y^2+z^2)\mathrm{d}v=\frac{3}{R}\iiint\limits_{\Omega}\mathrm{d}v=4\pi R^2;\end{aligned}$$

(2)
$$\iint\limits_{\Sigma}\frac{x^3}{r^3}\mathrm{d}y\mathrm{d}z+\frac{y^3}{r^3}\mathrm{d}z\mathrm{d}x+\frac{z^3}{r^3}\mathrm{d}x\mathrm{d}y=\iiint\limits_{\Omega}\left[\frac{\partial}{\partial x}\left(\frac{x^3}{r^3}\right)+\frac{\partial}{\partial y}\left(\frac{y^3}{r^3}\right)+\frac{\partial}{\partial z}\left(\frac{z^3}{r^3}\right)\right]\mathrm{d}v.$$

六、作业

习题11-6　1.(2),(4),(5)　2.(2)　3.　4.

七、预习

第七节　斯托克斯公式.

第七节 斯托克斯公式 环流量与旋度

一、基本要求

了解斯托克斯公式的条件及结论,知道环流量与旋度的概念及物理意义.

二、主要内容

斯托克斯公式,场论中梯度、散度、旋度的定义.

三、重点和难点

重点:斯托克斯公式及其应用.

难点:斯托克斯公式的向量形式,斯托克斯公式的推导,环流量与旋度的定义.

四、学习方法

1. 学习斯托克斯公式应与格林公式进行比较,注意到若 Σ 是 xOy 面上的一块平面区域,那么斯托克斯公式就是格林公式,所以格林公式就是斯托克斯公式的特例.

2. 正确运用斯托克斯公式,注意曲面 Σ 的侧与边界 $\boldsymbol{\Gamma}$ 的正向符合右手法则.

3. 掌握斯托克斯公式的两种便于记忆的方法.

4. 设 $u=f(x,y,z)$, $\boldsymbol{A}=\{P(x,y,z),Q(x,y,z),R(x,y,z)\}$ 场论中的三个重要概念为:

梯度:$\mathbf{grad}\ u=\left\{\frac{\partial u}{\partial x},\frac{\partial u}{\partial y},\frac{\partial u}{\partial z}\right\}$;散度:$\mathbf{div}\ \boldsymbol{A}=\frac{\partial P}{\partial x}+\frac{\partial Q}{\partial y}+\frac{\partial R}{\partial z}$;

旋度:$\mathbf{rot}\ \boldsymbol{A}=\begin{vmatrix} \boldsymbol{i} & \boldsymbol{j} & \boldsymbol{k} \\ \frac{\partial}{\partial x} & \frac{\partial}{\partial y} & \frac{\partial}{\partial z} \\ P & Q & R \end{vmatrix}$.

五、补充题

1. 设 Σ 为一光滑闭曲面,所围立体 Ω 的体积为 V,θ 是 Σ 外法线向量与点 (x,y,z) 的向径 $\boldsymbol{r}$ 的夹角,$r=\sqrt{x^2+y^2+z^2}$, 试证 $\frac{1}{3}\oint\!\!\!\oint_{\Sigma} r\cos\theta \mathrm{d}S = V$.

2. $\boldsymbol{\Gamma}$ 为柱面 $x^2+y^2=2y$ 与平面 $y=z$ 的交线,从 z 轴正向看为顺时针,计算 $I=\oint_{\Gamma} y^2\mathrm{d}x+xy\mathrm{d}y+xz\mathrm{d}z$.

3. 设 $r=\sqrt{x^2+y^2+z^2}$,则 $\mathbf{div}(\mathbf{grad}\ r)=$ ________;$\mathbf{rot}(\mathbf{grad}\ r)=$ ________.

4. 证明 $\nabla\cdot(\nabla\times A)=0$.

六、作业

习题 11-7 2.(1),(4) 3.(1),(3) 4.(1) 5.(2) 7.

七、复习

曲线积分.

第八节　习　题　课　(一)

一、教学目的

复习曲线积分的计算法及应用.

1. 基本方法

曲线积分$\begin{cases}\text{第一类(对弧长)}\\ \text{第二类(对坐标)}\end{cases}\xrightarrow{\text{转化}}$定积分:

(1) 统一积分变量$\begin{cases}\text{用参数法}\\ \text{用直角坐标法;}\\ \text{用极坐标法}\end{cases}$

(2) 确定积分上下限$\begin{cases}\text{第一类:下小上大}\\ \text{第二类:下始上终}\end{cases}$.

2. 基本技巧

(1) 利用对称性及重心公式简化计算;

(2) 利用积分与路径无关的等价条件;

(3) 利用 Green 公式(加辅助线技巧);

(4) 利用两类曲线积分的联系公式.

3. 基本应用

(1) 求曲线的弧长;

(2) 求曲线型构件的质量、重心、转动惯量;

(3) 求变力沿曲线做功.

二、典型例题

题组一:曲线积分的计算题

1. 求 $I=\int_L\sqrt{x}\,\mathrm{d}s$,其中 L 为曲线 $x=y^2$ 从点$(0,0)$ 到$(1,1)$ 的一段.

2. 计算 $I=\oint_L(x^{\frac{4}{3}}+y^{\frac{4}{3}})\,\mathrm{d}s$,其中 L 是星形线 $x^{\frac{2}{3}}+y^{\frac{2}{3}}=a^{\frac{2}{3}}(a>0)$.

3. 计算 $I=\int_L|y|\,\mathrm{d}s$,其中 L 是双纽线$(x^2+y^2)^2=a^2(x^2-y^2)(a>0)$.

4. 计算 $I=\int_\Gamma(x^2+y^2+z^2)\,\mathrm{d}s$,其中 $\boldsymbol{\Gamma}$ 是球面 $x^2+y^2+z^2=\dfrac{9}{2}$ 与平面 $x+z=1$ 的交线.

5. 计算 $I=\int_L(x^2-y)\,\mathrm{d}x+(y^2-x)\,\mathrm{d}y$,其中 L 是沿逆时针方向进行的以原点为中心,a 为半径的上半圆周.

6. 计算$I=\int_L(12xy+e^y)dx-(\cos y-xe^y)dy$,其中曲线$L$由点$A(-1,1)$沿曲线$y=x^2$到点$O(0,0)$,再沿直线$y=0$到点$B(2,0)$的路径.

7. 求$I=\int_L(3x^5-3x^2y+1)dx-(x^3-y)dy$,其中$L$是$r=1+\cos\theta$自点$A(0,2)$到点$B(\pi,0)$的一段弧.

8. 计算$I=\oint_L\frac{ydx-(x-1)dy}{(x-1)^2+y^2}$,其中:

(1) L为圆周$x^2+y^2-2y=0$的正向;

(2) L为椭圆$4x^2+y^2-8x=0$的正向.

9. 确定参数λ的值,使得在不经过直线$y=0$的区域上$\frac{x(x^2+y^2)^\lambda}{y}dx-\frac{x^2(x^2+y^2)^\lambda}{y^2}dy$是某个函数$u(x,y)$的全微分,并求出$u(x,y)$.

题组二:线积分的应用题和证明题

1. 已知曲线L的极坐标方程为$r=a(1+\cos\theta)(a>0,0\leqslant\theta\leqslant\pi)$,$L$上任意一点的线密度$\rho(\theta)=\sec\frac{\theta}{2}$,求:

(1) 曲线段的弧长;

(2) 曲线段的重心;

(3) 曲线段关于极轴的转动惯量;

(4) 曲线与直线$y=0$所围闭区域的面积.

2. 在变力$\boldsymbol{F}=yz\,\boldsymbol{i}+zx\,\boldsymbol{j}+xy\,\boldsymbol{k}$的作用下,质点由原点沿直线段移动到曲面$\frac{x^2}{a^2}+\frac{y^2}{b^2}+\frac{z^2}{c^2}=1$上第一卦限的点$M(\xi,\eta,\zeta)$处,问点$M$的坐标为何时,力$\boldsymbol{F}$所做的功最大,并求最大功.

3. 设曲线积分$\int_L F(x,y)(ydx+xdy)$与积分路径无关,且方程$F(x,y)=0$所确定的隐函数的图形过点$(1,2)$(其中$F(x,y)$是可微函数),求由$F(x,y)=0$所确定的曲线.

4. 设$f(x)$在$(-\infty,+\infty)$上具有一阶连续导数,且$f(1)=1$,对于任何闭曲线L都有$\oint_L 4x^3ydx+xf(x)dy=0$,求$f(x)$.

5. 证明:若$f(u)$为连续函数,且L为逐段光滑的闭曲线,则

$$\oint_L f(x^2+y^2)(xdy+ydx)=0.$$

6. 设L是圆周$(x-1)^2+(y-1)^2=1$,取逆时针方向,又$f(x)$为正值连续函数,试证明:

$$\oint_L xf(y)dy-\frac{y}{f(x)}dx\geqslant 2\pi.$$

三、作业

总习题十一 3. 5. 6. 9. 11.(选做)

四、复习

曲面积分.

第九节　习　题　课　（二）

一、教学目的

复习曲面积分的计算法及应用.

1. 基本方法

曲面积分$\begin{cases}\text{第一类(对面积)}\\ \text{第二类(对坐标)}\end{cases}\xrightarrow{\text{转化}}$二重积分：

（1）统一积分变量——代入曲面方程；

（2）积分元素投影$\begin{cases}\text{第一类:始终非负}\\ \text{第二类:有向投影}\end{cases}$；

（3）确定二重积分积分区域——把曲面积分积分域投影到相关坐标面.

2. 基本技巧

（1）利用对称性及重心公式简化计算；

（2）利用高斯公式$\begin{cases}\text{注意公式使用条件}\\ \text{添加辅助面的技巧}\end{cases}$（辅助面一般取平行于坐标面的平面）；

（3）利用两类曲面积分的联系公式转化.

二、典型例题

题组三：曲面积分的计算与应用

1. 计算 $I=\iint\limits_{\Sigma}\sqrt{1+4z}\,\mathrm{d}S$，其中 Σ 是 $z=x^2+y^2$ 上 $z\leqslant 1$ 部分.

2. 计算 $I=\iint\limits_{\Sigma}f(x,y,z)\,\mathrm{d}S$，其中 Σ 是球面 $x^2+y^2+z^2=a^2$，而 $f(x,y,z)=\begin{cases}x^2+y^2, z\geqslant\sqrt{x^2+y^2}\\ 0, z<\sqrt{x^2+y^2}\end{cases}$.

3. 证明：若 Σ 是任一分片光滑的闭曲面，$\boldsymbol{l}$ 为一固定的方向，则 $\oint\limits_{\Sigma}\cos\alpha\,\mathrm{d}S=0$，其中 α 是 Σ 上任一点的外法线 $\boldsymbol{n}$ 和 $\boldsymbol{l}$ 的夹角.

4. 计算 $I=\iint\limits_{\Sigma}\dfrac{x\cos\alpha+y\cos\beta+z\cos\gamma}{(x^2+y^2+z^2)^{\frac{3}{2}}}\mathrm{d}S$，其中 Σ 为球面 $x^2+y^2+z^2=R^2$，α,β,γ 是其外法线的方向角.

5. 用3种方法计算 $I=\iint\limits_{\Sigma}x\mathrm{d}y\mathrm{d}z+y\mathrm{d}z\mathrm{d}x+(z^2-2z)\mathrm{d}x\mathrm{d}y$，其中 Σ 是介于 $z=1$ 与 $z=2$ 之间的锥面 $z=\sqrt{x^2+y^2}$ 部分的上侧.

6. 计算 $I=\oint\limits_{\Sigma}\dfrac{x\mathrm{d}y\mathrm{d}z+y\mathrm{d}z\mathrm{d}x+z\mathrm{d}x\mathrm{d}y}{(x^2+y^2+z^2)^{\frac{3}{2}}}$，其中

(1) Σ 为球面 $x^2+y^2+z^2=1$ 的外侧;

(2) Σ 为任一不经过原点的闭曲面的外侧.

7. 计算 $I=\iint\limits_{\Sigma}x(8y+1)\mathrm{d}y\mathrm{d}z+2(1-y^2)\mathrm{d}z\mathrm{d}x-4yz\mathrm{d}x\mathrm{d}y$,其中 Σ 是由曲线 $\begin{cases}z=\sqrt{y-1}\\x=0\end{cases}$ $(1\leqslant y\leqslant 3)$ 绕 y 轴旋转一周而得的曲面,它的法向量与 y 轴正向的夹角大于 $\dfrac{\pi}{2}$.

8. 求在圆柱面 $x^2+y^2=ay(a>0)$ 上介于平面 $z=0$ 与曲面 $z=\dfrac{h}{a}\sqrt{x^2+y^2}(h>0)$ 之间部分的面积.

9. 若 $F(x,y,z)$ 满足拉普拉斯方程 $\Delta F=0$,求证:$\iiint\limits_{\Omega}\left[\left(\dfrac{\partial F}{\partial x}\right)^2+\left(\dfrac{\partial F}{\partial y}\right)^2+\left(\dfrac{\partial F}{\partial z}\right)^2\right]\mathrm{d}x\mathrm{d}y\mathrm{d}z=\iint\limits_{\Sigma}F\dfrac{\partial F}{\partial \boldsymbol{n}}\mathrm{d}S$.

三、作业

总复习题十一　4.　8.　10.(选做)

四、预习

第十二章　第一节　常数项级数的概念和性质.

单 元 自 测 (十一)

一、(8 分) 计算 $\int_L \sin y\mathrm{d}x+\mathrm{e}^x\mathrm{d}y$,其中 L 是由 $A(0,0)$ 沿曲线 $y=1-|1-x|$ 到 $B(2,0)$.

二、(8 分) 计算曲线积分 $\oint_L\sqrt{x^2+y^2}\,\mathrm{d}x+[5x+y\ln(x+\sqrt{x^2+y^2})]\mathrm{d}y$,其中 L 为圆周 $(x-1)^2+(y-1)^2=1$,取逆时针方向.

三、(8 分) 计算曲线积分 $\oint_L\dfrac{x\mathrm{d}y-y\mathrm{d}x}{4x^2+y^2}$,其中 L 是以点 $(1,0)$ 为中心、R 为半径 $(R\neq 1)$ 的圆周,方向取逆时针方向.

四、(10 分) 计算曲线积分 $\int_{\widehat{AMB}}[\varphi(y)\cos x-\pi y]\mathrm{d}x+[\varphi'(y)\sin x-\pi]\mathrm{d}y$,其中 $\widehat{AMB}$ 为连接点 $A(\pi,2)$ 与点 $B(3\pi,4)$ 的任意曲线段,且该曲线与线段 AB 所围图形面积为 2 .

五、(8 分) 已知曲线 L 的极坐标方程为 $r=\theta\left(0\leqslant\theta\leqslant\dfrac{\pi}{2}\right)$,$L$ 上任一点处的线密度为 $\rho(\theta)=\dfrac{1}{\sqrt{1+\theta^2}}$,试求该曲线段关于极轴的转动惯量.

六、(8 分) 设平面力场 $\boldsymbol{F}=\{2xy^3-y^2\cos x,1-2y\sin x+3x^2y^2\}$,求一质点沿曲线 L:$2x=\pi y^2$ 从 $O(0,0)$ 运动到 $A\left(\dfrac{\pi}{2},1\right)$ 时场力 $\boldsymbol{F}$ 所做的功.

七、(8分) 求空间曲线 $x=3t, y=3t^2, z=2t^3$ 从 $O(0,0,0)$ 至 $A(3,3,2)$ 的弧长.

八、(8分) 计算曲面积分 $\iint\limits_{\Sigma}(x^2+y^2+z^2)\mathrm{d}S$,其中 Σ 为球面 $x^2+y^2+z^2=2az$.

九、(8分) 计算 $\oiint\limits_{\Sigma}\frac{1}{y}f\left(\frac{x}{y}\right)\mathrm{d}y\mathrm{d}z+\frac{1}{x}f\left(\frac{x}{y}\right)\mathrm{d}z\mathrm{d}x+z\mathrm{d}x\mathrm{d}y$,其中 $f\left(\frac{x}{y}\right)$ 具有一阶连续偏导数,Σ 为柱面 $x^2+y^2=R^2, y^2=\frac{1}{2}z$ 及平面 $z=0$ 所围立体的表面外侧.

十、(8分) 计算 $\iint\limits_{\Sigma}x^3z\mathrm{d}y\mathrm{d}z-x^2yz\mathrm{d}z\mathrm{d}x-x^2z^2\mathrm{d}x\mathrm{d}y$,其中 $\Sigma: z=2-x^2-y^2(1\leqslant z\leqslant 2)$ 的上侧.

十一、(8分) 计算曲面积分 $\iint\limits_{\Sigma}x^2\cos yz\mathrm{d}y\mathrm{d}z+y\mathrm{d}z\mathrm{d}x+z\mathrm{d}x\mathrm{d}y$,其中 Σ 是曲面 $z=-\sqrt{1-x^2-y^2}$ 的上侧.

十二、(10分)证明:

1. 设 L 是正方形域 $D: 0\leqslant x\leqslant 1, 0\leqslant y\leqslant 1$ 的正向边界,$f(x)$ 是正值连续函数,则

$$I=\oint_L xf(y)\mathrm{d}y-\frac{y}{f(x)}\mathrm{d}x\geqslant 2.$$

2. 设 $P(x,y,z)$、$Q(x,y,z)$、$R(x,y,z)$ 均为连续函数,Σ 是一光滑曲面,面积为 A,M 是 $\sqrt{P^2+Q^2+R^2}$ 在 Σ 上的最大值,则

$$\left|\iint\limits_{\Sigma}P\mathrm{d}y\mathrm{d}z+Q\mathrm{d}z\mathrm{d}x+R\mathrm{d}x\mathrm{d}y\right|\leqslant MA.$$

第十二章　无　穷　级　数

一、主要问题

1. 数项级数的审敛法.
2. 求函数项级数特别是幂级数收敛域的方法.
3. 幂级数和函数的求法.
4. 函数的幂级数和傅里叶(Fourier)级数的展开法.

二、解决问题的主要方法

级数是研究无穷多项相加的问题,由部分和与级数和的关系可知,级数与数列有密切的联系.数列极限是建立级数理论的基础,因此在研究方法上,通过对有限项的和求极限转化为无穷级数的和.

1. 用部分和数列极限判别数项级数的敛散性.

2. 通过极限存在准则导出正项级数的收敛原理,进而得正项级数的比较审敛法、比较审敛法的极限形式、比值判别法、极值判敛法等.

3. 交错级数用莱布尼兹判敛法.

4. 对任意项级数,先看一般项取绝对值后的正项级数,如果收敛则绝对收敛;如果不收敛,则原级数敛散性需进一步判定.

5. 对标准形式幂级数求收敛域,先求收敛半径 R,再看 $x=\pm R$ 时数项级数的敛散性.

6. 求非标准形式幂级数的收敛域,或换元转化为标准形式,或直接用比值法或根式法.

7. 幂级数求和与将函数展开成幂级数是一对互逆运算,主要利用一元函数的分析运算、四则运算等方法求解.

求幂级数和函数的主要方法为:

(1)求部分和的极限.

(2)利用常用函数的幂级数展开式.

求函数幂级数展开式的方法为:

(1)直接展开法——利用泰勒公式.

(2)间接展开法——利用已知的函数展式及幂级数的性质.

8. 把函数展开为傅里叶级数,关键是求傅里叶系数并注意收敛条件.如果不是周期函数,先要进行周期延拓.

三、主要应用

1. 利用级数收敛的必要条件求极限.
2. 表示函数并研究性质.

3. 数值计算.

4. 求微分方程的解.

四、考点

常数项级数判敛散,求幂级数的收敛域及和函数,把函数展开成幂级数,函数的傅里叶级数在某点的收敛性.

第一节　常数项级数的概念与性质

一、基本要求

掌握无穷级数收敛发散的概念,掌握收敛级数的基本性质及必要条件,熟悉几何级数、p-级数的敛散性.

二、主要内容

无穷级数概念,无穷级数的收敛和发散,收敛级数的基本性质及必要条件.

三、重点和难点

重点:无穷级数收敛性定义,级数收敛的必要条件.

难点:收敛级数的基本性质.

四、学习方法

1. 级数是研究无穷多项相加的问题,因而在研究方法上,通过对有限项的不断相加,知无穷级数的收敛性与部分和数列的极限有关.通过复习数列的收敛性学习级数的收敛性进而得到一系列的判别法.需注意有限项加法不能直接用于无穷级数,使用前应验证条件.

2. 利用定义判别级数的敛散性,关键是找部分和数列的简化形式.注意利用等比数列求和公式:$s_n=\frac{a(1-q^n)}{1-q}(q\neq 1)$, 拆项相加, $\sum\limits_{k=1}^{n}\frac{1}{k(k+1)}=\sum\limits_{k=1}^{n}\left(\frac{1}{k}-\frac{1}{k+1}\right)=1-\frac{1}{n+1}$,

$$\begin{aligned}\sum_{k=1}^{n}(\sqrt{k+2}-2\sqrt{k+1}+\sqrt{k})&=\sum_{k=1}^{n}[(\sqrt{k+2}-\sqrt{k+1})-(\sqrt{k+1}-\sqrt{k})]\\&=1+\sqrt{2}+\frac{1}{\sqrt{n+2}+\sqrt{n+1}}\end{aligned}$$

等方法简化部分和,当不能化简时改用其他法.

3. 注意利用级数收敛的必要条件,判别发散级数.

五、补充题

1. 判别级数 $\sum\limits_{n=1}^{\infty}\ln\frac{n+1}{n}$ 的敛散性.

2. 判别级数$\sum_{n=2}^{\infty}\ln\left(1-\frac{1}{n^2}\right)$的敛散性.

3. 判断级数$\frac{1}{\sqrt{2}-1}-\frac{1}{\sqrt{2}+1}+\frac{1}{\sqrt{3}-1}-\frac{1}{\sqrt{3}+1}+\frac{1}{\sqrt{4}-1}-\frac{1}{\sqrt{4}+1}+\cdots$的敛散性.

4. 判断下列级数的敛散性,若收敛求其和:

(1) $\sum_{n=1}^{\infty}\frac{e^n n!}{n^n}$; (2) $\sum_{n=1}^{\infty}\frac{1}{n^3+3n^2+2n}$; (3) $\sum_{n=1}^{\infty}\frac{2n-1}{2^n}$.

六、作业

习题 12-1 1.(1),(3) 2.(2) 3.(1),(3),(5) *4.(3),(4)

七、预习

第二节 常数项级数的审敛法.

第二节 常数项级数的审敛法

一、基本要求

掌握判别正项级数收敛性的比较法、极限法,熟练掌握比值法与根值法,掌握判别交错级数收敛的莱布尼茨法.

二、主要内容

正项级数及其判敛法,交错级数及判敛法,任意项级数绝对收敛与条件收敛的判别.

三、重点和难点

重点:正项级数与交错级数判敛法.

难点:正项级数的比较判敛法,级数的条件收敛与绝对收敛的判别.

四、学习方法

1. 对正项级数通常先用比值法或根值法判敛散,当失效时,再利用比较法或其极限形式判敛散.使用比较法的关键是对一般项放缩,常以几何级数或p-级数作为基准.使用比较法极限形式判敛散,常用级数一般项的等价无穷小作为比较级数的一般项.

2. 当级数的一般项含有阶乘形式或可将$\frac{u_{n+1}}{u_n}$约去化简的,常使用比值法,含有n次幂时使用根值法.

3. 一般,若能用比值法判敛散,就能用根值法判敛散,因为$\lim\limits_{n\to\infty}\frac{u_{n+1}}{u_n}$存在时,$\lim\limits_{n\to\infty}\sqrt[n]{u_n}$也存在,且二者相等,反之不一定成立.

4. 对交错级数,验证莱布尼茨判敛法的两条件成立即可知级数收敛,但是否为绝对收敛,需对绝对值级数进一步用正项级数判敛法判别.

5. 对任意项级数,先对绝对值级数用正项级数判敛法判敛散,若收敛则原级数绝对收敛,若发散,再用其他方法判断原级数是否条件收敛.

6. 当绝对值级数发散时,不能断定原级数发散.但如果采用比值法或根值法判知绝对值级数发散,则可直接判知原级数发散,因为此时有$\lim\limits_{n\to\infty}|u_n|\neq 0$.

五、补充题

1. 讨论级数$\sum\limits_{n=1}^{\infty} nx^{n-1}(x>0)$的敛散性.

2. 证明级数$\sum\limits_{n=1}^{\infty}(-1)^n\dfrac{n^2}{e^n}$绝对收敛.

3. 证明级数$\sum\limits_{n=1}^{\infty}\dfrac{1}{n^n}$收敛于$S$,并估计以部分和$S_n$近似代替和$S$时所产生的误差.

4. 设正项级数$\sum\limits_{n=1}^{\infty}u_n$收敛,能否推出$\sum\limits_{n=1}^{\infty}u_n^2$收敛.

5. 判别级数的敛散性:(1) $\sum\limits_{n=1}^{\infty}\dfrac{1}{\ln(n+1)}$;　　(2) $\sum\limits_{n=1}^{\infty}\dfrac{1}{n\sqrt[n]{n}}$.

6. 设$u_n\neq 0(n=1,2,3,\cdots)$,且$\lim\limits_{n\to\infty}\dfrac{n}{u_n}=1$,则$\sum\limits_{n=1}^{\infty}(-1)^{n+1}\left(\dfrac{1}{u_n}+\dfrac{1}{u_{n+1}}\right)$(　　).

(A) 发散;　(B) 绝对收敛;　(C) 条件收敛;　(D) 收敛性根据条件不能确定.

六、作业

习题12-2　1.(1),(3),(5)　2.(3),(4)　*3.(1),(2)　4.(1),(3),(5),(6)　5.(2),(3),(5)

七、预习

第三节　幂级数.

第三节　幂　级　数

一、基本要求

熟练掌握幂级数概念及其求收敛半径与收敛域的方法,会求简单幂级数的和函数.

二、主要内容

函数项级数收敛域的概念,幂级数及其收敛半径和收敛区间的求法,幂级数的性质.

三、重点和难点

重点:幂级数的收敛性,收敛半径与收敛区间,求简单幂级数和函数.

难点:幂级数收敛区间端点处收敛性的判断,幂级数求和.

四、学习方法

1. 求幂级数收敛域的方法:

(1) 对标准型幂级数,先用公式求收敛半径,再用数项级数判敛法讨论端点的收敛性;

(2) 对非标准型幂级数(缺项或通项为复合式 $\varphi^n(x)$),直接用比值法或根值法求,也可用换元法化为标准形式后用公式求.

2. 求幂级数和函数,需先求收敛域,然后利用幂级数的性质,在收敛域内求出函数.

五、补充题

1. 求幂级数 $\sum\limits_{n=0}^{\infty}\frac{x^n}{n!}$ 的和函数.

2. 求幂级数 $\sum\limits_{n=0}^{\infty}nx^n$ 的和函数.

3. 求数项级数 $\sum\limits_{n=2}^{\infty}\frac{1}{(n^2-1)2^n}$ 的和.

六、作业

习题 12-3　1. (1),(3),(5),(7),(8)　2. (1), (3)

总习题十二　8. (1),(4)　9. (1),(3)

七、预习

第四节　函数展开成幂级数.

第五节　函数的幂级数展开式的应用.

第四节　函数展开成幂级数

一、基本要求

熟练掌握 $e^x, \sin x, \cos x, \ln(1+x), (1+x)^\alpha$ 的麦克劳林展开式,掌握将函数展开成幂级数的间接展开法,会将简单函数展成幂级数,了解幂级数的应用.

二、主要内容

常用函数的幂级数展开式,函数展成幂级数的方法.

三、重点和难点

重点:$e^x, \sin x, \cos x, \ln(1+x), (1+x)^\alpha$ 的麦克劳林展开式.

难点:用间接法求函数的幂级数展开式.

四、学习方法

1. 深入理解泰勒公式与泰勒级数的区别与联系,学会将函数展为泰勒级数或麦克劳林级数的两种方法.

(1) 直接展开方法:

第一步:求 $f(x)$ 的各阶导数;

第二步:计算 $f'(x_0),\cdots\cdots,f^{(n)}(x_0)$;

第三步:写出 $f(x)$ 形式上的幂级数展开式 $\sum\limits_{n=0}^{\infty}\dfrac{f^{(n)}(x_0)}{n!}(x-x_0)^n$,并求收敛区间;

第四步:写出余项 $R_n(x)=\dfrac{1}{(n+1)!}f^{(n+1)}(\xi)(x-x_0)^n$($\xi$ 介于 x 与 x_0 之间),讨论 $\lim\limits_{n\to\infty}R_n(x)$ 是否为零;

第五步:若 $\lim\limits_{n\to\infty}R_n(x)=0$,则在收敛区间内写出 $f(x)$ 的幂级数展开式 $f(x)=\sum\limits_{n=0}^{\infty}\dfrac{f^{(n)}(x_0)}{n!}(x-x_0)^n$.

(2) 间接展开法:利用常用函数的幂级数展开式,根据展开式的唯一性,通过变量代换、四则运算、微分、积分等方法将函数展成幂级数.

2. 关于幂级数的应用,要掌握:

(1) 用幂级数表示函数;

(2) 作似计算;

(3) 求微分方程的解.

五、补充题

1. 将函数 $\dfrac{1}{1+x^2}$ 展开成 x 的幂级数.

2. 思考

(1) 函数 $f(x)$ 在 x_0 处"有泰勒级数"与"能展成泰勒级数"有何不同?

(2) 如何求 $y=\sin^2 x$ 的幂级数?

3. 将下列函数展成 x 的幂级数:$f(x)=\arctan\dfrac{1+x}{1-x}$.

4. 将 $f(x)=\ln(2+x-3x^2)$ 在 $x=0$ 处展为幂级数.

六、作业

习题 12-4　2.(2),(3),(5),(6)　3.(2)　4.　6.

七、预习

第七节　傅里叶级数.

第八节　一般周期函数的傅里叶级数.

第五节　傅里叶级数

一、基本要求

掌握狄利克雷收敛定理,会把周期为 2π(或 $2l$)的函数展开成傅里叶级数,掌握函数延拓思想,会把$[0,\pi]$(或$[0,l]$)上的函数展成正弦级数和余弦级数,会用傅里叶级数求简单数项级数的和.

二、主要内容

三角级数的概念,三角级数的正交性,周期为 2π 的函数的傅里叶级数,收敛定理,函数的傅里叶级数展开法.

三、重点和难点

重点:将函数展开成傅里叶级数,收敛定理.

难点:傅里叶系数 a_n,b_n 的计算.

四、学习方法

1. 傅里叶级数是函数项级数的一种,它是表示周期函数的重要工具.学习傅里叶级数主要是掌握把满足收敛条件要求的函数展成傅里叶级数,会利用函数的奇偶性简化计算,分清函数图形与傅里叶级数图形的区别.

2. 将函数展成傅里叶级数所用方法是直接展开法,关键是掌握傅里叶系数 a_n,b_n 的计算公式,难点是定积分分部积分法的应用.

3. 展开步骤:

(1) 画出 $f(x)$ 的图像,找间断点,判别函数的奇偶性,验证 $f(x)$ 是否满足 Dirichlet 收敛定理的条件,求出收敛域;

(2) 计算傅里叶系数,注意 n 的讨论;

(3) 在收敛域内写出傅里叶级数.

五、补充题

1. 思考

(1) 在$[0,\pi]$上的函数的傅里叶展开法唯一吗?

(2) 设周期函数在一个周期的函数的表达式为 $f(x)=\begin{cases}-1, & -\pi<x<0\\ 1+x^2, & 0<x\leqslant\pi\end{cases}$,则它的傅里叶级数在 $x=\pi$ 处收敛于________,在 $x=4\pi$ 处收敛于________.

(3) 设 $f(x)=\pi x-x^2, 0<x<\pi$,又设 $S(x)$ 是 $f(x)$ 在 $(0,\pi)$ 内以 2π 为周期的正弦级数展开式的和函数,求当 $x\in(\pi,2\pi)$ 时 $S(x)$ 的表达式.

(4) 写出函数 $f(x)=\begin{cases}-1, & -\pi<x<0\\ 1, & 0\leqslant x\leqslant\pi\end{cases}$ 在$[-\pi,\pi]$上傅里叶级数的和函数.

2. 把 $f(x)=x(0<x<2)$ 展开成(　　)

(1)正弦级数；　　(2)余弦级数.

3. 将函数 $f(x)=10-x(5<x<15)$ 展开成傅里叶级数.

4. 将 $f(x)=2+|x|(-1\leqslant x\leqslant 1)$ 展开成以 2 为周期的傅里叶级数,并由此求级数 $\sum\limits_{n=1}^{\infty}\frac{1}{n^2}$ 的和.

六、作业

习题 12-7　1.(1),(3)　2.　5.　6.　7.(2)

习题 12-8　1.(1),(3)　2.(2)　3.

七、复习

第十二章　无穷级数.

第六节　习　题　课

一、教学目的

1. 掌握函数项级数的审敛法.
2. 掌握求幂级数收敛域的方法.
3. 掌握幂级数和函数的求法.
4. 会把函数展成幂级数.
5. 会把函数展开成傅里叶级数.

二、典型例题

题组一:数项级数

1. 判断下列级数的敛散性:

(1) $\sum\limits_{n=1}^{\infty}\left(\frac{1}{n^2+2}\right)^{\frac{1}{n}}$;　(2) $\sum\limits_{n=1}^{\infty}\ln^2\left(1+\frac{1}{n\sqrt[n]{n}}\right)$;　(3) $\sum\limits_{n=1}^{\infty}\left(e^{\frac{1}{2n-1}}-e^{\frac{1}{2n+1}}\right)$;

(4) $\sum\limits_{n=1}^{\infty}2^{-\lambda\ln n}$;　(5) $\sum\limits_{n=1}^{\infty}\frac{n^2(1+\cos n)^n}{3^n}$;　(6) $\sum\limits_{n=1}^{\infty}\left(1-\cos\frac{2}{n}\right)$;

(7) $\sum\limits_{n=1}^{\infty}\left(\frac{\pi}{n}-\sin\frac{\pi}{n}\right)$;　(8) $\sum\limits_{n=2}^{\infty}\ln\left[1+\frac{(-1)^n}{n^3}\right]$.

2. 判断下列级数的敛散性,若收敛,是绝对收敛还是条件收敛:

(1) $\sum\limits_{n=1}^{\infty}\frac{(-1)^{n-1}}{\pi^n}\sin\frac{\pi}{n+1}$;　(2) $\sum\limits_{n=2}^{\infty}(-1)^n\frac{1}{n-\ln n}$;

(3) $\sum\limits_{n=1}^{\infty}\sin\sqrt{n^2+k^2}\,\pi$;　(4) $\sum\limits_{n=1}^{\infty}(-1)^{\sin\frac{n\pi}{2}}\frac{n^a}{2^n}(a>0)$;

(5) $\sum\limits_{n=1}^{\infty}\dfrac{(-1)^n}{na^n}(a>0)$；　　(6) $\sum\limits_{n=1}^{\infty}\dfrac{a^n}{n^p}(p>0,a$ 为实数).

3. 证明下列各题：

(1) 设数列 $\{a_n\}$ 满足 $na_n(n=1,2,\cdots)$ 有界，则 $\sum\limits_{n=1}^{\infty}a_n^2$ 绝对收敛.

(2) 若 $p>1$ 使 $\lim\limits_{n\to\infty}n^p a_n=a$，则 $\sum\limits_{n=1}^{\infty}a_n$ 绝对收敛.

(3) 若 $\sum\limits_{n=1}^{\infty}a_n^2$ 与 $\sum\limits_{n=1}^{\infty}b_n^2$ 都收敛，则 $\sum\limits_{n=1}^{\infty}a_nb_n$ 与 $\sum\limits_{n=1}^{\infty}\dfrac{a_n}{n}$ 都收敛.

(4) 设 $0\leqslant b_n\leqslant a_n(n=1,2,\cdots)$ 且 $\sum\limits_{n=1}^{\infty}a_n$ 收敛，则 $\sum\limits_{n=1}^{\infty}\sqrt{a_nb_n\arctan n}$ 收敛.

(5) 设 $a_n=\int_0^{\frac{\pi}{4}}\tan^n x\mathrm{d}x$，$b_n=\dfrac{a_n+a_{n+2}}{n}$，则 $\sum\limits_{n=1}^{\infty}b_n$ 收敛.

(6) 证明级数 $\sum\limits_{n=1}^{\infty}\int_0^{\frac{1}{n}}\dfrac{\sqrt[3]{x}\,\mathrm{d}x}{x^2+2x+5}$ 绝对收敛.

题组二：函数项级数

1. 求收敛域：

(1) $\sum\limits_{n=1}^{\infty}\dfrac{3^n+(-1)^n}{n}x^n$；　　(2) $\sum\limits_{n=1}^{\infty}\dfrac{3n-2}{(n+1)^2 2^{n+1}}(x-3)^n$；

(3) $\sum\limits_{n=0}^{\infty}x\mathrm{e}^{-nx}$；　　(4) $\sum\limits_{n=1}^{\infty}\dfrac{\cos nx}{\mathrm{e}^{nx}}$.

2. 将下列函数按指定形式展开：

(1) 将 $f(x)=\arctan\dfrac{4+x^2}{4-x^2}$ 展开为 x 的幂级数.

(2) 将 $f(x)=\dfrac{1}{(2+x)^2}$ 展开为 x 的幂级数.

(3) 将 $f(x)=\dfrac{1}{x^2-x-2}$ 在 $x=1$ 处展开.

(4) 将 $f(x)=\sin x+\cos x$ 展开为 $x+\dfrac{\pi}{4}$ 的幂级数.

(5) 设 $f(x)=\begin{cases}1,0\leqslant x\leqslant\dfrac{\pi}{2}\\ 2,\dfrac{\pi}{2}<x\leqslant\pi\end{cases}$，将 $f(x)$ 分别展开为正弦级数和余弦级数.

3. 求和函数：

(1) $\sum\limits_{n=0}^{\infty}\dfrac{(-1)^n}{2n+1}x^{2n+1}$，并求 $\sum\limits_{n=1}^{\infty}\dfrac{(-1)^{n-1}}{2n-1}$ 的和.

(2) $\sum\limits_{n=1}^{\infty}\dfrac{n}{n+1}(2x+1)^n$ 并求 $\sum\limits_{n=1}^{\infty}\dfrac{n}{(n+1)2^n}$ 的和.

(3) $\sum_{n=0}^{\infty} \frac{x^{2n}}{(2n)!}$.

4. 其他:

(1) 求级数 $\sum_{n=1}^{\infty} \frac{2n-1}{2^n}$ 的和.

(2) 设 $f(x)=2-x(0 \leqslant x<2)$,而 $s(x)=\sum_{n=1}^{\infty} b_n \sin \frac{n\pi}{2}x \ (-\infty<x<+\infty)$,其中 $b_n=\int_0^2 f(x)\sin \frac{n\pi}{2}x\mathrm{d}x \ (n=1,2,\cdots)$,求 $s(-1)$,$s(0)$.

(3) 已知 $\sum_{n=1}^{\infty} \frac{1}{n^2}=\frac{\pi^2}{6}$,计算 $\int_0^1 \frac{\ln x}{1+x}\mathrm{d}x$.

(4) 求极限 $\lim\limits_{n\to\infty}\left(\frac{3}{2\cdot 1}+\frac{5}{2^2\cdot 2!}+\frac{7}{2^3\cdot 3!}+\cdots+\frac{2n+1}{2^n\cdot n!}\right)$.

三、作业

总复习题十二 3.(1),(4),(5) 4. 6.(1),(2),(3) 7.(2) 8.(3) 9. *(2) 10.(1) 11.(1) 13.

单元自测(十二)

一、填空题(每小题 4 分,共 20 分)

1. 幂级数 $\sum_{n=1}^{\infty} \frac{n!\, x^n}{n^n}$ 的收敛域为 ________.

2. 若级数 $\sum_{n=1}^{\infty} \frac{(-1)^n}{n^p}$ 条件收敛,则 p 的取值范围为 ________.

3. $\sum_{n=1}^{\infty} \frac{n}{2^n}=$ ________.

4. $\sum_{n=1}^{\infty} nx^n$ 的和函数为 ________.

5. 设幂级数 $\sum_{n=0}^{\infty} a_n x^n$ 的收敛半径为 3,则幂级数 $\sum_{n=1}^{\infty} na_n(x-2)^{n+1}$ 的收敛区间为 ________.

二、选择题(每小题 4 分,共 20 分)

1. 设 $a_n>0(n=1,3,\cdots)$,且 $\sum_{n=1}^{\infty} a_n$ 收敛,常数 $\lambda\in\left(0,\frac{\pi}{2}\right)$,则级数 $\sum_{n=1}^{\infty}(-1)^n\left(n\tan\frac{\lambda}{n}\right)a_{2n}$(   ).

(A) 绝对收敛; (B) 条件收敛; (C) 发散; (D) 收敛性与 λ 有关.

2. 幂级数 $\sum_{n=1}^{\infty} \frac{(x+2)^2}{n^2}$ 的收敛域为(   ).

(A) $[-1,1]$；　　(B) $[-3,-1]$；

(C) $[-1,1)$；　　(D) $[1,3)$.

3. 若$\sum_{n=1}^{\infty} u_n$条件收敛,则$\sum_{n=1}^{\infty} u_n^2$(　　).

(A) 绝对收敛；　　(B) 发散；

(C) 不一定收敛；　　(D) 一定条件收敛.

4. 已知幂级数$\sum_{n=1}^{\infty} a_n x^n$在$x=x_0$点收敛,$\lim_{n\to\infty}\left|\frac{a_n}{a_{n+1}}\right|=R(R>0)$,则(　　).

(A) $0\leqslant x_0\leqslant R$；　(B) $x_0>R$；　(C) $|x_0|\leqslant R$；　(D) $|x_0|>R$.

5. 设$f(x)=x^2, 0\leqslant x\leqslant \pi$, 而$S(x)=\sum_{n=1}^{\infty} b_n \sin nx(-\infty<x<\infty)$, 其中$b_n=\frac{2}{\pi}\int_0^{\pi} f(x)\sin nx\mathrm{d}x(n=1,3,\cdots)$,则$S\left(-\frac{1}{2}\right)$等于(　　).

(A) $-\frac{1}{2}$；　(B) $-\frac{1}{4}$；　(C) $\frac{1}{4}$；　(D) $\frac{1}{2}$.

三、计算题(每小题8分,共40分)

1. 求级数$\sum_{n=0}^{\infty}(-1)^n\frac{n^2-n+1}{2^n}$的和.

2. 将函数$f(x)=|x|(-1\leqslant x\leqslant 1)$展开成以2为周期的傅里叶级数,并由此求级数$\sum_{n=0}^{\infty}\frac{1}{n^2}$的和.

3. 求$\sum_{n=1}^{\infty}\frac{1}{n(n+1)\cdots(n+m)}$之和$(m\geqslant 1)$.

4. 求$f(x)=\cos^2 x$的麦克劳林展开式.

5. 求$\sum_{n=1}^{\infty}\frac{x^{2n}}{n(n+1)}$的收敛半径和收敛域.

四、(10分) 设$u_n>0, v_n>0, n=1,2,3,\cdots$,且对一切$n$都有$v_n\frac{u_n}{u_{n+1}}-v_{n+1}\geqslant a>0$,其中$a$为常数,证明级数$\sum_{n=1}^{\infty} u_n$收敛.

五、(10分) 求$\sum_{n=0}^{\infty}\frac{x^n}{a^n+b^n}$的收敛域$(a>0,b>0)$.

第十三章　自　读　材　料

关于求递推数列 $x_{n+1}=f(x_n)$ 的极限问题方法小结

设 x_1 给定,通过递推公式 $x_{n+1}=f(x_n)(n=1,2,3,\cdots)$ 定义数列 $\{x_n\}$,证明 $\{x_n\}$ 收敛,并求 $\lim\limits_{n\to\infty}x_n$(这里 $y=f(x)$ 为增函数).

一、解决这类题目的方法是用单调有界准则证明数列 $\{x_n\}$ 单调有界.

第一步,求出方程 $x=f(x)$ 的根 x_0.

第二步,用数学归纳法证明 $\{x_n\}$ 单调有界.首先比较 x_1 和 x_0 的大小,若 $x_1>x_0$,则 $x_n>x_0$ $(n=1,2,3,\cdots)$,若 $x_1<x_0$,则 $x_n<x_0(n=1,2,3,\cdots)$;其次看 $\{x_n\}$ 是单调增数列还是单调减数列,若 $x_2>x_1$,则 $\{x_n\}$ 为增数列,若 $x_2<x_1$,则 $\{x_n\}$ 为减数列.这些必须用数学归纳法加以证明,由此得到了 $\{x_n\}$ 为单调有界数列.

第三步,设 $\lim\limits_{n\to\infty}x_n=x$,对 $x_{n+1}=f(x_n)$ 两边取极限,得到 $x=f(x)$,解方程求 x.

二、结论:设 x_1 给定,通过递推公式 $x_{n+1}=f(x_n)(n=1,2,3,\cdots)$ 可以定义数列 $\{x_n\}$.如果函数 $y=f(x)$ 为增函数,x_0 是方程 $x=f(x)$ 的根,则下列命题成立

1. 若 $x_1>x_0$,则 $x_n>x_0(n=1,2,3\cdots)$;
2. 若 $x_1<x_0$,则 $x_n<x_0(n=1,2,3\cdots)$;
3. 若 $x_2>x_1$,则 $\{x_n\}$ 为增数列;
4. 若 $x_2<x_1$,则 $\{x_n\}$ 为减数列.

以上4个结论不能直接用,如果要用某个结论,必须用数学归纳法加以证明.

证明:1. 首先 $x_1>x_0$. 其次,假设 $x_k>x_0$,则 $x_{k+1}=f(x_k)>f(x_0)=x_0$(由 $y=f(x)$ 为增函数).根据数学归纳法可得 $x_n>x_0(n=1,2,3\cdots)$;

2. 首先 $x_1<x_0$. 其次,假设 $x_k<x_0$,则 $x_{k+1}=f(x_k)<f(x_0)=x_0$(由 $y=f(x)$ 为增函数).根据数学归纳法可得 $x_n<x_0(n=1,2,3\cdots)$;

3. 首先 $x_2>x_1$. 其次,假设 $x_{k+1}>x_k$,则 $x_{k+2}=f(x_{k+1})>f(x_k)=x_{k+1}$(由 $y=f(x)$ 为增函数).根据数学归纳法可得 $x_{n+1}>x_n(n=1,2,3,\cdots)$,从而 $\{x_n\}$ 为增数列;

4. 首先 $x_2<x_1$. 其次,假设 $x_{k+1}<x_k$,则 $x_{k+2}=f(x_{k+1})<f(x_k)=x_{k+1}$(由 $y=f(x)$ 为增函数).根据数学归纳法可得 $x_{n+1}<x_n(n=1,2,3,\cdots)$,从而 $\{x_n\}$ 为减数列.

例　设 $x_1=10,x_{n+1}=\sqrt{x_n+6}(n=1,2,3\cdots)$,证明 $\lim\limits_{n\to\infty}x_n$ 存在,并求 $\lim\limits_{n\to\infty}x_n$.

分析　通过观察发现 $y=\sqrt{x+6}$ 为增函数.首先求方程 $x=\sqrt{x+6}$ 的根,根为 $x_0=3$. 通过比较 $x_1=10>x_0=3$,根据结论可得 $x_n>3(n=1,2,3\cdots)$,但是这个需要用数学归纳法证明.通过 $x_n>3$ 来判断 $x_{n+1}-x_n=\sqrt{x_n+6}-x_n$ 大于零还是小于零即可判断 $\{x_n\}$ 递增还是递减.

证明　首先 $x_1=10>3$. 其次,假设 $x_k>3$,则 $x_{k+1}=\sqrt{x_k+6}>\sqrt{3+6}=3$.

根据数学归纳法,$x_n>3(n=1,2,\cdots)$.

$x_{n+1}-x_n=\sqrt{x_n+6}-x_n=\dfrac{x_n+6-x_n^2}{\sqrt{x_n+6}+x_n}=\dfrac{-(x_n+2)(x_n-3)}{\sqrt{x_n+6}+x_n}<0$,所以$\{x_n\}$为减数列.

综上,$\{x_n\}$为单调递减的有下界数列.根据单调有界准则,$\{x_n\}$收敛.

设$\lim\limits_{n\to\infty}x_n=x$,对 $x_{n+1}=\sqrt{x_n+6}$两边取极限,得到 $x=\sqrt{x+6}$,解得 $x=3$,从而$\lim\limits_{n\to\infty}x_n=3$.

习题　设 $x_1=1,x_{n+1}=\sqrt{5x_n+6}(n=1,2,3\cdots)$,证明$\lim\limits_{n\to\infty}x_n$ 存在,并求$\lim\limits_{n\to\infty}x_n$.

如果 $y=f(x)$为减函数,那么$\{x_n\}$一定不是单调数列,但是$\{x_{2n}\}$和$\{x_{2n-1}\}$一定都是单调数列,且具有相反的单调性.这时,$y=f[f(x)]$为增函数,由递推关系 $x_{2n}=f[f(x_{2(n-1)})]$生成的数列$\{x_{2n}\}$和递推关系 $x_{2n+1}=f[f(x_{2n-1})]$生成的数列$\{x_{2n-1}\}$,根据前面的讨论可知分别具有单调性.关于 $y=f(x)$为减函数的情况,不作过多的讨论.有兴趣的读者可以参考谢惠民、恽自求等编的《数学分析习题课讲义》上册(高等教育出版社,2003)46~52 页的内容.

用罗尔定理构造辅助函数方法小结

用罗尔定理证明中值点 ξ 存在,关键是构造辅助函数,我们将主要题型归纳为以下两种:

一、要证明的式子为$f'(\xi)=k$.

构造辅助函数的方法如下:

将ξ换成 x,得到$f'(x)=k$,两边积分:$f(x)=kx+C$,得到 $C=f(x)-kx$,辅助函数即为$F(x)=f(x)-kx$.

例 1　设$f(x)$在$[a,b]$上连续,在(a,b)内可导,证明:存在 $\xi\in(a,b)$,使得$f'(\xi)=\dfrac{f(b)-f(a)}{b-a}$.

分析　将ξ换成 x,得到$f'(x)=\dfrac{f(b)-f(a)}{b-a}$,两边积分得到:$f(x)=\dfrac{f(b)-f(a)}{b-a}x+C$,$C=f(x)-\dfrac{f(b)-f(a)}{b-a}x$,辅助函数即为 $F(x)=f(x)-\dfrac{f(b)-f(a)}{b-a}x$.

证明　设 $F(x)=f(x)-\dfrac{f(b)-f(a)}{b-a}x$,在$[a,b]$上连续,在$(a,b)$内可导,且 $F(a)=f(a)-\dfrac{f(b)-f(a)}{b-a}a=f(b)-\dfrac{f(b)-f(a)}{b-a}b=F(b)$.

由罗尔定理,存在$\xi\in(a,b)$,使得 $F'(\xi)=0$,即$f'(\xi)=\dfrac{f(b)-f(a)}{b-a}$.

例 2　设有 n 个实数 $a_1,a_2,\cdots,a_n$满足 $a_1-\dfrac{a_2}{3}+\cdots+(-1)^{n-1}\dfrac{a_n}{2n-1}=0$,证明:方程 $a_1\cos x+a_2\cos 3x+\cdots+a_n\cos(2n-1)x=0$ 在区间$\left(0,\dfrac{\pi}{2}\right)$中至少有一个根.

分析 对 $a_1\cos x+a_2\cos 3x+\cdots+a_n\cos(2n-1)x=0$ 两边积分,得到

$a_1\sin x+a_2\dfrac{\sin 3x}{3}+\cdots+a_n\dfrac{\sin(2n-1)x}{2n-1}=C$,辅助函数即为

$$F(x)=a_1\sin x+a_2\frac{\sin 3x}{3}+\cdots+a_n\frac{\sin(2n-1)x}{2n-1}.$$

证明 设 $F(x)=a_1\sin x+a_2\dfrac{\sin 3x}{3}+\cdots+a_n\dfrac{\sin(2n-1)x}{2n-1}$,则 $F(x)$ 在 $\left[0,\dfrac{\pi}{2}\right]$ 上连续,在 $\left(0,\dfrac{\pi}{2}\right)$ 内可导,$F(0)=0$,$F\left(\dfrac{\pi}{2}\right)=a_1-\dfrac{a_2}{3}+\cdots+(-1)^{n-1}\dfrac{a_n}{2n-1}=0$,由罗尔定理,存在 $\xi\in\left(0,\dfrac{\pi}{2}\right)$,使得 $F'(\xi)=0$. 证毕.

二、要证明的式子同时含有 $f(\xi)$,$f'(\xi)$,并且 $f(\xi)$,$f'(\xi)$ 可以分离到等号两边.

构造辅助函数的方法如下:

1. 将要证明的式子变形为 $\dfrac{f'(\xi)}{f(\xi)}=g(\xi)$;

2. 将 ξ 换成 x,得到 $\dfrac{f'(x)}{f(x)}=g(x)$;

3. 对上式两边积分得到 $\ln|f(x)|=\int g(x)\mathrm{d}x+\ln|C|$;

4. 由 3. 得,$f(x)=Ce^{\int g(x)\mathrm{d}x}$,$C=f(x)e^{-\int g(x)\mathrm{d}x}$,辅助函数即为 $F(x)=f(x)e^{-\int g(x)\mathrm{d}x}$.

注意:上述构造辅助函数的方法也称为微分方程法,通常分为 3 个步骤:

1. 将要证的式子中的 ξ 换成 x,把 $f(x)$ 换成 y,得到与之匹配的微分方程;

2. 解这个微分方程,并把通解表示为 $G(x,y)=C$;

3. 设辅助函数为 $F(x)=G(x,f(x))$.

例 3 设 $f(x)$ 在 $[0,1]$ 内连续,在 $(0,1)$ 内可导,且 $f(1)=0$,证明至少存在一点 $\xi\in(0,1)$ 使 $nf(\xi)+\xi f'(\xi)=0$.

分析 将要证的式子变形为 $\dfrac{f'(\xi)}{f(\xi)}=-\dfrac{n}{\xi}$,将 ξ 换成 x,得到 $\dfrac{f'(x)}{f(x)}=-\dfrac{n}{x}$,两边积分得到 $\ln|f(x)|=-n\ln|x|+\ln|C|$,得到 $f(x)=Cx^{-n}$,$C=f(x)x^n$,辅助函数为 $F(x)=f(x)x^n$.

证明 设 $F(x)=f(x)x^n$,则在 $[0,1]$ 内连续,在 $(0,1)$ 内可导,且 $F(0)=0$,$F(1)=f(1)=0$,由罗尔定理,存在 $\xi\in(0,1)$,使得 $F'(\xi)=0$,即 $f'(\xi)\xi^n+n\xi^{n-1}f(\xi)=0$,从而 $nf(\xi)+\xi f'(\xi)=0$.

注意 如果出现 $f'(x)+kf(x)$,要构造函数 $F(x)=e^{kx}f(x)$,注意到 $F'(x)=e^{kx}[f'(x)+kf(x)]$.

讨论二元分段函数在原点连续性、可偏导性、可微性的方法小结

一、要证明 $f(x,y)$ 在点 $(0,0)$ 连续,只要证明 $\lim\limits_{(x,y)\to(0,0)}f(x,y)=f(0,0)$.

二、要证明 $f(x,y)$ 在点 $(0,0)$ 偏导数存在,只要证明极限

$f_x'(0,0)=\lim\limits_{x\to 0}\dfrac{f(x,0)-f(0,0)}{x-0}$和$f_y'(0,0)=\lim\limits_{y\to 0}\dfrac{f(0,y)-f(0,0)}{y-0}$存在.

三、要证明$f(x,y)$在点$(0,0)$可微,只要证明极限

$$\lim_{(x,y)\to(0,0)}\frac{f(x,y)-f(0,0)-f_x'(0,0)x-f_y'(0,0)y}{\sqrt{x^2+y^2}}=0.$$

四、要证明$f(x,y)$在点$(0,0)$不可微,

1. 如果$f(x,y)$在点$(0,0)$不连续,则$f(x,y)$在点$(0,0)$不可微;
2. 如果$f(x,y)$在点$(0,0)$偏导数不存在,则$f(x,y)$在点$(0,0)$不可微;
3. 如果$f(x,y)$在点$(0,0)$连续,偏导数存在,只要证明极限

$$\lim_{(x,y)\to(0,0)}\frac{f(x,y)-f(0,0)-f_x'(0,0)x-f_y'(0,0)y}{\sqrt{x^2+y^2}}\neq 0.$$

五、要判断$f(x,y)$在点$(0,0)$偏导数是否连续,即判断极限$\lim\limits_{(x,y)\to(0,0)}f_x(x,y)$是否等于$f_x(0,0)$,极限$\lim\limits_{(x,y)\to(0,0)}f_y(x,y)$是否等于$f_y(0,0)$.

六、要判断$f(x,y)$在点$(0,0)$方向导数是否存在,只要看极限$\lim\limits_{t\to 0+}\dfrac{f(t\cos\theta,t\sin\theta)-f(0,0)}{t}$是否存在.

直角坐标法计算二重积分的步骤

一、画出积分区域的草图.如下图所示.

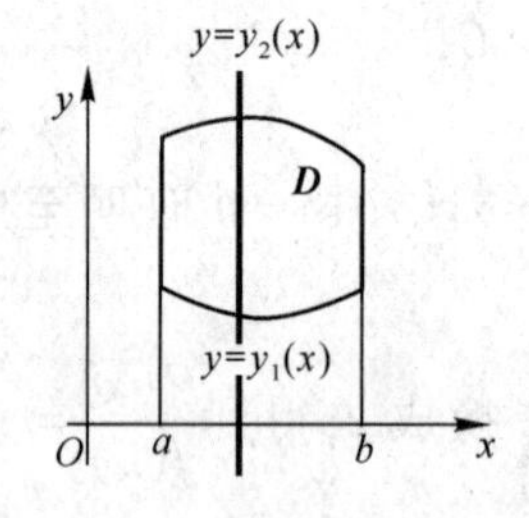

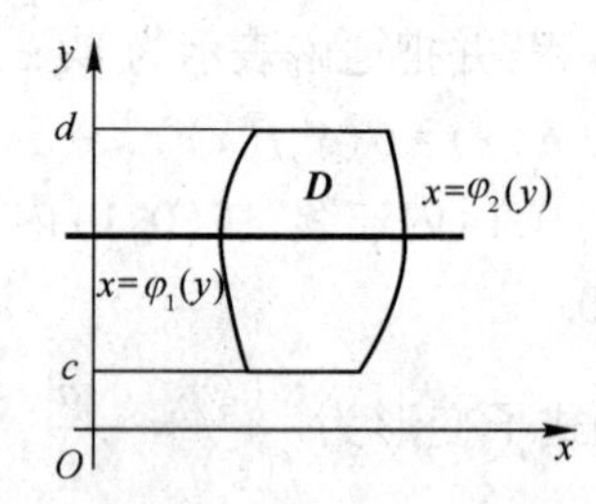

二、选择积分次序,然后根据区域$\boldsymbol{D}$的边界线方程确定每个单积分的上下限,具体做法如下:

若第一次先对y积分,则把域$\boldsymbol{D}$向x轴上投影得投影区间$[a,b]$,过$[a,b]$上任意一点x作平行于y轴的直线自下而上穿入$\boldsymbol{D}$,穿入的边界为$y=y_1(x)$,穿出的边界为$y=y_2(x)$,则

$$\iint\limits_D f(x,y)\,\mathrm{d}x\mathrm{d}y=\int_a^b\mathrm{d}x\int_{y_1(x)}^{y_2(x)}f(x,y)\,\mathrm{d}y.$$

若第一次先对x积分,则把域$\boldsymbol{D}$向y轴上投影得投影区间$[c,d]$,过$[c,d]$上任意一点y作平行于x轴的直线自左而右穿入$\boldsymbol{D}$,穿入的边界为$x=\varphi_1(y)$,穿出的边界为$x=\varphi_2(y)$,则

$$\iint\limits_D f(x,y)\,\mathrm{d}x\mathrm{d}y=\int_c^d\mathrm{d}y\int_{\varphi_1(y)}^{\varphi_2(y)}f(x,y)\,\mathrm{d}x.$$

直角坐标计算三重积分的方法

一、"先一后二"法(或称投影法)

步骤:1. 将积分区域 Ω 向 xOy 面投影,得到投影区域 D_{xy};

2. 过 D_{xy} 上任意一点 (x,y) 做平行于 z 轴的直线从下而上穿过 Ω,穿入的曲面为 $z=z_1(x,y)$,穿出的曲面为 $z=z_2(x,y)$,则三重积分的计算可化为先对 z 求定积分,再对 x,y 求二重积分,即

$$\iiint_{\Omega} f(x,y,z)\,\mathrm{d}v = \iint_{D_{x,y}} \mathrm{d}x\mathrm{d}y \int_{z_1(x,y)}^{z_2(x,y)} f(x,y,z)\,\mathrm{d}z.$$

二、"先二后一"法(或称截面法)

如果积分区域 Ω 介于平面 $z=a$ 和平面 $z=b(a<b)$ 之间,且对每一个 $z\in[a,b]$,对用过 z 轴且平行 xOy 平面的平面去截 Ω,得截面 D_z,则三重积分的计算可化为先对 x,y 求二重积分,再对 z 求定积分,即

$$\iiint_{\Omega} f(x,y,z)\,\mathrm{d}v = \int_a^b \mathrm{d}z \iint_{D_z} f(x,y,z)\,\mathrm{d}x\mathrm{d}y .$$

柱坐标和球坐标计算三重积分的步骤

用柱坐标计算三重积分的步骤:

1. 画出积分区域.

2. 用变换 $\begin{cases} x=\rho\cos\theta \\ y=\rho\sin\theta \\ z=z \end{cases}$ 将积分区域 Ω 的边界曲面方程用柱坐标表示.

3. 确定 ρ,θ,z 的范围:将 Ω 向 xOy 面投影得到投影区域 D,D 在极坐标系下 ρ,θ 的范围就是我们要找的 ρ,θ 的范围.从投影区域 D 内任取一点做平行于 z 轴的直线,穿过区域 Ω,穿入的曲面 $z=z_1(\rho,\theta)$ 为 z 的下限,穿出的曲面 $z=z_2(\rho,\theta)$ 为 z 的上限.

4. 将 Ω 表示为:

$$\{(\rho,\theta,z) \mid \alpha\leqslant\theta\leqslant\beta,\rho_1(\theta)\leqslant\rho\leqslant\rho_2(\theta),z_1(\rho,\theta)\leqslant z\leqslant z_2(\rho,\theta)\}.$$

5. 将三重积分化为先对 z,再对 ρ,最后对 θ 的三次积分:

$$\iiint_{\Omega} f(x,y,z)\,\mathrm{d}v = \int_{\alpha}^{\beta}\mathrm{d}\theta\int_{\rho_1(\theta)}^{\rho_2(\theta)}\rho\,\mathrm{d}\rho\int_{z_1(\rho,\theta)}^{z_2(\rho,\theta)} f(\rho\cos\theta,\rho\sin\theta,z)\,\mathrm{d}z.$$

用球坐标计算三重积分的步骤:

1. 画出积分区域 Ω.

2. 用变换 $\begin{cases} x=r\sin\varphi\cos\theta \\ y=r\sin\varphi\sin\theta \\ z=r\cos\varphi \end{cases}$ 将积分区域 Ω 的边界曲面方程用球坐标表示.

3. 确定 r,φ,θ 的范围:将 Ω 向 xOy 面投影得到投影区域 D,D 在极坐标系下 θ 的范围就是我们要找的 θ 的范围.从原点出发到区域内任意一点为终点的向量与 z 轴正向的夹角的范

围为 φ 的范围.从原点出发作一条射线,穿入的曲面 $r=r_1(\varphi,\theta)$ 为 r 的下限,穿出的曲面 $r=r_2(\varphi,\theta)$ 为 r 的上限.

4. 将 Ω 表示为:

$$\{(r,\varphi,\theta)\mid\alpha\leqslant\theta\leqslant\beta,\varphi_1(\theta)\leqslant\varphi\leqslant\varphi_2(\theta),r_1(\varphi,\theta)\leqslant r\leqslant r_2(\varphi,\theta)\}.$$

5. 将三重积分化为先对 r,再对 φ,最后对 θ 的三次积分:

$$\iiint\limits_{\Omega}f(x,y,z)\,\mathrm{d}v=\int_{\alpha}^{\beta}\mathrm{d}\theta\int_{\varphi_1(\theta)}^{\varphi_2(\theta)}\mathrm{d}\varphi\int_{r_1(\varphi,\theta)}^{r_2(\varphi,\theta)}f(r\sin\varphi\cos\theta,r\sin\varphi\sin\theta,r\cos\varphi)r^2\sin\varphi\,\mathrm{d}r.$$

各种积分的偶倍奇零公式

一、定积分的偶倍奇零公式

$$\int_{-a}^{a}f(x)\,\mathrm{d}x=\begin{cases}0,f(-x)=-f(x)\\2\int_{0}^{a}f(x)\,\mathrm{d}x,f(-x)=f(x)\end{cases}.$$

二、二重积分的偶倍奇零公式

1. 如果积分区域 D 关于 x 轴对称,$D+$表示区域 D 位于 x 轴上侧的半个部分,则

$$\iint\limits_{D}f(x,y)\,\mathrm{d}x\mathrm{d}y=\begin{cases}0,f(x,-y)=-f(x,y)\\2\iint\limits_{D+}f(x,y)\,\mathrm{d}x\mathrm{d}y,f(x,-y)=f(x,y)\end{cases}.$$

2. 如果积分区域 D 关于 y 轴对称,$D+$表示区域 D 位于 y 轴右侧的半个部分,则

$$\iint\limits_{D}f(x,y)\,\mathrm{d}x\mathrm{d}y=\begin{cases}0,f(-x,y)=-f(x,y)\\2\iint\limits_{D+}f(x,y)\,\mathrm{d}x\mathrm{d}y,f(-x,y)=f(x,y)\end{cases}.$$

三、三重积分的偶倍奇零公式

1. 如果积分区域 Ω 关于 xOy 面对称,$\Omega+$表示区域 Ω 位于 xOy 面上侧的半个部分,则

$$\iiint\limits_{\Omega}f(x,y,z)\,\mathrm{d}v=\begin{cases}0,f(x,y,-z)=-f(x,y,z)\\2\iiint\limits_{\Omega+}f(x,y,z)\,\mathrm{d}v,f(x,y,-z)=f(x,y,z)\end{cases}.$$

2. 如果积分区域 Ω 关于 yOz 面对称,$\Omega+$表示区域 Ω 位于 yOz 面前侧的半个部分,则

$$\iiint\limits_{\Omega}f(x,y,z)\,\mathrm{d}v=\begin{cases}0,f(-x,y,z)=-f(x,y,z)\\2\iiint\limits_{\Omega+}f(x,y,z)\,\mathrm{d}v,f(-x,y,z)=f(x,y,z)\end{cases}.$$

3. 如果积分区域 Ω 关于 zOx 面对称,$\Omega+$表示区域 Ω 位于 zOx 面右侧的半个部分,则

$$\iiint\limits_{\Omega}f(x,y,z)\,\mathrm{d}v=\begin{cases}0,f(x,-y,z)=-f(x,y,z)\\2\iiint\limits_{\Omega+}f(x,y,z)\,\mathrm{d}v,f(x,-y,z)=f(x,y,z)\end{cases}.$$

四、第一类曲线积分的偶倍奇零公式

1. 如果平面曲线 L 关于 x 轴对称,$L+$表示曲线 L 位于 x 轴上侧的半个部分,则

$$\int_{L}f(x,y)\,\mathrm{d}s=\begin{cases}0,f(x,-y)=-f(x,y)\\2\int_{L+}f(x,y)\,\mathrm{d}s,f(x,-y)=f(x,y)\end{cases}.$$

2. 如果平面曲线 L 关于 y 轴对称,$L+$表示曲线 L 位于 y 轴右侧的半个部分,则

$$\int_L f(x,y)\,\mathrm{d}s=\begin{cases}0, f(-x,y)=-f(x,y)\\ 2\int_{L+} f(x,y)\,\mathrm{d}s, f(-x,y)=f(x,y)\end{cases}.$$

五、第一类曲面积分的偶倍奇零公式

1. 如果空间曲面 Σ 关于 xOy 面对称,$\Sigma+$表示曲面 Σ 位于 xOy 面上侧的半个部分,则

$$\iint_{\Sigma} f(x,y,z)\,\mathrm{d}S=\begin{cases}0, f(x,y,-z)=-f(x,y,z)\\ 2\iint_{\Sigma+} f(x,y,z)\,\mathrm{d}S, f(x,y,-z)=f(x,y,z)\end{cases}.$$

2. 如果空间曲面 Σ 关于 yOz 面对称,$\Sigma+$表示曲面 Σ 位于 yOz 面前侧的半个部分,则

$$\iint_{\Sigma} f(x,y,z)\,\mathrm{d}S=\begin{cases}0, f(-x,y,z)=-f(x,y,z)\\ 2\iint_{\Sigma+} f(x,y,z)\,\mathrm{d}S, f(-x,y,z)=f(x,y,z)\end{cases}.$$

3. 如果空间曲面 Σ 关于 zOx 面对称,$\Sigma+$表示曲面 Σ 位于 zOx 面右侧的半个部分,则

$$\iint_{\Sigma} f(x,y,z)\,\mathrm{d}S=\begin{cases}0, f(x,-y,z)=-f(x,y,z)\\ 2\iint_{\Sigma+} f(x,y,z)\,\mathrm{d}S, f(x,-y,z)=f(x,y,z)\end{cases}.$$

第二部分：历年考题及参考解答

高等数学(上)期末试题

期末试题(一)

一、填空题(每题3分,共30分)

1. 若$\lim\limits_{x\to\infty}\left(\dfrac{x+a}{x-a}\right)^x=9$,则常数$a$为________;

2. 曲线$y=\dfrac{3x^3}{x^2+1}$的斜渐近线方程为________;

3. 函数$f(x)=\lim\limits_{n\to\infty}\dfrac{(n-1)x}{n(x-1)^2+1}$的间断点是$x=$________;

4. 设$y=y(x)$由方程$\sin(xy)+3x-y=1$所确定,则$y'(0)=$________;

5. 设$f(x)=x^2e^x$,则$f^{(100)}(0)=$________;

6. 曲线$y=\ln x$上与直线$x+y=1$垂直的切线方程为________;

7. 设函数$f(x)=x(x-3)(x-5)(x-7)$,则方程$f''(x)=0$有________个实根;

8. $\dfrac{d}{dx}\left(\int_{\cos x}^{2}f(t^2)\,dt\right)=$________;

9. $\int_{-\frac{\pi}{2}}^{\frac{\pi}{2}}(\sin^4x+x^3\cos x)\,dx=$________;

10. 以$y=Ce^x+x$为通解的微分方程是________.

二、计算(每小题6分,共12分)

1. $\lim\limits_{x\to1}\left(\dfrac{x}{x-1}-\dfrac{1}{\ln x}\right)$;

2. 求由参数方程$\begin{cases}x=\arcsin t\\y=\ln(1-t^2)\end{cases}$所确定的函数的二阶导数$\dfrac{d^2y}{dx^2}$.

三、(6分)设$y=\left(\dfrac{a}{b}\right)^x\left(\dfrac{b}{x}\right)^a\left(\dfrac{x}{a}\right)^b\quad\left(a>0,b>0,\dfrac{a}{b}\neq1,x>0\right)$.求$y'$.

四、计算题(每题7分,共14分)

1. 求不定积分$\int\dfrac{dx}{(4+\sqrt[3]{x})\sqrt{x}}$;

2. 设$f(x)=\begin{cases}x\cos x, & x<0\\ \dfrac{x}{1+x^2}, & x\geqslant0\end{cases}$,求$\int_0^2 f(x-1)\,dx$.

五、(8 分)求函数$f(x)=\frac{x^3}{3}-x^2+2$的单调增减区间、极值和凹凸区间、拐点.

六、(8 分)计算由曲线$y=1+\sin x$与直线$y=0$、$x=0$、$x=\pi$围成的曲边梯形的面积,并求该曲边梯形绕x轴旋转一周所成的旋转体的体积.

七、(每题 7 分,共 14 分)

1. 求方程$\frac{dy}{dx}-y\tan x=\sec x$满足条件$y|_{x=0}=0$的解.

2. 设$f(x)$在$[0,a]$上连续,在$(0,a)$内可导,且$f(a)=0$,证明存在一点$\xi\in(0,a)$,使得$2f(\xi)+\xi f'(\xi)=0$.

八、(8 分)设$x_1=1$, $x_n=1+\frac{x_{n-1}}{1+x_{n-1}}$.证明$\lim\limits_{n\to\infty}x_n$存在,并求$\lim\limits_{n\to\infty}x_n$.

期 末 试 题 (二)

一、填空题(每小题 3 分,共 18 分)

1. $\lim\limits_{n\to\infty}\left[\frac{n+1}{n-1}\right]^n=$________;

2. 曲线$r=\cos\theta$的全长=________;

3. 设$f(x)=xe^x$,则$f^{(n)}(x)=$________;

4. 设$\varphi(x)$在$(-\infty,+\infty)$上连续,$f(x)=\begin{cases}\sin 2x, x\leqslant 0\\ x\varphi(x), x>0\end{cases}$在$x=0$可导,则$\varphi(0)=$________;

5. $\lim\limits_{n\to\infty}\sum\limits_{k=0}^{n}\frac{1}{n+k}=$________;

6. 常微分方程$\frac{dy}{dx}=\frac{y}{x+y}$的通解是________.

二、计算下列各题(每小题 7 分,共 35 分)

1. $\lim\limits_{x\to 0}\frac{\int_0^{x^2}\arctan t\,dt}{\sin x^4}$;

2. $\int_{-1}^{1}\frac{1+\sin^3 x}{1+x^2}dx$;

3. $\int\tan^2 x\,dx$;

4. 设$y=x^{\sin x}$,求dy;

5. $\int\frac{\cos x\,dx}{\sin x+\cos x}$.

三、(8 分) 设$f(x)=\int_{x^2}^{1}\frac{\sin t}{t}dt$,计算$\int_0^1 xf(x)\,dx$.

四、(10 分) 求函数$f(x)=2x^3-3x^2-12x$的单调增减区间、极值和凹凸区间、拐点.

五、(7 分) 求微分方程$\frac{dy}{dx}=\frac{y}{2(\ln y-x)}$的通解.

六、(10 分)求曲线$y=x^n$与$y^n=x$(n是大于 1 的正整数,$x>0$)所围成的图形的面积.

七、(12 分)设 $a_n=1+\frac{1}{2}+\cdots+\frac{1}{n}-\ln n$,试证明:

1. $\frac{1}{n+1}<\ln(n+1)-\ln n<\frac{1}{n}$;

2. $\ln(n+1)<1+\frac{1}{2}+\cdots+\frac{1}{n}\leqslant 1+\ln n$;

3. $\lim\limits_{n\to\infty}a_n$ 存在.

期 末 试 题 (三)

一、计算题(每小题 5 分,本题共 40 分)

1. 求极限 $\lim\limits_{x\to 0}\dfrac{2\sin x+x^2\cos\frac{1}{x}}{(1+\cos x)\ln(1+x)}$;

2. 设 $\begin{cases}x=\ln(1+t^2)\\ y=\arctan t\end{cases}$,求 $\dfrac{d^2y}{dx^2}$;

3. 设函数 $y=y(x)$ 由方程 $e^y+xy=e$ 所确定,求 $y''(0)$;

4. 已知 Γ 函数是 $\Gamma(s)=\int_0^{+\infty}e^{-x}dx(s>0)$,试用 Γ 函数表示积分 $\int_0^{+\infty}e^{-x^n}dx$($n$ 为正整数);

5. 计算定积分 $\int_{-\frac{\pi}{2}}^{\frac{\pi}{2}}\sqrt{\cos x-\cos^3 x}\,dx$;

6. 计算 $\dfrac{d}{dx}\int_{x^2}^{x^3}\dfrac{dt}{\sqrt{1+t^4}}$;

7. 求不定积分 $\int\dfrac{xe^x}{(e^x+1)^2}dx$;

8. 求 $f(x)=\int_0^1|t-x|dt$ 在 $[0,1]$ 上的最大值和最小值.

二、(10 分) 设 $a_0+\frac{a_1}{2}+\cdots+\frac{a_n}{n+1}=0$,证明:多项式 $f(x)=a_0+a_1x+\cdots+a_nx^n$ 在 $(0,1)$ 内至少有一个零点.

三、(10 分) 从一块半径为 R 的圆铁片上挖去一个扇形做成一个漏斗,问留下的扇形的中心角 φ 取多大时做成的漏斗的容积最大.

四、(10 分) 求曲线 $y=\dfrac{2x^2}{(1-x)^2}$ 的增减区间,其图形的凹凸区间和拐点.

五、(10 分) 设 $\lim\limits_{x\to 0}\dfrac{1}{bx-\sin x}\int_0^x\dfrac{t^2}{\sqrt{a+t^2}}dt=1$,求 a,b 的值.

六、(10 分) 求曲线 $r=3\cos\theta$ 与 $r=1+\cos\theta$ 所围图形的公共部分的面积.

七、(10 分) 设 $f(x)$ 是 $[a,b]$ 上的连续且单调增加函数,求证 $\int_a^b xf(x)dx\geqslant\dfrac{a+b}{2}\int_a^b f(x)dx$.

期末试题(四)

一、填空题(每小题 3 分,共 30 分)

1. 设 $a\neq\frac{1}{3}$,则 $\lim\limits_{n\to\infty}\ln\left[\frac{n-3na+2}{n(1-3a)}\right]^{n}=$________;

2. 设 $x\to0$ 时,$(e^{\sin^{2}x}-1)\ln(1+x^{2})$ 是比 $x\cdot\arctan x^{n}$ 高阶的无穷小,而 $x\cdot\arctan x^{n}$ 是比 $(1+\sin x)^{x}-1$ 高阶的无穷小,则正整数________;

3. 函数 $f(x)=\frac{x^{2}-x}{x^{2}-1}\sqrt{1+\frac{1}{x^{2}}}$ 的跳跃间断点为________;

4. 已知 $f(x)$ 在 $x=0$ 处可导,且 $f(0)=0,f'(0)=2$,则 $\lim\limits_{x\to0}\frac{f(1-\cos x)}{\tan^{2}x}=$________;

5. 函数 $f(x)=\sin(\ln x)$ 在 $[1,e]$ 上的平均值为________;

6. 曲线 $y=x^{2}+x(x<0)$ 上曲率为 $\frac{\sqrt{2}}{2}$ 的点的坐标为________;

7. 设函数 $f(x)=a\sin x+\frac{1}{3}\sin 3x$ 在 $x=\frac{2\pi}{3}$ 处取得极值,则 $a=$________;

8. 曲线 $f(x)=\int_{0}^{x}e^{-\frac{1}{2}t^{2}}dt(-\infty<x<+\infty)$ 的拐点坐标为________;

9. 设 e^{-x} 是 $f(x)$ 的一个原函数,则 $\int x^{2}f(\ln x)dx=$________;

10. 定积分 $\int_{-1}^{1}\left(x^{2}\arcsin^{3}x+\frac{1}{1+x^{2}}\right)dx=$________.

二、求下列极限(每小题 6 分,共 12 分)

1. 求极限 $\lim\limits_{x\to0}\frac{\int_{0}^{x^{3}}\arctan(1+t)dt}{(e^{x^{2}}-1)\arctan x}$;

2. 求极限 $\lim\limits_{n\to\infty}\frac{1}{n+2018}\sum\limits_{i=1}^{n}\pi^{\frac{i}{n}}$.

三、(6 分)设 $f(x)=(e^{x}-1)(e^{2x}-2)\cdots(e^{nx}-n)$,其中 n 为正整数,求 $f'(0)$.

四、计算下列积分(每小题 6 分,共 12 分)

1. 求定积分 $\int_{-1}^{1}(1-x^{2})^{5}\left(\arcsin^{5}x+x^{9}+\frac{99}{32}\right)dx$;

2. 求积分 $\int\frac{3\sin x+4\cos x}{2\sin x+\cos x}dx$.

五、(8 分)已知 $\begin{cases}x=\ln(1+t^{2})\\y=t-\arctan t\end{cases}$,求 $\frac{d^{3}y}{dx^{3}}$.

六、(8 分)设 D 是由曲线 $y=x^{\frac{1}{3}}$,直线 $x=a(a>0)$ 及 x 轴所围成的平面图形,V_{x},V_{y} 分别是它绕 x 轴,y 轴旋转一周所得的旋转体的体积,若 $10V_{x}=V_{y}$,求 a 的值.

七、(8 分) 设$f(x)$ 在$[0,2]$ 上连续,且$\int_0^{2x} xf(t)\,\mathrm{d}t + 2\int_x^0 tf(2t)\,\mathrm{d}t = 2x^3(x-1)$,求$f(x)$ 在$[0,2]$ 上的最大值及最小值.

八、(8 分) 已知$f(x)$ 在区间$[a,b]$$(a>0)$ 上连续,在(a,b) 内可导, 且$f(a)=f(b)=1$,证明存在 $\eta,\xi \in (a,b)$ 使 $n\eta^{n-1} = n\xi^{n-1}f(\xi) + \xi^n f'(\xi)$.

九、(8 分) 求微分方程 $y\left(x\cos\frac{y}{x} + y\sin\frac{y}{x}\right)\mathrm{d}x = x\left(y\sin\frac{y}{x} - x\cos\frac{y}{x}\right)\mathrm{d}y$ 的通解.

期 末 试 题 (五)

一、填空题(每小题 3 分,共 30 分)

1. 若极限$\lim\limits_{n\to\infty}\left(\frac{n+a}{n-a}\right)^n=4$, 则 $a=$________;

2. 设函数$f(x)=\begin{cases}\dfrac{1-\mathrm{e}^{\tan x}}{\arcsin\dfrac{x}{2}}, & x\neq 0\\ a\mathrm{e}^{2x}, & x=0\end{cases}$,在 $x=0$ 处连续,则 $a=$________;

3. 已知$f'(3)=2$,则$\lim\limits_{h\to 0}\frac{f(3-h)-f(3)}{2h}=$________;

4. 设函数$f(x)$ 连续可导, $f(0)=0$, 当 $x\to 0$ 时, $\int_0^{f(x)} f(t)\,\mathrm{d}t$ 与 x^2 是等价无穷小量,则$f'(0)=$________;

5. 曲线 $y=\frac{x^3}{x^2+2x-3}$ 的斜渐近线方程为 ________;

6. 设 $y=y(x)$ 由方程 $x\sin y + y\mathrm{e}^x = 1$ 所确定,则 $y'(0)=$________;

7. 函数$f(x)=\lim\limits_{n\to\infty}\frac{1+x}{1+x^{2n}}$ 的间断点是 ________;

8. $\int_{-1}^{1}(|x|+x^3)\mathrm{e}^{|x|}\,\mathrm{d}x=$________;

9. 摆线$\begin{cases}x=a(t-\sin t)\\ y=a(1-\cos t)\end{cases}$$(a>0)$ 一拱$(0\leqslant t\leqslant 2\pi)$ 的弧长为 ________;

10. $\int_0^{\frac{\pi}{2}}\frac{\sin x}{\sin x+\cos x}\mathrm{d}x=$________.

二、计算题(每小题 6 分,共 12 分)

1. 求极限$\lim\limits_{x\to 0}\left[\frac{\ln(1+x)}{x}\right]^{\frac{1}{\mathrm{e}^x-1}}$;

2. 设函数 $y=y(x)$ 由参数方程$\begin{cases}x=\sin t\\ y=t\sin t+\cos t\end{cases}$所确定,求$\frac{\mathrm{d}y}{\mathrm{d}x}$, $\frac{\mathrm{d}^2y}{\mathrm{d}x^2}$.

三、计算题(每小题 7 分, 共 14 分)

1. $\int \frac{dx}{\sqrt{x}+\sqrt[3]{x}}$;

2. 设 $f(x)=\begin{cases}1+x^2, x\leqslant 0\\ e^{-x}, x>0\end{cases}$, 求 $\int_1^3 f(x-2)dx$.

四、(8 分) 求函数 $y=x-2\arctan x$ 的单调区间、极值、凹凸区间及拐点.

五、(8 分) 利用函数的单调性证明: 当 $x>0$ 时, 成立 $x-\frac{x^2}{2}<\ln(1+x)<x-\frac{x^2}{2(1+x)}$.

六、(共 15 分)

1. (7 分) 求微分方程 $xy'+2y=x\ln x$ 满足 $y(1)=-\frac{1}{9}$ 的特解.

2. (8分) 过点 $P(1,0)$ 作抛物线 $y=\sqrt{x-2}$ 的切线, 该切线与上述抛物线及 x 轴围成一平面图形, 求切线方程及平面图形绕 x 轴旋转一周所得的旋转体的体积.

七、(6 分) 设数列 $\{x_n\}$ 满足 $x_1=10$, $x_{n+1}=\sqrt{6+x_n}$, $n=1,2,\cdots$. 证明: 数列 $\{x_n\}$ 收敛, 并求此极限.

八、(8 分) 已知函数 $f(x)$ 在 $[0,1]$ 上连续, 在 $(0,1)$ 内可导, 且 $f(0)=0$, $f(1)=1$.

证明:1. 存在 $x_0\in(0,1)$, 使得 $f(x_0)=1-x_0$;

2. 存在两个不同的点 $\xi,\eta\in(0,1)$, 使得 $f'(\xi)f'(\eta)=1$.

高等数学(下)期末试题

期 末 试 题 (一)

一、填空题(每题3分,共30分)

1. 直线$\frac{x-1}{2}=\frac{y-5}{-1}=\frac{z+8}{1}$与平面 $x+y+2z+1=0$ 的夹角为________;

2. 过点(1,2,-1)且与向量 $\boldsymbol{s}_1=(1,-2,-3)$ 及 $\boldsymbol{s}_2=(0,-1,-1)$ 平行的平面方程为________________;

3. $\lim\limits_{\substack{y\to 0\\ x\to a}}\frac{\sin(2xy)}{y}=$________;

4. 曲面 $xy+yz+zx-1=0$ 与平面 $x-3y+z-4=0$ 在点(1,-2,-3)处的夹角为________;

5. $f(x,y,z)=x^2+y^2$ 在点 $P(1,1,1)$ 处沿增加最快方向的方向导数为________;

6. 设 $z=z(x,y)$ 是由方程 $F(x-z,y-2z)=0$ 所确定的隐函数,其中 F 具有连续偏导数,则$\frac{\partial z}{\partial x}+2\frac{\partial z}{\partial y}=$________;

7. 函数 $f(x,y)=x^3-y^3+3x^2+3y^2-9x$ 的极小值为________;

8. 二次积分 $\int_0^{\frac{1}{2}}\mathrm{d}x\int_x^{2x}\mathrm{e}^{y^2}\mathrm{d}y+\int_{\frac{1}{2}}^1\mathrm{d}x\int_x^1\mathrm{e}^{y^2}\mathrm{d}y=$________;

9. 曲线 L 的极坐标方程为 $r=a(1+\cos\theta)$,$(a>0,0\leqslant\theta\leqslant\pi)$,则该曲线段的弧长是________;

10. 幂级数 $\sum\limits_{n=1}^{\infty}\frac{n!\ x^n}{n^n}$ 的收敛域为________.

二、(9分)设一平面垂直于平面 $z=0$,并通过从点(1,-1,1)到直线$\begin{cases}y-z+1=0\\x=0\end{cases}$的垂线,求此平面的方程.

三、(9分)设 $z=f(x^2,\mathrm{e}^{xy})$,f 有二阶连续偏导数,求 $\mathrm{d}z$,$\frac{\partial^2 z}{\partial x\partial y}$.

四、(9分)计算 $\iiint\limits_{\Omega}(x^2+y^2)\mathrm{d}x\mathrm{d}y\mathrm{d}z$,其中 Ω 是由 yOz 平面上的曲线 $y^2=2z$ 绕 z 轴旋转一周而成的曲面与平面 $z=5$ 所围成的区域.

五、(9分) 计算曲线积分 $\int_L(\mathrm{e}^x\sin y-2y)\mathrm{d}x+(\mathrm{e}^x\cos y-2)\mathrm{d}y$,其中 L 为上半圆周 $(x-a)^2+y^2=a^2$,$y\geqslant 0$,沿逆时针方向.

六、(9分)计算曲面积分 $\iint\limits_{\Sigma}(2x+y)\mathrm{d}y\mathrm{d}z+z\mathrm{d}x\mathrm{d}y$，其中$\Sigma$为有向曲面 $z=x^2+y^2(0\leqslant z\leqslant 1)$，其法向量与 z 轴正向夹角为锐角.

七、(10分)求级数 $\sum\limits_{n=1}^{\infty}\dfrac{(-1)^{n-1}}{2n-1}x^{2n-1}$ 的和函数，并求级数 $\sum\limits_{n=0}^{\infty}\dfrac{(-1)^n}{(2n+1)2^n}$ 的和.

八、(10分)证明函数 $f(x,y)=\begin{cases}\dfrac{3xy}{\sqrt{x^2+y^2}},(x,y)\neq(0,0)\\0,(x,y)=(0,0)\end{cases}$ 在点$(0,0)$处的偏导数存在但不可微.

九、(5分)在曲面 $a\sqrt{x}+b\sqrt{y}+c\sqrt{z}=1(a>0,b>0,c>0)$ 上做切平面使得切平面与三坐标平面所围成的体积最大，求切点的坐标.

期末试题(二)

一、填空题(每小题3分，共30分)

1. 设$\boldsymbol{a}=(2,1,-1)$，$\boldsymbol{b}=(1,-1,2)$，则 $\boldsymbol{a}\times\boldsymbol{b}=$ ________；

2. 直线$\dfrac{x-2}{2}=\dfrac{y-1}{1}=\dfrac{z-3}{1}$与平面 $x-y+2z+4=0$ 的夹角为________；

3. 曲面 $x^2+2y^2+3z^2=21$ 在点$(1,-2,2)$处的法线方程为________；

4. 设函数$f(x,y)=2x^2+y^2-y$，则$f(x,y)$在点$(2,3)$处增长最快的方向与 x 轴正向的夹角 $\alpha=$________；

5. 设函数 $z=z(x,y)$ 由方程 $\sin x+3y-z=\mathrm{e}^z$ 确定，则 $\mathrm{d}z=$________；

6. $\lim\limits_{(x,y)\to(0,0)}\dfrac{\sqrt{1+xy}-1}{xy}=$________；

7. $\int_0^2\mathrm{d}x\int_x^2\mathrm{e}^{-y^2}\mathrm{d}y=$________；

8. 设 $D_r=\{(x,y)\mid x^2+y^2\leqslant r^2\}$，则 $\lim\limits_{r\to0^+}\dfrac{1}{\pi r^2}\iint\limits_{D_r}\mathrm{e}^{x^2-y^2}\cos(x-y)\mathrm{d}x\mathrm{d}y=$________；

9. 设曲线 $L:y=x^2(0\leqslant x\leqslant\sqrt{2})$，则$\int_L x\mathrm{d}s=$________；

10. 设$f(x)=\begin{cases}-1,-\pi<x\leqslant0\\1+x^2,0<x\leqslant\pi\end{cases}$，则$f(x)$以 2π 为周期的 Fourier 级数在点 π 处收敛于________.

二、(8分)求直线$\begin{cases}2x-4y+z=0\\2x-y-2z-9=0\end{cases}$在平面 $x-y+z=1$ 上投影直线的方程.

三、(8分)设 $z=f(xy,\mathrm{e}^y)$，其中f具有二阶连续偏导数，求$\dfrac{\partial z}{\partial x}$和$\dfrac{\partial^2 z}{\partial y\partial x}$.

四、(8分)求二元函数$f(x,y)=3axy-x^3-y^3(a>0)$的极值.

五、(9分)计算曲线积分$\oint_L(\mathrm{e}^x\sin y-y^3)\mathrm{d}x+(\mathrm{e}^x\cos y+x^3)\mathrm{d}y$，其中 L 为沿着半圆周 $x=$

$-\sqrt{a^2-y^2}$ ($a>0$)从点 $A(0,a)$ 到点 $B(0,-a)$ 的弧段.

六、(9 分)设 Ω 是由曲面 $z=\sqrt{2-x^2-y^2}$ 与 $z=x^2+y^2$ 所围成的区域,计算三重积分 $\iiint\limits_{\Omega} z\mathrm{d}x\mathrm{d}y\mathrm{d}z$;

七、(8 分)计算曲面积分 $\iint\limits_{\Sigma} 2xz^2\mathrm{d}y\mathrm{d}z+yz^2\mathrm{d}z\mathrm{d}x+(9-z^3)\mathrm{d}x\mathrm{d}y$,其中 Σ 为曲面 $z=x^2+y^2+1$ ($1\leqslant z\leqslant 2$)取下侧.

八、(10 分)设函数 $f(x,y)=\begin{cases} xy\sin\dfrac{1}{\sqrt{x^2+y^2}},(x,y)\neq(0,0) \\ 0,(x,y)=(0,0) \end{cases}$,证明:

1. $f_x(0,0)$ 和 $f_y(0,0)$ 存在;
2. $f_x(x,y)$ 和 $f_y(x,y)$ 在点(0,0)处不连续;
3. $f(x,y)$ 在点(0,0)处可微.

九、(10 分)求幂级数 $\sum\limits_{n=2}^{\infty}\dfrac{x^n}{n^2-1}$ 的收敛域及和函数 $S(x)$,并求数项级数 $\sum\limits_{n=2}^{\infty}\dfrac{1}{(n^2-1)3^n}$ 的和 S.

期末试题(三)

一、填空题(每题 3 分,共 15 分)

1. 直线 $\begin{cases} x+y+3z=0 \\ x-y-z=0 \end{cases}$ 和平面 $x-y-z+1=0$ 的夹角为________;

2. 函数 $u=xyz-2yz-3$ 在点(1,1,1)处沿向量 $\boldsymbol{l}=2\boldsymbol{i}+2\boldsymbol{j}+\boldsymbol{k}$ 的方向导数为________;

3. 设 L 是圆周 $x^2+y^2=1$,则曲线积分 $\oint_L (x+y)^3\mathrm{d}s=$________;

4. 二次积分 $\int_1^{\mathrm{e}^2}\mathrm{d}x\int_{\mathrm{e}^2}^{x}\dfrac{\mathrm{d}y}{x\ln y}=$________;

5. 曲线 $\begin{cases} x^2+y^2+z^2=4a^2 \\ x^2+y^2=2ax \end{cases}$ 在点 $(a,a,\sqrt{2}a)$,$a\neq 0$ 处的法平面方程为________.

二、选择题(每题 3 分,共 15 分)

1. 设函数 $f(x,y)=x|x|+|y|$,则(　　).

(A) $f_x'(0,0)$ 存在,$f_y'(0,0)$ 不存在;　　(B) $f_x'(0,0)$ 不存在,$f_y'(0,0)$ 存在;

(C) $f_x'(0,0)$,$f_y'(0,0)$ 都存在;　　(D) $f_x'(0,0)$,$f_y'(0,0)$ 都不存在.

2. 方程 $x^2+by^2+cz^2=1$ (b,c 为非零常数)所对应的曲面**不可能**是(　　).

(A) 椭球面;　　(B) 双叶双曲面;

(C) 单叶双曲面;　　(D) 锥面.

3. 设幂级数 $\sum\limits_{n=1}^{\infty}a_n(x-1)^n$ 在 $x=-1$ 处收敛,则在 $x=2$ 处该幂级数(　　).

(A) 发散;　　(B) 绝对收敛;

(C) 条件收敛；　　　　　　　(D) 敛散性不确定.

4. 设曲面 Σ 的方程为 $z=\sqrt{4-x^2-y^2}$，则 $\iint\limits_{\Sigma}\dfrac{x+y+1}{x^2+y^2+z^2}\mathrm{d}S$ 等于(　　).

(A) 0；　　(B) 2π；　　(C) 4π；　　(D) 8π；

5. 函数 $f(x)=x(0\leqslant x\leqslant 1)$ 的以 1 为周期的傅里叶级数的和函数为 $S(x)$，则 $S(x)$ 在 $[0,1]$ 上的表达式为(　　).

(A) $S(x)=\begin{cases}x, 0<x<1\\ \dfrac{1}{2}, x=0,1\end{cases}$；　　(B) $S(x)=\begin{cases}x, 0\leqslant x<1\\ 0, x=1\end{cases}$；

(C) $S(x)=x, 0\leqslant x\leqslant 1$；　　(D) $S(x)=\begin{cases}x, 0<x\leqslant 1\\ 1, x=0\end{cases}$.

三、(8 分)求直线 $L:\dfrac{x-1}{-2}=\dfrac{y-3}{1}=\dfrac{z-2}{3}$ 在平面 $\pi:2x-y+5z-3=0$ 上的投影直线的方程.

四、(6 分)设函数 $z=f(x,2x-y,x^2+y^2)$，其中 f 具有二阶连续偏导数，求 $\dfrac{\partial z}{\partial x}$ 及 $\dfrac{\partial^2 z}{\partial x\partial y}$.

五、(10 分)计算二重积分 $\iint\limits_{D}|y^2-x^2|\,\mathrm{d}\sigma$，其 $D=\{(x,y)|x\in[-1,1],y\in[0,2]\}$.

六、(8 分)求 $\int_L(2xy^3-y^2\cos x)\mathrm{d}x+(1-2y\sin x+3x^2y^2)\mathrm{d}y$，其中 L 为抛物线 $2x=\pi y^2$ 上由点 $(0,0)$ 到 $\left(\dfrac{\pi}{2},1\right)$ 的一段弧.

七、(8 分)计算三重积分

$$I=\iiint\limits_{\Omega}(x^2+y^2+7xy^3\sin\sqrt{x^2+y^2})\mathrm{d}x\mathrm{d}y\mathrm{d}z,$$

其中 Ω 是由曲面 $z=\dfrac{1}{2}(x^2+y^2)$ 与平面 $z=1,z=4$ 所围成.

八、(8 分)设圆板具有区域 $D:x^2+y^2\leqslant 9$ 的形状，该圆板(包括边界)被加热后，在其上点 (x,y) 处的温度是 $f(x,y)=3x^2+3y^2-x^3$，求该圆板的最热和最冷点.

九、(10 分) 设 Σ 是由 xOz 平面内的一段曲线 $z=x^2-1(1\leqslant x\leqslant 2)$ 绕 z 轴旋转一周所生成曲面，其法向量与 z 轴正向成钝角，试计算曲面积分

$$\iint\limits_{\Sigma}(1-x^3)\mathrm{d}y\mathrm{d}z+4x^2y\mathrm{d}z\mathrm{d}x-x^2z\mathrm{d}x\mathrm{d}y.$$

十、(12 分)求幂级数 $\sum\limits_{n=0}^{\infty}(n+1)^2x^n$ 的收敛域及和函数，并求数项级数 $\sum\limits_{n=0}^{\infty}\left(\dfrac{n+1}{2^n}\right)^2$ 的值.

期末试题(四)

一、填空(每小题 4 分，共 20 分)

1. 函数 $f(x,y)=\dfrac{\sqrt{4x-y^2}}{\ln(1-x^2-y^2)}$ 的定义域为______，$\lim\limits_{\substack{x\to\frac{1}{2}\\ y\to 0}}f(x,y)=$ ______；

2. 设 $z=f(xe^y,x,y)$,其中 f 具有二阶连续偏导数,则 $\frac{\partial^2 z}{\partial x\partial y}=$________;

3. 设积分区域 D 为 $x^2\leqslant y\leqslant 1,-1\leqslant x\leqslant 1$,则 $\iint\limits_D f(x,y)\mathrm{d}x\mathrm{d}y$ 在极坐标系下的二次积分为________;

4. 第二类曲面积分 $\iint\limits_\Sigma P\mathrm{d}y\mathrm{d}z+Q\mathrm{d}z\mathrm{d}x+R\mathrm{d}x\mathrm{d}y$ 化为第一类曲线积分是________,其中 α,β,γ 为有向曲面 Σ 上点 (x,y,z) 处的________的方向角;

5. 若级数 $\sum_{n=1}^{\infty}u_n$ 绝对收敛,则级数 $\sum_{n=1}^{\infty}u_n$ 必定________;若级数 $\sum_{n=1}^{\infty}u_n$ 条件收敛,则级数 $\sum_{n=1}^{\infty}|u_n|$ 必定________.

二、(10分)在第一卦限内作椭球面 $\frac{x^2}{a^2}+\frac{y^2}{b^2}+\frac{z^2}{c^2}=1$ 的切平面,使该切平面与坐标面所围成的四面体的体积最小.求这切平面的切点,并求此最小体积.

三、(8分)计算 $I=\int_0^{\frac{1}{2}}\mathrm{d}x\int_x^{2x}\cos y^2\mathrm{d}y+\int_{\frac{1}{2}}^1\mathrm{d}x\int_x^1\cos y^2\mathrm{d}y$.

四、(10分)计算三重积分 $\iiint\limits_\Omega(x^2+y^2)\mathrm{d}x\mathrm{d}y\mathrm{d}z$,其中 Ω 是由 yOz 平面上的曲线 $y^2=2z$ 绕 z 轴旋转而成的曲面与平面 $z=5$ 所围成的区域.

五、(8分)计算曲线积分 $\int_L(e^x\sin y-2y)\mathrm{d}x+(e^x\cos y-2)\mathrm{d}y$,其中 L 为上半圆周 $(x-a)^2+y^2=a^2,y\geqslant 0(a>0)$,沿逆时针方向.

六、(8分)求均匀曲面 $z=\sqrt{a^2-x^2-y^2}$ 的重心坐标.

七、(10分)求级数 $\sum_{n=1}^{\infty}\frac{(-1)^{n-1}}{2n-1}x^{2n-1}$ 的和函数,并求级数 $\sum_{n=0}^{\infty}\frac{(-1)^n}{(2n+1)2^n}$ 的和.

八、(8分)求直线 $L:\frac{x-1}{1}=\frac{y}{1}=\frac{z-1}{-1}$ 在平面 $\pi:x-y+2z=0$ 上的投影直线 L' 的方程.

九、(10分)设函数 $\varphi(x)$ 连续且满足 $\varphi(x)=e^x+\int_0^x(t-x)\varphi(t)\mathrm{d}t$,求 $\varphi(x)$.

十、(8分)已知级数 $\sum_{n=1}^{\infty}(u_n-u_{n-1})$ 收敛,且正项级数 $\sum_{n=1}^{\infty}v_n$ 收敛,证明级数 $\sum_{n=1}^{\infty}u_nv_n$ 收敛.

期末试题(五)

一、填空题(每题3分,共30分)

1. 极限 $\lim\limits_{\substack{x\to 0\\ y\to 0}}\frac{1-\cos(x^2+y^2)}{(x^2+y^2)^2}$________;

2. 直线 $\frac{x+1}{-1}=\frac{y+2}{-2}=\frac{z-1}{1}$ 与平面 $x-y-z+1=0$ 的夹角为________;

3. 曲线$\begin{cases}2x^2+y^2+z^2=16\\x^2-y^2+z^2=0\end{cases}$在 yOz 平面上的投影方程为________；

4. 曲线$\begin{cases}x^2+y^2+z^2=6\\x^2+y^2-z=0\end{cases}$上点(1,1,2)处的法平面方程为________；

5. 函数 $u=x^2+y^2-z^2$ 在点(-1,1,2)处沿向量 $\boldsymbol{l}=2\boldsymbol{i}-\boldsymbol{j}+2\boldsymbol{k}$ 的方向导数为________；

6. 设 $F(x-y,y-z,z-x)=0$ 确定函数 $z=z(x,y)$，其中 F 具有连续偏导数且 $F_2'-F_3'\neq0$，则 $\frac{\partial z}{\partial x}+\frac{\partial z}{\partial y}=$________；

7. 第一类曲线积分 $\int_L\sqrt{y}\,\mathrm{d}s=$ ____，其中 L 是直线 $y=2x$ 上从(0,0)到(1,2)的一段；

8. 设 Ω 是由曲面 $z=\sqrt{x^2+y^2}$ 与 $z=\sqrt{1-x^2-y^2}$ 所围成的空间区域，则 $\iiint\limits_{\Omega}(xy^2+z)\,\mathrm{d}x\mathrm{d}y\mathrm{d}z=$________；

9. 二次积分 $\int_0^{\frac{\pi}{2}}\mathrm{d}y\int_y^{\frac{\pi}{2}}\frac{\sin x}{x}\mathrm{d}x=$________；

10. 设函数 $f(x)=\pi x+x^2$，$-\pi<x<\pi$ 的傅里叶级数展开式为 $\frac{a_0}{2}+\sum\limits_{n=1}^{\infty}(a_n\cos nx+b_n\sin nx)$，则其中系数 $b_3=$________.

二、(9分)求通过直线$\begin{cases}x+y+z=0\\2x-y+3z=0\end{cases}$且平行于直线$\frac{x-1}{6}=\frac{y-1}{3}=\frac{z-2}{2}$的平面方程.

三、(9分)设 $z=f(xe^y,x,y)$ 其中 f 具有连续的二阶偏导数，求$\frac{\partial z}{\partial x},\frac{\partial z}{\partial y},\frac{\partial^2 z}{\partial x\partial y}$.

四、(9分)计算 $I=\iint\limits_D\sqrt{x^2+y^2}\,\mathrm{d}x\mathrm{d}y$，其中 D 是由圆 $x^2+y^2=4$ 与圆 $x^2+y^2=2x$ 以及 y 轴在第一象限围成的区域.

五、(8分)计算曲线积分 $\oint_L\frac{y\mathrm{d}x-x\mathrm{d}y}{2(x^2+y^2)}$ 其中 L 为任意一条分段光滑、不经过原点，但所围区域包含原点的连续闭曲线，L 的方向为逆时针方向.

六、(10分)求曲面积分 $I=\iint\limits_S(x^3+z^2)\mathrm{d}y\mathrm{d}z+(y^3+x^2)\mathrm{d}z\mathrm{d}x+(z^3+y^2)\mathrm{d}x\mathrm{d}y$ 其中 S 为上半球面 $x^2+y^2+z^2=1(0\leqslant z\leqslant1)$ 的下侧.

七、(10分)求幂级数 $\sum\limits_{n=0}^{\infty}(2n+1)x^n$ 的收敛半径，收敛域及和函数，并求 $\sum\limits_{n=0}^{\infty}(-1)^n\frac{2n+1}{2^n}$ 的值.

八、(6分) 若正项级数 $\sum\limits_{n=1}^{\infty}u_n$ 和 $\sum\limits_{n=1}^{\infty}v_n$ 都收敛，证明级数 $\sum\limits_{n=1}^{\infty}\sqrt{u_nv_n}$ 和 $\sum\limits_{n=1}^{\infty}\frac{1}{n}\sqrt{u_n}$ 都收敛.

九、(9分)求旋转抛物面 $z=x^2+y^2$ 与平面 $x+y-2z=2$ 之间的最短距离.

单元自测参考解答

单 元 自 测 (一)

一、1. A; 2. A,D; 3. B; 4. B.

二、1. 解:$x-1=f(\sqrt[3]{x}-1)$, $f(t)=(t+1)^3-1$,得 $f(x-1)=x^3-1$.

2. 若 x_0 为 $f(x)$ 的间断点,在 $f(x_0^+)$, $f(x_0^-)$ 都存在的条件下,x_0 为第一类间断点.

3. 解:由 $\lim\limits_{x\to a}(x-a)=0$ 得 $\lim\limits_{x\to a}(x^2+bx+3b)=0$,则 $a^2+ab+3b=0$ ①

从而 $3b=-(a^2+ab)$,左 $=\lim\limits_{x\to a}\dfrac{x^2+bx-a^2-ab}{x-a}=2a+b=8$(右)②

由①②两式联立即得 $a=-4,b=16$ 或 $a=6,b=-4$.

三、证明:$\forall\varepsilon>0$,要使 $\left|f(x)+\dfrac{1}{6}\right|=\left|\dfrac{x+3}{x^2-9}+\dfrac{1}{6}\right|=\left|\dfrac{1}{x-3}+\dfrac{1}{6}\right|=\left|\dfrac{x+3}{x-3}\right|\dfrac{1}{6}<\varepsilon$,因为 $x\to-3$,

设 $|x+3|<1\Rightarrow 5<|x-3|<7$,取 $\delta=\min(1,30\varepsilon)$,当 $0<|x+3|<\delta$,恒有 $\left|f(x)+\dfrac{1}{6}\right|<\varepsilon$.

四、1. 解:原式 $=\lim\limits_{x\to0}\dfrac{\tan x-\sin x}{(\sqrt{1+\tan x}+\sqrt{1+\sin x})\cdot x^3}=\dfrac{1}{2}\lim\limits_{x\to0}\dfrac{\tan x(1-\cos x)}{x^3}=\dfrac{1}{2}\lim\limits_{x\to0}\dfrac{x\cdot\frac{1}{2}x^2}{x^3}=\dfrac{1}{4}$.

2. 解:原式 $=\lim\limits_{n\to\infty}\left[1+\left(1-\cos\dfrac{x}{n^2}\right)\right]^{n^4}=\lim\limits_{n\to\infty}\left[1+\left(1-\cos\dfrac{x}{n^2}\right)\right]^{\frac{1}{1-\cos\frac{x}{n^2}}\left(1-\cos\frac{x}{n^2}\right)n^4}$

其中

$\lim\limits_{n\to\infty}\left(1-\cos\dfrac{x}{n^2}\right)n^4=\lim\limits_{n\to\infty}\dfrac{1}{2}\left(\dfrac{x}{n^2}\right)^2n^4=\dfrac{x^2}{2}$,即可得原式为 $e^{\frac{x^2}{2}}$.

3. 解:原式 $=\lim\limits_{x\to+\infty}\dfrac{2+\dfrac{\sin x}{e^x}}{5-\dfrac{\cos x}{e^x}}=\dfrac{2}{5}$.

4. 解:原式 $=\lim\limits_{x\to\infty}\dfrac{\ln(1+\cos\alpha x-1)}{\ln(1+\cos\beta x-1)}=\lim\limits_{x\to\infty}\dfrac{\cos\alpha x-1}{\cos\beta x-1}=\lim\limits_{x\to\infty}\dfrac{-\dfrac{1}{2}(\alpha x)^2}{-\dfrac{1}{2}(\beta x)^2}=\dfrac{\alpha^2}{\beta^2}$.

五、解:由 $f(0^+)=\dfrac{\pi}{16(a-b)}$, $f(0^-)=\dfrac{\pi}{2(a+b)}$, $f(0)=\dfrac{\pi}{2}$,且 $f(0^+)=f(0^-)=f(0)$ 得 $a=-\dfrac{7}{16}$,

$b=-\frac{9}{16}$.

六、证明：因为 $\lim\limits_{x\to-\infty}f(x)=A$，所以对 $\forall\varepsilon>0$，$\exists X>0$，$x<-X$ 时，有 $|f(x)-A|<\varepsilon$，从而 $|f(x)|<\varepsilon+|A|$. 又 $f(x)$ 在 $(-\infty,a]$ 上连续，所以 $f(x)$ 在 $[-X,a]$ 上也连续，根据连续函数的有界性定理知，存在 $M>0$ 使得 $f(x)$ 在 $[-X,a]$，$|f(x)|<M$. 取 $N=\max\{|f(X)|+\varepsilon,M\}$，当 $x\in(-\infty,a]$ 时都有 $|f(x)|<N$，即 $f(x)$ 在 $(-\infty,a]$ 上有界.

七、证明：分三种情况进行说明：

(1) 对任意 $x,x+\Delta x\in(a,b)$，当 $\Delta x\to0$ 时，由夹逼准则知 $f(x)$ 在 (a,b) 连续.

(2) 当 $x=a$ 时，$|f(a+\Delta x)-f(a)|\leqslant c|\Delta x|(\Delta x\to0^+)$，即 $f(x)$ 在点 a 处右连续.

(3) 当 $x=b$ 时，$|f(b+\Delta x)-f(b)|\leqslant c|\Delta x|(\Delta x\to0^-)$，即 $f(x)$ 在点 b 处左连续.

由(1)(2)(3)知 $f(x)$ 在 $[a,b]$ 上连续. 又 $f(a)f(b)<0$，根据零点定理知在 (a,b) 内至少存在一点 x_0，使 $f(x_0)=0$.

八、证明：不妨设 $a>0$，$f(x)=ax^3+bx^2+cx+d$，$\lim\limits_{x\to+\infty}f(x)=+\infty$，所以 $\exists x_1>0$ 使得 $f(x_1)>0$；$\lim\limits_{x\to-\infty}f(x)=-\infty$，所以 $\exists x_2<0$ 使得 $f(x_2)<0$，又 $f(x)$ 在 $[x_2,x_1]$ 上连续，由零点定理知在 (x_2,x_1) 内至少有一点 x_0，使得 $f(x_0)=0$ 即一元二次方程有一个实根.

九、解：由 $x_2-x_1=\frac{1}{2}>0$，设 $x_k>x_{k-1}$，则

$$x_{k+1}-x_k=1+\frac{x_k}{1+x_k}-\left(1+\frac{x_{k-1}}{1+x_{k-1}}\right)=\frac{x_k-x_{k-1}}{(1+x_k)(1+x_{k-1})}>0,$$

即 $\{x_n\}$ 单调递增. 又 $x_n=1+\frac{x_{n-1}}{1+x_{n-1}}=2-\frac{1}{1+x_{n-1}}=2-\frac{1}{1+x_{n-1}}<2$，

由单调有界准则，$\lim\limits_{n\to\infty}x_n$ 存在.

设 $\lim\limits_{n\to\infty}x_n=x$，对方程 $x_n=1+\frac{x_{n-1}}{1+x_{n-1}}$ 两边取极限，得 $x=1+\frac{x}{1+x}$，解得 $x=\frac{1+\sqrt{5}}{2}$.

单 元 自 测（二）

一、1. $a^ax^{a^{a}-1}+a^{x^{a}+1}x^{a-1}\ln a+a^{a^{x}+x}\ln^2a$. 析：$\frac{\mathrm{d}y}{\mathrm{d}x}=a^ax^{a^{a}-1}+a^{x^{a}}\ln a\cdot ax^{a-1}+a^{a^{x}}\ln a\cdot a^x\ln a$.

2. $\mathrm{e}^{2t}(1+2t)\mathrm{d}t$. 析：$f(t)=\lim\limits_{x\to\infty}\left[t\left(1+\frac{1}{x}\right)^{2tx}\right]=t\mathrm{e}^{2t}$ 即易得.

3. $\frac{9\mathrm{e}^{3t}f'(t)-3\mathrm{e}^{3t}f''(t)}{f'^3(t)}$. 析：$x$、$y$ 同时对 t 求导后可得：$\frac{\mathrm{d}y}{\mathrm{d}x}=\frac{3\mathrm{e}^{3t}}{f'(t)}$，

再对上式求导易得 $\frac{\mathrm{d}^2y}{\mathrm{d}x^2}=\frac{\mathrm{d}}{\mathrm{d}x}\left(\frac{3\mathrm{e}^t}{f'(x)}\right)\frac{\mathrm{d}t}{\mathrm{d}x}=\frac{9\mathrm{e}^{3t}f'(t)-3\mathrm{e}^{3t}f''(t)}{f'^3(t)}$.

4. $y-\frac{1}{2}=\frac{1}{\sqrt{\mathrm{e}}}(x-\sqrt{\mathrm{e}})$. 析：由题可得式子：$\frac{1}{x_0}=2ax_0$，$y_0=ax_0^2$，$y_0=\ln x_0$.

联立解得：$x_0=\sqrt{\mathrm{e}}$，$y_0=\frac{1}{2}$，$k=\frac{1}{x_0}=\frac{1}{\sqrt{\mathrm{e}}}$ 即易得公切线方程.

二、1. D； 2. C； 3. C； 4. A.

三、1. 解:应用求导公式得

$$y'=\frac{1}{2}\sqrt{x^2+a^2}+\frac{x}{2}\frac{x}{\sqrt{x^2+a^2}}+\frac{a^2}{2}\frac{\sqrt{x^2+a^2}+x}{x\sqrt{x^2+a^2}+x^2+a^2}=\frac{2x^2+a^2}{2\sqrt{x^2+a^2}}+\frac{a^2}{2}\frac{1}{\sqrt{x^2+a^2}}=\sqrt{x^2+a^2}.$$

2. 解: $\ln y=\frac{1}{3}\ln(x-1)-2\ln(1+x)-\frac{1}{3}\ln(2x-5)$, $\mathrm{d}y=y\left[\frac{1}{3(x+1)}-\frac{2}{1+x}-\frac{2}{3(2x-5)}\right]\mathrm{d}x$.

3. 解:当 $x=0$ 时, $t=\pi$,题中两式对 t 求导,可得:

$$x'\mathrm{e}^t+x\mathrm{e}^t+\cos x-t\sin x\cdot x'=0\Rightarrow x'|_{t=\pi}=-\frac{1}{\mathrm{e}^\pi},$$

$$y'=\cos t-2\sin t\cos t\Rightarrow y'|_{t=\pi}=-1,$$

$$\left.\frac{\mathrm{d}y}{\mathrm{d}x}\right|_{x=0}=\left.\frac{\frac{\mathrm{d}y}{\mathrm{d}t}}{\frac{\mathrm{d}x}{\mathrm{d}t}}\right|_{t=\pi}=\frac{-1}{-\frac{1}{\mathrm{e}^\pi}}=\mathrm{e}^\pi.$$

4. 解:当 $x=0$ 时, $y=-1$,题中式子对 x 求导,可得:

$\cos xy\cdot(y+xy')+3-y'=0\Rightarrow y'|_{x=0}=2$,

上式再次对 x 求导:

$-\sin xy\cdot(y+xy')^2+\cos xy\cdot(2y'+xy'')-y''=0$,代值并解得 $y''|_{x=0}=4$.

5. 解:

$$f'(1)=\lim_{x\to1}\frac{f(x)-f(1)}{x-1}=\lim_{x\to1}\frac{x^2+(x-1)\arctan\frac{2x-1}{x^3+x^2-1}-1}{x-1}$$

$$=\lim_{x\to1}\left[(x+1)+\arctan\frac{2x-1}{x^3+x^2-1}\right]=2+\arctan 1=2+\frac{\pi}{4}.$$

6. 解: $f(x)=\frac{1}{x+2}-\frac{1}{x+3}$

$$f^{(n)}(x)=(-1)^n n!\left[\frac{1}{(x+2)^{n+1}}-\frac{1}{(x+3)^{n+1}}\right].$$

四、解:设切点 (x_0,y_0) 则

$$y_0=2x_0-x_0^3 \qquad ①$$

又 $y'=2-3x^2$ 则 $k=y'|_{x=x_0}=2-3x_0^2$ 即得切线

$$y-y_0=(2-3x_0^2)\cdot(x-x_0) \qquad ②$$

因为 $(2,0)$ 在切线上,

$$-y_0=(2-3x_0^2)\cdot(2-x_0) \qquad ③$$

联立①③,解得: $x_0=1, y_0=1$; $x_0=1+\sqrt{3}, y_0=-8-4\sqrt{3}$; $x_0=1-\sqrt{3}, y_0=-8+4\sqrt{3}$.

当 $x_0=1$, $y_0=1$,代值入②得 $x+y-2=0$.其他类同.

五、解:

$$f(x)=\begin{cases}x^2, x>1\\ \frac{a+b+1}{2}, x=1,\\ ax+b, x<1\end{cases}$$

由 $f(1^+)=f(1^-)=f(1)\Rightarrow a+b=1$，由 $f'_+(1)=f'_-(1)\Rightarrow a=2$. 即 $a=2,b=-1$.

六、证明：$f'(x)=\lim\limits_{\Delta x\to 0}\dfrac{f(x+\Delta x)-f(x)}{\Delta x}=\lim\limits_{\Delta x\to 0}\dfrac{f(x)g(\Delta x)+g(x)f(\Delta x)-f(x)}{\Delta x}$

$$=\lim_{\Delta x\to 0}\frac{f(x)[g(\Delta x)-1]+g(x)[f(\Delta x)-f(0)]}{\Delta x}$$

$$=\lim_{\Delta x\to 0}\frac{f(x)[g(\Delta x)-g(0)]+g(x)[f(\Delta x)-f(0)]}{\Delta x}$$

$$=f(x)g'(0)+g(x)f'(0)=g(x).$$

单 元 自 测（三）

一、1. 解：原式 $=\lim\limits_{x\to 0}\dfrac{e^{\frac{1}{x}\ln(1+x)}-e}{e^x-1}=e\lim\limits_{x\to 0}\dfrac{e^{\frac{1}{x}\ln(1+x)-1}-1}{x}$

$$=e\lim_{x\to 0}\frac{\frac{1}{x}\ln(1+x)-1}{x}=e\lim_{x\to 0}\frac{\ln(1+x)-x}{x^2}=-\frac{e}{2}.$$

2. 解：原式 $=\lim\limits_{x\to 1}\dfrac{x-1-\ln x}{(x-1)\ln x}=\lim\limits_{x\to 1}\dfrac{1-\frac{1}{x}}{\ln x+\frac{x-1}{x}}=\lim\limits_{x\to 1}\dfrac{\frac{1}{x^2}}{\frac{1}{x}+\frac{1}{x^2}}=\dfrac{1}{2}$.

3. 解：原式 $=\lim\limits_{x\to +\infty}\dfrac{3\ln x}{\sqrt{x+3}+\sqrt{x}}=3\lim\limits_{x\to +\infty}\dfrac{\frac{1}{x}}{\frac{1}{2\sqrt{x+3}}+\frac{1}{2\sqrt{x}}}=0$.

4. 解：原式 $=\lim\limits_{n\to\infty}\left(\dfrac{\sin\frac{1}{n}}{\frac{1}{n}}\right)^{n^2}$.

$\lim\limits_{t\to 0^+}\left(\dfrac{\sin t}{t}\right)^{\frac{1}{t^2}}=e^{\lim\limits_{t\to 0^+}\frac{1}{t^2}\ln\frac{\sin t}{t}}=e^{\lim\limits_{t\to 0^+}\frac{1}{t^2}\ln\left(1+\frac{\sin t}{t}-1\right)}=e^{\lim\limits_{t\to 0^+}\frac{1}{t^2}\left(\frac{\sin t}{t}-1\right)}$

$$=e^{\lim\limits_{t\to 0^+}\frac{1}{t^3}(\sin t-t)}=e^{\lim\limits_{t\to 0^+}\frac{1}{3t^2}(\cos t-1)}=e^{\lim\limits_{t\to 0^+}\frac{-\sin t}{6t}}=e^{-\frac{1}{6}}$$，则原式 $=e^{-\frac{1}{6}}$.

二、解：$f'(x)=\dfrac{1}{x}-\dfrac{1}{e}=0\Rightarrow x=e$ 是其唯一驻点.

$\lim\limits_{x\to +\infty}f(x)=-\infty$，$\lim\limits_{x\to 0^+}f(x)=-\infty$. 由于 $f(e)>0$，故 $f(x)$ 在 $x=e$ 的两侧存在两个零点.

三、1. 解：因为 $g(0)=a$，$\lim\limits_{x\to 0}g(x)=\lim\limits_{x\to 0}\dfrac{f(x)}{x}=\lim\limits_{x\to 0}f'(x)=f'(0)$，故 $a=f'(0)$ 时，$g(x)$ 在 $x=0$ 处连续.

2. 证明：$g'(0)=\lim\limits_{x\to0}\dfrac{g(x)-g(0)}{x}=\lim\limits_{x\to0}\dfrac{\dfrac{f(x)}{x}-f'(0)}{x}$

$$=\lim_{x\to0}\frac{f(x)-xf'(0)}{x^2}=\lim_{x\to0}\frac{f'(x)-f'(0)}{2x}=\frac{f''(0)}{2},$$

则 $g'(x)=\begin{cases}\dfrac{f'(x)x-f(x)}{x^2},x\neq0\\ \dfrac{1}{2}f''(0),x=0\end{cases}$，

又$\lim\limits_{x\to0}g'(x)=\lim\limits_{x\to0}\dfrac{f'(x)x-f(x)}{x^2}=\dfrac{1}{2}f''(0)$.题中结论得证.

四、解：$f(x)=\dfrac{10x-x^2-16}{x^2}$，$f'(x)=\dfrac{2(5x-16)}{x^3}$，$f''(x)=\dfrac{4(5x-24)}{x^4}$.

x	$(-\infty,0)$	0	$\left(0,\frac{16}{5}\right)$	$\frac{16}{5}$	$\left(\frac{16}{5},\frac{24}{5}\right)$	$\frac{24}{5}$	$\left(\frac{24}{5},+\infty\right)$
$f'(x)$	—	×	+	0	—	—	—
$f''(x)$	—	×	—	—	—	0	+
$f(x)$	↘	×	↗	极大	↘	拐	↘

极大值$f\left(\dfrac{16}{5}\right)=\dfrac{9}{16}$，拐点$\left(\dfrac{24}{5},\dfrac{7}{18}\right)$，特殊点$(2,0)$，$(8,0)$，$\lim\limits_{x\to0}f(x)=-\infty$，$\lim\limits_{x\to\infty}f(x)=1$，故垂直渐近线 $x=0$，水平渐近线$y=-1$.

五、证明：方法一：令 $f(x)=\dfrac{\tan x}{x}$，$f'(x)=\dfrac{x\sec^2x-\tan x}{x^2}$，

令 $g(x)=x\sec^2x-\tan x$，$g'(x)=2x\sec^2x\tan x>0$，故 $g(x)$ 单调递增$\Rightarrow g(x)>g(0)=0$.

从而$f'(x)>0$，因此$f(x)$单调递增$\Rightarrow f(x_2)>f(x_1)$.

方法二：$f(x)=\dfrac{\tan x}{x}$，$x\in\left(0,\dfrac{\pi}{2}\right)$，当$0<x_1<x_2<\dfrac{\pi}{2}$时，$f(x)$在$[x_1,x_2]$上连续且可导，根据拉格朗日中值定理：

$$\frac{\tan x_2}{x_2}-\frac{\tan x_1}{x_1}=f(x_2)-f(x_1)=f'(\xi)(x_2-x_1)=\frac{\xi-\sin\xi\cos\xi}{\xi^2\cos^2\xi}(x_2-x_1)>0,$$

故$\dfrac{\tan x_2}{\tan x_1}>\dfrac{x_2}{x_1}$.

六、1. 解：$f'(x)=n(1-x)^n-n^2x(1-x)^{n-1}=n(1-x)^{n-1}(1-x-nx)$.

令 $f'(x)=0$ 得 $x=\dfrac{1}{n+1}$是其唯一驻点.且$f'(x)$由正变负，$x=\dfrac{1}{n+1}$为唯一极大值点.

即 $M=f\left(\dfrac{1}{n+1}\right)=\left(\dfrac{1}{n+1}\right)^{n+1}$.

2. 解：$\lim\limits_{n\to\infty}M=\lim\limits_{n\to\infty}\left(\frac{1}{n+1}\right)^{n+1}=\lim\limits_{n\to\infty}\left\{\left(1-\frac{1}{n+1}\right)^{-(n+1)}\right\}^{-1}=\mathrm{e}^{-1}$.

七、证明：设 $F(x)=f^2(x)+g^2(x)$，则

$$F'(x)=2f(x)f'(x)+2g(x)g'(x)=2f(x)g(x)-2g(x)f(x),$$

故 $F(x)=c$，又 $\because c=F(0)=0^2+1^2=1$，即 $f^2(x)+g^2(x)=1$.

八、证明：$F(x)=f(x)-\ln x$ 在 $[1,\mathrm{e}]$ 上连续，在 $(1,\mathrm{e})$ 可导，且 $F(1)=f(1)-\ln 1=0$，$F(\mathrm{e})=f(\mathrm{e})-\ln \mathrm{e}=0$. 故 $\exists\xi\in(1,\mathrm{e})$ 使 $F'(\xi)=0$，

即 $x=\xi$ 是 $f'(x)=\frac{1}{x}$ 的实根.

九、解：$\pi^{\mathrm{e}}=\mathrm{e}^{\mathrm{e}\ln\pi}$，即需要比较 e^{π} 与 $\mathrm{e}^{\mathrm{e}\ln\pi}$ 的大小.

令 $f(x)=x-\mathrm{e}\ln x, x>0, f'(x)=1-\frac{\mathrm{e}}{x}\Rightarrow x=\mathrm{e}$ 是唯一驻点.

又 $f''(\mathrm{e})=\left.\frac{\mathrm{e}}{x^2}\right|_{x=\mathrm{e}}=\frac{1}{\mathrm{e}}>0$，

故 $f(\mathrm{e})$ 是最小值，从而 $\mathrm{e}^{\pi}>\pi^{\mathrm{e}}$.

十、证明：

$$g'(x)=\frac{f'(x)\cdot(x-a)-[f(x)-f(a)]}{(x-a)^2}=\frac{f'(x)\cdot(x-a)-f'(\xi)\cdot(x-a)}{(x-a)^2}(a<\xi<x),$$

又 $f'(x)$ 单调递增，则 $f'(x)-f'(\xi)>0$，所以 $g'(x)>0$，结论即易得.

十一、解：函数 $f(x)$ 在 $[a,c]$，$[c,b]$ 上分别用中值定理，有：

$\frac{f(c)-f(a)}{c-a}=f'(\xi_1)(a<\xi_1<c)$，即 $f'(\xi_1)=\frac{f(c)}{c-a}>0$，

$\frac{f(b)-f(c)}{b-c}=f'(\xi_2)(c<\xi_2<b)$，即 $f'(\xi_2)=\frac{-f(c)}{b-c}<0$.

对 $f'(x)$ 在 $[\xi_1,\xi_2]$ 上用中值定理，

$$f''(\xi)=\frac{f'(\xi_2)-f'(\xi_1)}{\xi_2-\xi_1}<0(\xi_1<\xi<\xi_2).$$

单 元 自 测 (四)

一、1. $\tan x-\sec x+C$.

提示：$\int\frac{1}{1+\sin x}\mathrm{d}x=\int\frac{1-\sin x}{\cos^2 x}\mathrm{d}x=\int\left(\frac{1}{\cos^2 x}-\frac{\sin x}{\cos^2 x}\right)\mathrm{d}x=\tan x-\sec x+C$.

2. $\tan x$.

3. $xf'(x)-f(x)+C$.

4. $x+C$. 提示：$f(x)=(x\ln x)'=\ln x+1$，

$\int xf'(x)\mathrm{d}x=\int x\mathrm{d}f(x)=xf(x)-\int f(x)\mathrm{d}x=x+C$.

5. $x\ln x$. 解：$f'(x)=\ln x+1$，$f(x)=\int(\ln x+1)\mathrm{d}x=x\ln x+C$，$f(1)=0$ 得 $C=0$.

二、1. $\int f(ax^n+b)x^{n-1}\mathrm{d}x=\frac{1}{an}\int f(ax^n+b)\mathrm{d}(ax^n+b)$.

2. $\frac{1}{\ln a}\int f(a^x+b)\mathrm{d}(a^x+b)$.

3. $\int f[\ln\varphi(x)]\frac{\varphi'(x)}{\varphi(x)}\mathrm{d}x=\int f[\ln\varphi(x)]\mathrm{d}(\ln\varphi(x))$.

4. $\int f[a\tan x+b]\sec^2 x\mathrm{d}x=\frac{1}{a}\int f(a\tan x+b)\mathrm{d}(a\tan x+b)$.

5. $\int f\left(\arctan\frac{x}{a}\right)\frac{1}{a^2+x^2}\mathrm{d}x=\frac{1}{a}\int f\left(\arctan\frac{x}{a}\right)\mathrm{d}\left(\arctan\frac{x}{a}\right)$.

三、1. 解:原式$=\frac{1}{2}\int\frac{(x^2+1)-(x^2-1)}{x^4-1}\mathrm{d}x=\frac{1}{2}\left[\int\frac{1}{x^2-1}\mathrm{d}x-\int\frac{\mathrm{d}x}{x^2+1}\right]$

$$=\frac{1}{4}\ln\left|\frac{x-1}{x+1}\right|-\frac{1}{2}\arctan x+C.$$

2. 解:$\int\sin^5 x\mathrm{d}x=-\int(1-\cos^2 x)^2\mathrm{d}\cos x=-\int(1-2\cos^2 x+\cos^4 x)\mathrm{d}\cos x$

$$=-\cos x+\frac{2}{3}\cos^3 x-\frac{1}{5}\cos^5 x+C_1,$$

$\int\cos^2 x\mathrm{d}x=\frac{1}{2}\int(1+\cos 2x)\mathrm{d}x=\frac{1}{2}x+\frac{1}{4}\sin 2x+C_2$.

故原式$=-\cos x+\frac{2}{3}\cos^3 x-\frac{1}{5}\cos^5 x+\frac{1}{2}x+\frac{1}{4}\sin 2x+C$.

3. 解:原式$=\frac{1}{3}\int\sqrt{1+(2x)^3}\,\mathrm{d}x^3=\frac{1}{24}\int(1+8x^3)^{\frac{1}{2}}\mathrm{d}(1+8x^3)=\frac{1}{24}\cdot\frac{2}{3}(1+8x^3)^{\frac{3}{2}}+C$

$$=\frac{1}{36}(1+8x^3)^{\frac{3}{2}}+C.$$

4. 解:令 $t=x^2$,

原式$=\frac{1}{2}\int\frac{\mathrm{d}x^2}{x^4+2x^2+5}=\frac{1}{2}\int\frac{\mathrm{d}t}{t^2+2t+5}=\frac{1}{2}\int\frac{\mathrm{d}(t+1)}{(t+1)^2+4}$

$$=\frac{1}{4}\arctan\frac{t+1}{2}+C=\frac{1}{4}\arctan\frac{x^2+1}{2}+C.$$

5. 解:设 $t=\sqrt{x}$,则 $\mathrm{d}x=2t\mathrm{d}t$.

原式$=\int 2t\sin^2 t\mathrm{d}t=\int 2t\left(\frac{1-\cos 2t}{2}\right)\mathrm{d}t=\int(t-t\cos 2t)\mathrm{d}t$

$$=\frac{1}{2}t^2-\left[\frac{t\sin 2t}{2}-\int\frac{1}{2}\sin 2t\mathrm{d}t\right]=\frac{1}{2}t^2-\frac{t\sin 2t}{2}-\frac{1}{4}\cos 2t+C$$

$$=\frac{x}{2}-\frac{\sqrt{x}}{2}\sin 2\sqrt{x}-\frac{1}{4}\cos 2\sqrt{x}+C.$$

6. 解:原式$=-\frac{\ln(1+\mathrm{e}^x)}{\mathrm{e}^x}+\int\frac{1+\mathrm{e}^x-\mathrm{e}^x}{1+\mathrm{e}^x}\mathrm{d}x$

$$=-e^{-x}\ln(1+e^x)+x-\ln(1+e^x)+C.$$

7. 解：令 $x=\sin t$，

$$原式=\int\frac{(\sin^2t+1)t\cos t}{\sin^2t\cos t}dt=\int(t+t\csc^2t)dt$$

$$=\frac{1}{2}t^2-\int td(\cot t)=\frac{1}{2}t^2-t\cot t+\int\cot tdt=\frac{1}{2}t^2-t\cot t+\ln(\sin t)+C$$

$$=\frac{1}{2}(\arcsin x)^2-\arcsin x\cdot\frac{\sqrt{1-x^2}}{x}+\ln|x|+C.$$

8. 解：$原式=x\cos x\ln x+\int\frac{x\sin\ln x}{x}dx=x\cos\ln x+\int\sin\ln xdx$

$$=x\cos\ln x+x\sin x\ln x-\int\frac{x\cos\ln x}{x}dx,$$

故$\int\cos\ln xdx=\frac{1}{2}x(\cos\ln x+\sin\ln x)+C.$

9. 解：$原式=\int e^{\sin x}x\cos xdx-\int e^{\sin x}\frac{\sin x}{\cos^2x}dx,$

其中$\int xe^{\sin x}\cos xdx=\int xe^{\sin x}d\sin x=\int xde^{\sin x}=xe^{\sin x}-\int e^{\sin x}dx,$

$-\int e^{\sin x}\frac{\sin x}{\cos^2x}dx=-\int e^{\sin x}d\frac{1}{\cos x}=\frac{-e^{\sin x}}{\cos x}+\int e^{\sin x}dx,$

$原式=xe^{\sin x}-e^{\sin x}\sec x+C.$

10. 解：由 $\max\{1,x^2\}=\begin{cases}1,|x|\leqslant1\\x^2,|x|>1\end{cases}$，

$$F(x)=\int\max\{1,x^2\}dx=\begin{cases}x+C_1,|x|\leqslant1\\\frac{1}{3}x^3+C_2,x>1\\\frac{1}{3}x^3+C_3,x<-1\end{cases},$$

由 $F(x)$ 连续，从而 $F(1^+)=F(1)=F(1^-)$，$F(-1^+)=F(-1)=F(-1^-)$，

$\frac{1}{3}+C_2=1+C_1,-\frac{1}{3}+C_3=-1+C_1$，$C_2=\frac{2}{3}+C_1,C_3=C_1-\frac{2}{3}$，

得 $F(x)=\begin{cases}\frac{1}{3}x^3-\frac{2}{3}+C,x<-1\\x+C,|x|\leqslant1\\\frac{1}{3}x^3+\frac{2}{3}+C,x>1\end{cases}$.

四、证明：$I_n=\frac{1}{\alpha+1}\int\ln^nxdx^{\alpha+1}=\frac{1}{\alpha+1}x^{\alpha+1}\ln^nx-\frac{n}{\alpha+1}\int\frac{x^{\alpha+1}\ln^{n-1}x}{x}dx$

$$=\frac{1}{\alpha+1}x^{\alpha+1}\ln^nx-\frac{n}{\alpha+1}\int x^\alpha\ln^{n-1}xdx=\frac{1}{\alpha+1}x^{\alpha+1}\ln^nx-\frac{n}{\alpha+1}I_{n-1}.$$

$I_0=\int x^{\alpha}\mathrm{d}x=\dfrac{1}{\alpha+1}x^{\alpha+1}+C.$

$\alpha=5,n=3$ 时,$I_3=\dfrac{x^6}{6}\left(\ln^3 x-\dfrac{1}{2}\ln^2 x+\dfrac{1}{6}\ln x-\dfrac{1}{36}\right)+C.$

五、1. 解:(1) 由 $v(t)=3t^2$,得 $s(t)=\int 3t^2\mathrm{d}t=t^3+C.$

由 $s(0)=0,C=0$ 知,$s(t)=t^3,s(3)=27.$

(2) $t^3=343$,得 $t=7$ s.

2. 解:设 $f'(x)=ax(x-2)(a>0)$,

$f(x)=\int f'(x)\mathrm{d}x=\int(ax^2-2ax)\mathrm{d}x=\dfrac{1}{3}ax^3-ax^2+C,f(0)=C,f(2)=-\dfrac{4}{3}a+C.$

由 $f'(0)=0,f'(2)=0$ 且 $f''(x)=2ax-2a,f''(0)<-2a<0$. 故 $f(0)=4$,即 $C=4$,

又 $f''(2)=2a>0$,故 $f(2)=-\dfrac{4}{3}a+4=0$,得 $a=3$,即 $f(x)=x^3-3x^2+4.$

六、解:$\int f(x)F(x)\mathrm{d}x=\dfrac{1}{2}F^2(x)+C_1,$

$\int\sin^2 2x\mathrm{d}x=\dfrac{1}{2}\int(1-\cos 4x)\mathrm{d}x=\dfrac{1}{2}x-\dfrac{1}{8}\sin 4x+C_2,$

$F^2(x)=2\left(\dfrac{1}{2}x-\dfrac{1}{8}\sin 4x\right)+C=x-\dfrac{1}{4}\sin 4x+C.$

由 $F(0)=0$,得 $C=0$. 又 $F(x)>0$,则 $F(x)=\sqrt{x-\dfrac{1}{4}\sin 4x}$,

故 $f(x)=F'(x)=\dfrac{1}{2\sqrt{x-\dfrac{1}{4}\sin 4x}}(1-\cos 4x)=\dfrac{1-\cos 4x}{\sqrt{4x-\sin 4x}}.$

单 元 自 测 (五)

一、1. $\dfrac{\pi}{6}$. 析:原式$=\lim\limits_{n\to\infty}\dfrac{1}{n}\left[\dfrac{1}{\sqrt{4-\left(\dfrac{1}{n}\right)^2}}+\dfrac{1}{\sqrt{4-\left(\dfrac{2}{n}\right)^2}}+\cdots+\dfrac{1}{\sqrt{4-\left(\dfrac{n}{n}\right)^2}}\right]$

$$=\int_0^1\frac{\mathrm{d}x}{\sqrt{4-x^2}}=\frac{\pi}{6}.$$

2. 0,0. 析:由 $y'=(1+x)\arctan x$ 得驻点 $x=0,x=-1$. $y''=\arctan x+\dfrac{1+x}{1+x^2}$, $y''(0)=1>0$, $y''(-1)<0$.

3. 0. 析:被积函数 $x[f(x)+f(-x)]$ 为奇函数.

4. $1+\dfrac{3}{2}\sqrt{2}$. 析:对式子两边同时求导可得:

$f(x^2)\cdot 2x=2x+3x^2$,整理得:$f(x^2)=\dfrac{2+3x}{2}$代值即得答案.

5. $x-1$. 析:$A=\int_0^1 f(x)\,dx$,则 $A=\int_0^1(x+2A)\,dx=\dfrac{1}{2}+2A$,故 $A=-\dfrac{1}{2}$.

二、1. A. 析:原式 $=-xe^{-x}\big|_0^{+\infty}+\int_0^{+\infty}e^{-x}dx=-e^{-x}\big|_0^{+\infty}=1$.

2. D. 析:由被积函数的奇偶性

$$M=\int_{\frac{\pi}{2}}^{\frac{\pi}{2}}\frac{\sin x}{1+x^2}\cos^4x\,dx=0,N=2\int_0^{\frac{\pi}{2}}\cos^4x\,dx>0,P=-2\int_0^{\frac{\pi}{2}}\cos^4x\,dx<0.$$

3. C. 析:$f'(x)=2f(x)$,则 $\ln|f(x)|=2x+C_1$,即$|f(x)|=ce^{2x}$.由 $f(0)=\ln 2$,有 $c=\ln 2$,故 $f(x)=ce^{2x}=e^{2x}\ln 2$.

4. D. 析:$I=t\int_0^{\frac{s}{t}}f(tx)\,dx=\int_0^{\frac{s}{t}}f(tx)\,dtx=\int_0^s f(u)\,du$.

5. A. 析:$\varphi(a)=(a-b)\int_a^a f(t)\,dt=0,\varphi(b)=(b-b)\int_a^b f(t)\,dt=0$,

$\varphi(a)=\varphi(b)=0$ 由罗尔定理可得结论.

三、1. 解:原式 $=2\int_{\frac{1}{2}}^{\frac{3}{4}}\dfrac{\arcsin\sqrt{x}}{\sqrt{1-(\sqrt{x})^2}}d\sqrt{x}=2\int_{\frac{1}{2}}^{\frac{3}{4}}\arcsin\sqrt{x}\,d\arcsin\sqrt{x}=(\arcsin\sqrt{x})^2\Big|_{\frac{1}{2}}^{\frac{3}{4}}$

$$=\frac{\pi^2}{9}-\frac{\pi^2}{16}=\frac{7\pi^2}{144}.$$

2. 解:利用等式 $\int_0^{\pi}xf(\sin x)\,dx=\dfrac{\pi}{2}\int_0^{\pi}f(\sin x)\,dx$.

原式 $=\pi\int_0^{\frac{\pi}{2}}|\cos x|\sin x\,dx=\dfrac{\pi}{2}\sin^2x\Big|_{10}^{\frac{\pi}{2}}=\dfrac{\pi}{2}$.

3. 解:原式 $=\int_0^2\dfrac{dx}{\sqrt{1-(x-1)^2}}=\arcsin(x-1)\big|_0^2=\arcsin 1-\arcsin(-1)=\pi$.

4. 解:令 $t=x-2$,

原式 $=\int_{-1}^1 f(t)\,dt=\int_{-1}^0(1+t^2)\,dt+\int_0^1 e^{-t}dt=\left(t+\dfrac{1}{3}t^3\right)\Big|_{-1}^0-e^{-t}\Big|_0^1=\dfrac{7}{3}-\dfrac{1}{e}$.

四、1. 解:原式 $=\lim\limits_{x\to 0}\dfrac{f(\cos x)\cdot(-\sin x)}{1-e^x}=\lim\limits_{x\to 0}\dfrac{f(\cos x)\cdot(-x)}{-x}=f(1)=1$.

2. 解:设 $t=2x$,

原式 $=\dfrac{1}{2}\int_0^2\dfrac{1}{4}t^2f''(t)\,dt=\dfrac{1}{8}\int_0^2 t^2f''(t)\,dt=\dfrac{1}{8}t^2f'(t)\Big|_0^2-\dfrac{1}{8}\int_0^2 2tf'(t)\,dt$

$=\dfrac{1}{2}f'(2)-\dfrac{1}{4}tf(t)\Big|_0^2+\dfrac{1}{4}\int_0^2 f(t)\,dt=\dfrac{1}{2}f'(2)-\dfrac{1}{2}f(2)+\dfrac{1}{4}\cdot 1=0$.

3. 解:$f'(x)=e^{-x^4}\cdot 2x$

令 $f'(x)=0$,解得唯一驻点为 $x=0$,$f''(x)=2e^{-x^4}-8x^4e^{-x^4}$,$f''(0)>0$.

故 $x=0$ 是极小值点. $\int_{-2}^2 x^2f'(x)\,dx=\int_{-2}^2 2x^3e^{-x^4}dx$ 由奇函数的性质知此式为零.

五、1. 证明：(1) 由题设知 $F(-x)=\int_0^{-x}(-x-2t)f(t)\mathrm{d}t$，令 $t=-u$，

原式 $=\int_0^x(-x+2u)f(-u)(-\mathrm{d}u)=\int_0^x(x-2u)f(u)\mathrm{d}u=F(x)$.

(2) $F(x)=x\int_0^x f(t)\mathrm{d}t-2\int_0^x tf(t)\mathrm{d}t$,

$$F'(x)=\int_0^x f(t)\mathrm{d}t+xf(x)-2xf(x)=\int_0^x f(t)\mathrm{d}t-xf(x)=x[f(\xi)-f(x)].\quad(0<\xi<x)$$

因 $f(x)$ 单调递减，所以 $f(\xi)-f(x)>0$，$F'(x)>0$，即 $F(x)$ 单调递增.

2. 证明：令 $F(x)=xf(x)$，由条件知 $F(x)$ 在 $[0,1]$ 上连续可导且 $F(0)=0$，

$$F(1)=f(1)=2\left(\frac{1}{2}-0\right)\eta f(\eta)=\eta f(\eta)=F(\eta),$$

故 $F(x)$ 在 $[\eta,1]$ 上满足罗尔定理条件.

所以至少存在一点 $\xi\in(\eta,1)\subset(0,1)$，使 $F'(\xi)=0$ 即 $\xi f'(\xi)+f(\xi)=0$.

六、1. 证明：左端 $=\int_0^\pi(\sin x+x)f(x)\mathrm{d}x+\int_\pi^{2\pi}(\sin x+x)f(x)\mathrm{d}x$.

$$\int_\pi^{2\pi}(\sin x+x)f(x)\mathrm{d}x\xlongequal{令x=\pi+t}\int_0^\pi(\sin[\pi+t)+\pi+t]f(\pi+t)\mathrm{d}t$$

$$=\int_0^\pi(\pi+t-\sin t)f(t)\mathrm{d}t=\int_0^\pi(\pi+x-\sin x)f(x)\mathrm{d}x.$$

故，左端 $=\int_0^\pi(\sin x+x)f(x)\mathrm{d}x+\int_0^\pi(\pi+x-\sin x)f(x)\mathrm{d}x$

$=\int_0^\pi(2x+\pi)f(x)\mathrm{d}x=$ 右端.

2. 证明：令 $x=\sqrt{u}$，则有

$$\int_0^{\sqrt{2\pi}}\sin x^2\mathrm{d}x=\int_0^{2\pi}\frac{\sin u}{2\sqrt{u}}\mathrm{d}u=\int_0^\pi\frac{\sin u}{2\sqrt{u}}\mathrm{d}u+\int_\pi^{2\pi}\frac{\sin u}{2\sqrt{u}}\mathrm{d}u.$$

令 $t=u-\pi$，则 $\int_\pi^{2\pi}\frac{\sin u}{2\sqrt{u}}\mathrm{d}u=-\int_0^\pi\frac{\sin t}{2\sqrt{\pi+t}}\mathrm{d}t=-\int_0^\pi\frac{\sin u}{2\sqrt{\pi+u}}\mathrm{d}u$,

原式 $=\int_0^\pi\frac{\sin u}{2}\left(\frac{1}{\sqrt{u}}-\frac{1}{\sqrt{\pi+u}}\right)\mathrm{d}u>0$.

3. 证明：令 $F(x)=\left[\int_0^x f(t)\mathrm{d}t\right]^2-\int_0^x f^3(t)\mathrm{d}t$，则

$$F'(x)=2\int_0^x f(t)\mathrm{d}t\cdot f(x)-f^3(x)=f(x)\left[\int_0^x 2f(t)\mathrm{d}t-f^2(x)\right].$$

令 $\varphi(x)=\int_0^x 2f(t)\mathrm{d}t-f^2(x)$，则

$\varphi'(x)=2f(x)-2f(x)f'(x)=2f(x)[1-f'(x)]$.

由 $f'(x)>0$ 可知 $f(x)$ 单调递增，$f(x)>f(0)=0$.

又 $f'(x)<1$ 则 $\varphi'(x)>0$，$\varphi(x)$ 单调递增，$\varphi(x)>\varphi(0)=0$.

故 $F'(x)>0$. $F(x)$ 单调递增，$F(1)>F(0)$.

即 $F(1) = \left[\int_0^1 f(t)\,\mathrm{d}t\right]^2 - \int_0^1 f^3(t)\,\mathrm{d}t > F(0) = 0$ 原式得证.

单 元 自 测 (六)

一、1. 析: $\bar{y} = \dfrac{1}{b-a}\int_a^b f(x)\,\mathrm{d}x = (\sqrt{3}+1)\int_{\frac{1}{2}}^{\frac{1}{2}\sqrt{3}} \dfrac{x^2}{\sqrt{1-x^2}}\mathrm{d}x = (\sqrt{3}+1)\int_{\frac{\pi}{6}}^{\frac{\pi}{3}} \sin^2 t\mathrm{d}t = \dfrac{\sqrt{3}+1}{12}\pi.$

2. 析: $s = \int_0^{\frac{1}{2}} \sqrt{1+y'^2}\,\mathrm{d}x = \int_0^{\frac{1}{2}} \sqrt{1+\left(\dfrac{-2x}{1-x^2}\right)^2}\,\mathrm{d}x = \int_0^{\frac{1}{2}} \left(\dfrac{1+x^2}{1-x^2}\right)\mathrm{d}x = \int_0^{\frac{1}{2}} \left(\dfrac{2}{1-x^2}-1\right)\mathrm{d}x$

$= \left(\ln\dfrac{1+x}{1-x} - x\right)\Big|_0^{\frac{1}{2}} = \ln 3 - \dfrac{1}{2}.$

3. 析: $A = \int_0^2 |\mathrm{e}^x - \mathrm{e} - 0|\,\mathrm{d}x = \int_0^1 (\mathrm{e}-\mathrm{e}^x)\,\mathrm{d}x + \int_1^2 (\mathrm{e}^x - \mathrm{e})\,\mathrm{d}x = \mathrm{e}^2 + 1 - 2\mathrm{e}.$

4. 析: $V = \pi\int_0^1 x_2^2\mathrm{d}y - \pi\int_0^1 x_1^2\mathrm{d}y = \pi\int_0^1 y\mathrm{d}y - \pi\int_0^1 y^4\mathrm{d}y = \dfrac{3}{10}\pi.$

5. 析: $W = \rho g\int_0^h S(H+x)\,\mathrm{d}x = \rho gSh\left(H+\dfrac{h}{2}\right).$

二、解:由弧长公式有:

$$s = \int_0^{2\pi}\sqrt{x'^2+y'^2}\,\mathrm{d}t = \int_0^{2\pi}\sqrt{\sin^2 t + (1-\cos t)^2}\,\mathrm{d}t$$

$$= \int_0^{2\pi}\sqrt{2}\sqrt{1-\cos t}\,\mathrm{d}t = 2\int_0^{2\pi}\left|\sin\frac{t}{2}\right|\mathrm{d}t = 2\int_0^{2\pi}\sin\frac{t}{2}\mathrm{d}t = 8.$$

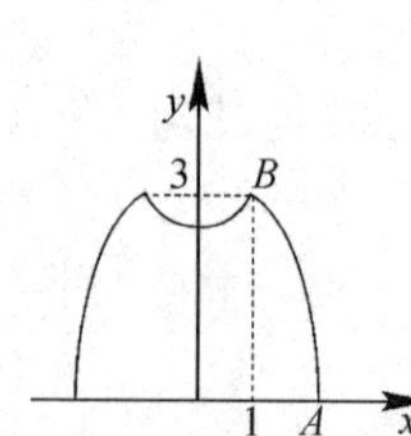

三、解:作图如左,当 $0\leqslant x\leqslant 2$

$$y = 3 - |x^2-1| = \begin{cases} x^2+2, 0\leqslant x\leqslant 1 \\ 4-x^2, 1 < x\leqslant 2 \end{cases}.$$

设旋转体在[0,1]上的体积为 V_1,在[1,2]上的体积为 V_2,则

$$\mathrm{d}V_1 = \pi\{3^2-[3-(x^2+2)]^2\}\,\mathrm{d}x = \pi(8+2x^2-x^4)\,\mathrm{d}x,$$

$$\mathrm{d}V_2 = \pi\{3^2-[3-(4-x^2)]^2\}\,\mathrm{d}x = \pi(8+2x^2-x^4)\,\mathrm{d}x,$$

从而,由对称性有:

$$V = 2(V_1+V_2) = 2\pi\left[\int_0^1 (8+2x^2-x^4)\,\mathrm{d}x + \int_1^2 (8+2x^2-x^4)\,\mathrm{d}x\right]$$

$$= 2\pi\int_0^2 (8+2x^2-x^4)\,\mathrm{d}x = \frac{448}{15}\pi.$$

四、解:设底面正椭圆方程为:$\dfrac{x^2}{a^2}+\dfrac{y^2}{b^2}=1$,以垂直 y 轴的平行平面截此楔形体得截面为直角三角形,其一直角边长为 $a\sqrt{\dfrac{1-y^2}{b^2}}$,另一直角边长为 $a\sqrt{\dfrac{1-y^2}{b^2}}\tan\alpha$,则截面面积 $S(y) = \dfrac{a^2}{2}\left(1-\dfrac{y^2}{b^2}\right)\tan\alpha$,从而所求体积 $V = 2\int_0^b S(y)\,\mathrm{d}y = \dfrac{2}{3}a^2b\tan\alpha.$

五、解：设所求切线与曲线 $y=\ln x$ 交于点$(x_0,\ln x_0)$则切线方程为：

$$y-\ln x_0=\frac{1}{x_0}(x-x_0)(2<x_0<6).$$

从而切线与 $x=2,x=6$ 所围图形面积

$$A=\int_2^6\left[\frac{1}{x_0}(x-x_0)+\ln x_0-\ln x\right]\mathrm{d}x=\frac{16}{x_0}+4\ln x_0-4\ln 2-6\ln 3.$$

设 $f(x)=\frac{16}{x}+4\ln x-4\ln 2-6\ln 3$，由 $f'(x)=-\frac{4}{x^2}(4-x)$ 得唯一驻点 $x=4$.

由实际问题知最小面积存在且驻点唯一，则所求切线方程为：$y=\frac{1}{4}x-1+\ln 4$.

六、解：由已知，当 $x\neq 0$ 时，有 $\frac{xf'(x)-f(x)}{x^2}=\frac{3}{2}a$，即 $\left[\frac{f(x)}{x}\right]'=\frac{3}{2}a$.

从而 $f(x)=\frac{3}{2}ax^2+cx$. 当 $x=0$ 时，有 $f(0)=0$.

由其函数连续性知：$f(x)=\frac{3}{2}ax^2+cx,x\in[0,1]$.

又由 $2=A=\int_0^1 f(x)\mathrm{d}x=\int_0^1\left(\frac{3}{2}ax^2+cx\right)\mathrm{d}x=\frac{1}{2}a+\frac{1}{2}c$，得 $c=4-a$，

所以 $f(x)=\frac{3}{2}ax^2+(4-a)x$，因此旋转体体积

$$V(a)=\pi\int_0^1 f^2(x)\mathrm{d}x=\pi\int_0^1\left[\frac{3}{2}ax^2+(4-a)x\right]^2\mathrm{d}x=\pi\left(\frac{1}{30}a^2+\frac{1}{3}a+\frac{16}{3}\right).$$

由 $V'(a)=\left(\frac{a}{15}+\frac{1}{3}\right)\pi=0$，得 $a=-5$，又 $V''(a)=\frac{1}{15}\pi$，$V''(-5)>0$.

故 $a=-5$ 是唯一极小值点，所以此点为最小值点. 从而当 $a=-5$ 时，旋转体体积最小.

七、解：建立坐标系如图：设半圆弧半径为 R，质量为 M. 由对称性 $F=\{0,F_y\}$，

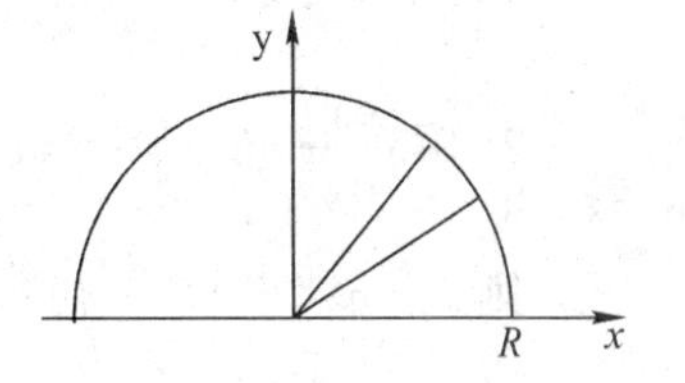

$$\mathrm{d}F=\frac{k\cdot 1\cdot \mathrm{d}m}{R^2}=\frac{k\frac{M}{\pi R}\mathrm{d}S}{R^2}=\frac{kM}{\pi R^2}\mathrm{d}\theta(\mathrm{d}s=R\mathrm{d}\theta).$$

从而

$$\mathrm{d}F_y=\mathrm{d}F\cdot\sin\theta=\frac{kM}{\pi R^2}\sin\theta\mathrm{d}\theta.$$

故 $F_y=\int_0^\pi \mathrm{d}F_y=\int_0^\pi\frac{kM}{\pi R^2}\sin\theta\mathrm{d}\theta=\frac{2kM}{\pi R^2}$.

由 $\mathrm{d}F_x=\mathrm{d}F\cdot\cos\theta\mathrm{d}\theta$，易知 $F_x=\int_0^\pi\mathrm{d}F_x=0$，所以 $F=\left\{0,\frac{2kM}{\pi R^2}\right\}$.

八、解：建立坐标系如图所示，取 x 为积分变量 $x\in[0,h]$，设抛物线为 $y^2=2px$，有 $p=\frac{b^2}{8h}$，

于是有 $y^2=\frac{b^2}{4h}x$.

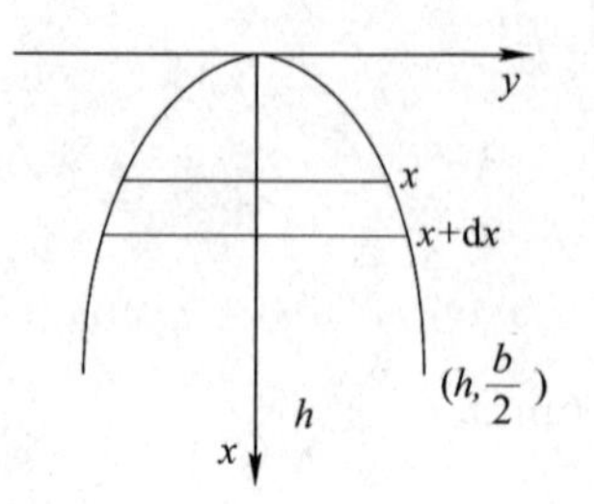

取小区间$[x,x+dx]$,有

$$dF=\rho gx\cdot 2ydx=\rho gx\cdot 2\sqrt{\frac{b^2}{4h}}xdx=\frac{\rho gb}{\sqrt{h}}x^{\frac{3}{2}}dx.$$

故 $$F=\int_0^h dF=\int_0^h\frac{\rho gb}{\sqrt{h}}x^{\frac{3}{2}}dx=\frac{2}{5}\rho gbh^2.$$

由已知 $b+h=a$ 得 $F=\frac{2}{5}\rho g(a-h)h^2, h\in(0,a)$.

从而,令$\frac{dF}{dh}=\frac{2}{5}\rho g(2ah-3h^2)=0$ 得唯一驻点 $h=\frac{2}{3}a$.

又$\left.\frac{d^2F}{dh^2}\right|_{h=\frac{2}{3}a}=\left.\frac{2}{5}\rho g(2a-6h)\right|_{h=\frac{2}{3}a}=-\frac{4}{5}\rho ga<0$.

故当 $h=\frac{2}{3}a, b=\frac{1}{3}a$ 时,F 取得唯一极大值为最大值,此时,闸门所受压力最大.

单 元 自 测 (七)

一、1. 解:函数 $y=\frac{x^3}{6}+Cx$ 是微分方程的通解,它代入微分方程能使方程成为恒等式,且此解中含有任意常数,任意常数的个数与微分方程的阶数相同.

2. 解:$x^2+(y-c)^2=4, 2x+2(y-c)y'=0$,消去 c 得$(xy')^2+x^2=4y'^2$.

3. 解:$y=e^{2x}+(x+1)e^x=e^{2x}+xe^x+e^x$ 的特征根为 $r=2, r=1$,则$(r-2)(r-1)=0$,

即 $r^2-3r+2=0, a=-3, b=2$.

将 $y^*=xe^x$ 代入 $y''-3y'+2y=Ce^x, C=-1$.

所求方程为 $y''-3y'+2y=-e^x$,通解为:$y=C_1e^{2x}+C_2e^x+xe^x$.

二、1. 解:令 $u=\frac{y^2}{x}, \frac{du}{dx}=-\frac{1}{x}\tan u, \sin u=\frac{C}{x}$,通解为 $x\sin\frac{y^2}{x}=C$.

2. 解:$\frac{dx}{dy}-\sin y\cdot x=\sin 2y$,

则 $$x=e^{\int\sin ydy}\left[C+\int e^{-\int\sin ydy}\sin 2ydy\right]=e^{\cos y}\left[C+2\int\cos ye^{-\cos y}d(-\cos y)\right]$$

$$=e^{\cos y}[C-2(-\cos y-1)e^{-\cos y}]=Ce^{\cos y}+2(\cos y+1).$$

3. 解:$x\frac{dy}{dx}=y+(x^2+y^2)^{\frac{1}{2}}$,令 $u=\frac{y}{x}$,则$\frac{du}{\sqrt{1+u^2}}=\frac{1}{x}dx$,

$\ln|u+\sqrt{1+u^2}|=\ln x+C'$,通解为:$Cx=\left|\frac{y}{x}+\sqrt{1+\left(\frac{y}{x}\right)^2}\right|$.

4. 解:特征方程为 $r^2+2r+5=0$,特征根为 $r_{1,2}=-1\pm 2i$,

齐次方程通解为

$$Y=e^{-x}(C_1\cos 2x+C_2\sin 2x),$$

非齐次方程特解设为 $y^*=A\cos 2x+B\sin 2x$,

代入原方程得

$$(A+4B)\cos 2x+(B-4A)\sin 2x=\sin 2x,$$

比较系数得

$$\begin{cases}A+4B=0\\B-4A=1\end{cases},\quad 解得\begin{cases}A=-\dfrac{4}{17}\\B=\dfrac{1}{17}\end{cases}.$$

原方程通解为

$$y=y^*+Y=-\frac{4}{17}\cos 2x+\frac{1}{17}\sin 2x+e^{-x}(C_1\cos 2x+C_2\sin 2x).$$

5. 解:特征方程为 $r^2-1=0$, 特征根为 $r_{1,2}=\pm 1$,

方次方程通解为 $Y=C_1e^x+C_2e^{-x}$,

非齐次方程特解设为 $y^*=Axe^x+Bxe^{-x}$,

代入原方程得 $2Ae^x-2Be^{-x}=\dfrac{e^x+e^{-x}}{2}$,

解得 $A=\dfrac{1}{4},B=-\dfrac{1}{4}$.

原方程通解为 $y=\dfrac{1}{4}x(e^x-e^{-x})+C_1e^x+C_2e^{-x}=\dfrac{1}{2}x\cdot \mathrm{sh}x+C_1e^x+C_2e^{-x}$.

三、1. 解:$y(0)=\dfrac{1}{2},y'(0)=2$.

令 $y'=p,y''=p\dfrac{dp}{dy},pdp=-\dfrac{1}{y^2}dy;\dfrac{1}{2}p^2=\dfrac{1}{y}+C_1,C_1=0,p=\pm\sqrt{\dfrac{2}{y}}$.

$y'(0)=2>0,y'=\sqrt{\dfrac{2}{y}},\dfrac{2}{3}y^{\frac{3}{2}}=\sqrt{2}x+C_2,C_2=\dfrac{\sqrt{2}}{6}$,

$y^3=\left(\dfrac{3}{\sqrt{2}}x+\dfrac{\sqrt{2}}{4}\right)^2$.

2. 解:由虎克定律:$5kb=5mg$,有 $k=\dfrac{mg}{b}$.则有

$$\begin{cases}4m\dfrac{d^2x}{dt^2}=-kx=-\dfrac{mg}{b}x\\x(0)=b,x'(0)=0\end{cases}.$$

$4\dfrac{d^2x}{dt^2}+\dfrac{g}{b}x=0,4r^2+\dfrac{g}{b}=0,x=C_1\cos\dfrac{1}{2}\sqrt{\dfrac{g}{b}}t+C_2\sin\dfrac{1}{2}\sqrt{\dfrac{g}{b}}t$ 且 $C_1=b,C_2=0$.

振动规律 $x=b\cos\dfrac{1}{2}\sqrt{\dfrac{g}{b}}t$.

四、1. 解:令 $y=0,f(x)=f(x)f(0)$,由 x 任意性得 $f(0)=1$.

$$f'(x)=\lim_{\Delta x\to 0}\frac{f(x+\Delta x)-f(x)}{\Delta x}=\lim_{\Delta x\to 0}\frac{f(x)f(\Delta x)-f(x)}{\Delta x}=f(x)\lim_{\Delta x\to 0}\frac{f(\Delta x)-1}{\Delta x}=f(x)f'(0),$$

$\frac{f'(x)}{f(x)}=f'(0)$, $\ln f(x)=f'(0)x+C$, $C=\ln f(0)=0$, $f(x)=e^{f'(0)x}$.

2. 解：$f(x)=\sin x-x\int_0^x f(t)\,dt+\int_0^x tf(t)\,dt$，$f'(x)=\cos x-\int_0^x f(t)\,dt$，

$f''(x)=-\sin x-f(x)$.

$\begin{cases}f''(x)+f(x)=-\sin x\\ f(0)=0,f'(0)=1\end{cases}$，得 $f(x)=\frac{1}{2}\sin x+\frac{x}{2}\cos x$.

3. 解：依题意，得

$$\int_0^x y(t)\,dt-\frac{1}{2}x(1+y)=x^3,$$

两边求导得 $y=\frac{1}{2}-\frac{1}{2}y-\frac{1}{2}xy'=3x^2$.

整理得$\frac{1}{2}y-\frac{1}{2}xy'=3x^2+\frac{1}{2}$，即 $y'-\frac{1}{x}y=-6x-\frac{1}{x}$.

此方程为一阶线性微分方程，

通解为 $y=Ce^{\int\frac{1}{x}dx}+e^{\int\frac{1}{x}dx}\int\left(-6x-\frac{1}{x}\right)e^{-\int\frac{1}{x}dx}dx=Ce^{\ln x}+e^{\ln x}\int\left(-6x-\frac{1}{x}\right)e^{-\ln x}dx$

$$=Cx+x\int\left(-6-\frac{1}{x^2}\right)dx$$

$$=Cx+x\left(-6x+\frac{1}{x}\right)$$

$$=Cx-6x^2+1.$$

由 $y(1)=0$，得 $0=C-5$，则 $C=5$，

故 $y=5x-6x^2+1$.

4. 解：由非齐次方程有特解 $y=\frac{1}{x}$ 得

$$\frac{2}{x^3}+\psi(x)\cdot\left(-\frac{1}{x^2}\right)=f(x),$$

由齐次方程有特解 $y=x^2$ 得

$$2+\psi(x)\cdot 2x=0,$$

解得 $\psi(x)=-\frac{1}{x}$，$f(x)=\frac{3}{x^3}$.

微分方程为 $y''-\frac{1}{x}y'=\frac{3}{x^3}$，

令 $y'=p$，则方程变为 $p'-\frac{1}{x}p=\frac{3}{x^3}$，通解为

$p=Ce^{\int\frac{1}{x}dx}+e^{\int\frac{1}{x}dx}\int\frac{3}{x^3}e^{-\int\frac{1}{x}dx}dx=Ce^{\ln x}+e^{\ln x}\int\frac{3}{x^3}e^{-\ln x}dx=Cx+x\int\frac{3}{x^3}\cdot\frac{1}{x}dx$

$=Cx+x(-x^{-3})=Cx-x^{-2}$，

故 $y'=Cx-x^{-2}$.

积分得 $y = C_1x^2 + \dfrac{1}{x} + C_2$($C_1,C_2$ 为任意常数).

五、1. 证明:把 $y=e^x$ 代入方程左端,得

$$e^x+p(x)e^x+q(x)e^x= e^x[1+p(x)+q(x)]=0,$$

即 $y=e^x$ 是方程一特解.

同理,把 $y=x$ 代入方程,由 $p(x)+xq(x)=0$ 可知 $y=x$ 是一特解.

2. 解:$y''-\dfrac{x}{x-1}y'+\dfrac{1}{x-1}y=0,p(x)=-\dfrac{x}{x-1},q(x)=\dfrac{1}{x-1}.$

$1+p(x)+q(x)=0,p(x)+xq(x)=0;y_1=e^x,y_2=x$ 是其特解,且 $\dfrac{y_1}{y_2}\neq C$,通解 $y=C_1e^x+C_2x$,

$y=2e^x-x$ ($C_1=2,C_2=-1$).

单 元 自 测(八)

一、1. 24. 解:$|(\boldsymbol{a}+\boldsymbol{b})\times(\boldsymbol{a}-\boldsymbol{b})|=2(\boldsymbol{a}\times\boldsymbol{b})=2\times3\times4=24.$

2. −10. 解:由 $\boldsymbol{a}$ 与 $\boldsymbol{b}$ 垂直可知 $\boldsymbol{a}\cdot\boldsymbol{b}=0$ 即:$2\times4+2+\lambda=0,\lambda=-10$

因 $\boldsymbol{a}$ 与 $\boldsymbol{b}$ 平行,则有:$\dfrac{2}{4}=\dfrac{-1}{-2}=\dfrac{1}{\lambda},\lambda=2.$

3. 双叶双,y. 解:$-x^2+2y^2-3z^2=1$ 表示双叶双曲面.它的对称轴在 y 轴.

4. 解:由 $y+z=0$ 得:$z=-y$ 代入 $x^2+y^2+z^2=64$ 得 $x^2+2y^2=64.$

令 $x=8\cos t,\sqrt{2}y=8\sin t(0\leqslant t\leqslant2\pi)$,

即 $y=4\sqrt{2}\sin t$,因此 $z=-4\sqrt{2}\sin t.$

曲线的参数方程是:$x=8\cos t;y=4\sqrt{2}\sin t;z=-4\sqrt{2}\sin t(0\leqslant t\leqslant2\pi).$

5. 解:旋转曲面是以(0,0,2)为顶点的,以 z 轴为中心的.

当 $x=0$ 时,在 yOz 平面的 $y>0$ 半平面有:$z=2-y$;

当 $y=0$ 时,在 xOz 平面的 $x>0$ 半平面有:$z=2-x$.

曲面是由曲线 $z=2-y$,$x=0$ 或 $z=2-x,y=0$ 绕 z 轴旋转一圈得到的.

二、解:$S=|\overrightarrow{AB}\times\overrightarrow{AD}|=|(\boldsymbol{a}-2\boldsymbol{b})\times(\boldsymbol{a}-3\boldsymbol{b})|=|-(\boldsymbol{a}\times\boldsymbol{b})|=|\boldsymbol{a}||\boldsymbol{b}|\sin\dfrac{\pi}{3}=6\sqrt{3}$,

$|\overrightarrow{AD}|^2=(\boldsymbol{a}-3\boldsymbol{b})\cdot(\boldsymbol{a}-3\boldsymbol{b})=61.$

$\overrightarrow{AB}\cdot\overrightarrow{AD}=(\boldsymbol{a}-2\boldsymbol{b})\cdot(\boldsymbol{a}-3\boldsymbol{b})=40$ $\mathrm{Prj}_{\overrightarrow{AD}}\overrightarrow{AB}=\dfrac{\overrightarrow{AB}\cdot\overrightarrow{AD}}{|\overrightarrow{AD}|}=\dfrac{40}{\sqrt{61}}.$

三、解:$\overrightarrow{OA}=(\cos\alpha,\cos\beta,\cos\gamma)$,则由 $\cos^2\alpha+\cos^2\beta+\cos^2\gamma=1$ 与 $\cos\alpha=\cos\beta=\cos\gamma$ 解得

$3\cos^2\alpha=1$,故 $\cos\alpha=\cos\beta=\cos\gamma=-\dfrac{\sqrt{3}}{3}.$

又设 $B(x,y,z)$ 为 MN 延长线上的点,则 N 点可视为 BM 的中点,于是有

$$-1=\frac{1+x}{2},2=\frac{-3+y}{2},1=\frac{2+z}{2},\text{得到}\begin{cases}x=-3\\y=7\\z=0\end{cases},\text{故}\overrightarrow{OB}=(-3,7,0).$$

$$\overrightarrow{OA}\times\overrightarrow{OB}=\begin{vmatrix}\boldsymbol{i}&\boldsymbol{j}&\boldsymbol{k}\\-\frac{\sqrt{3}}{3}&-\frac{\sqrt{3}}{3}&-\frac{\sqrt{3}}{3}\\-3&7&0\end{vmatrix}=\left(\frac{7\sqrt{3}}{3},-\sqrt{3},-\frac{7\sqrt{3}}{3}-\sqrt{3}\right).$$

四、解：将 L 的参数式方程 $x=2t,y=t-2,z=3t-1$，代入平面 $x+y+z+15=0$ 得 $t=-2$，从而交点为 $(-4,-4,-7)$.

取直线的方向向量为：$\boldsymbol{s}=\boldsymbol{n}=(2,-3,4)$，由点向式得直线方程：$\frac{x+4}{2}=\frac{y+4}{-3}=\frac{z+7}{4}$.

五、析：要在过 L 的平面中求一平面，此平面与平面 π 垂直，两平面交线即为所求.

解：作平面束方程：$x+5y+z+\lambda(x-z+4)=0$，则 $\boldsymbol{n}_\lambda=(1+\lambda,5,1-\lambda)$，

又 $\boldsymbol{n}=(1,-4,-8)$，由 $\boldsymbol{n}\perp\boldsymbol{n}_\lambda$ 可知 $\boldsymbol{n}\cdot\boldsymbol{n}_\lambda=0$，即 $\lambda=3$，代入平面束方程，得 $\pi_3:4x+5y-2z+12=0$，

因此
$$L':\begin{cases}4x+5y-2z+12=0\\x-4y-8z-9=0\end{cases}.$$

六、解：已知直线为 $\begin{cases}x-1=0\\y+z+2=0\end{cases}$，则过 L 的平面束方程为 $y+z+2+\lambda(x-1)=0$，

即 $\lambda x+y+z+2-\lambda=0$. 故 $d=\frac{|2-\lambda|}{\sqrt{\lambda^2+2}}$.

令 $f(\lambda)=\frac{(2-\lambda)^2}{\lambda^2+2}$，由 $f'(\lambda)=0$ 得 $\lambda_1=-1,\lambda_2=2$.

判断知 $f(-1)$ 为唯一极大值，故 $\lambda=-1$. 从而 $\pi:x-y-z-3=0$.

七、解：$\boldsymbol{S}_1=(-1,2,1)$，$\boldsymbol{S}_2=(2,1,4)$. 取 $M_1(1,0,-2)$，$M_2(-1,2,-17)$，则 L_1 与 L_2 公垂线的方向向量为 $\boldsymbol{S}=\boldsymbol{S}_1\times\boldsymbol{S}_2=(7,6,-5)$，而 $\overrightarrow{M_1M_2}=(-2,2,-15)$，故 $d=|\mathrm{Prj}_{\vec{s}}\overrightarrow{M_1M_2}|=\frac{73}{\sqrt{110}}$.

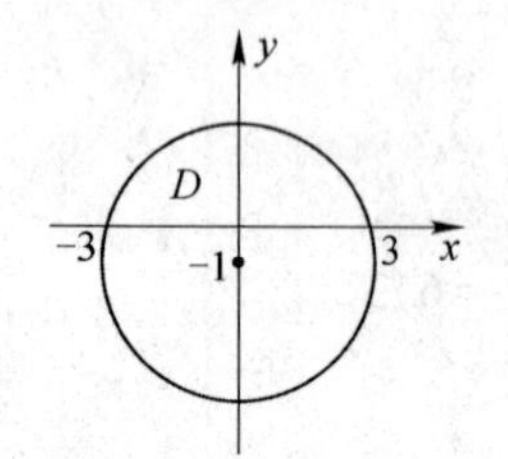

八、解：①旋转曲面 $z=8-x^2-y^2$ 的顶点为 $(0,0,8)$ 开口向下. 平面 $z=2y$ 过 x 轴，分别作图得立体图.

②确定 $\begin{cases}z=8-x^2-y^2\\z=2y\end{cases}$，消去 z 得投影柱面 $x^2+(y+1)^2=9$ 则立体在 xOy 面上的投影区域 D 为圆域：$x^2+(y+1)^2\leqslant 9$.

③在 $z=8-x^2-y^2$ 中，令 $x=0$ 得 $z=8-y^2$，这是抛物面与 yOz 平面的交线. 平面 $z=2y$ 与 yOz 面的交线为直线 $z=2y$. 因此，在 yOz 面内，区域 D 由 $z=8-y^2$ 与 $z=2y$ 围成，即立体在 yOz 面的投影 D 如右图所示.

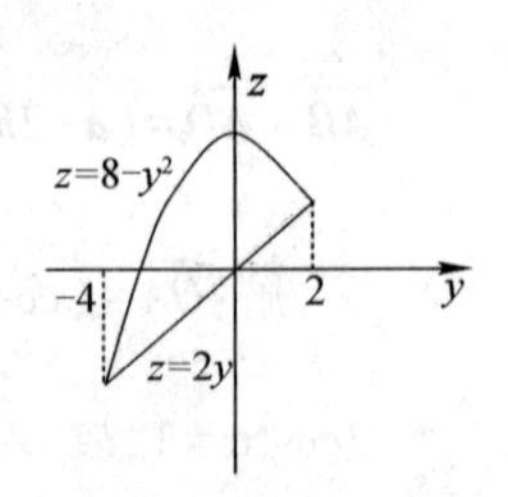

九、析：先写出直线 AB 的方程，平面 $z=c(0\leqslant c\leqslant 1)$ 与旋转体的截面为圆面，写出圆截面方程表达式，由定积分得旋转体体积.

解：直线 AB 方程为：$\frac{x-1}{-1}=\frac{y}{1}=\frac{z}{1}$ 即：$\begin{cases}x=1-z\\ y=z\end{cases}$. 在 z 轴上截距为 z 的水平面截此旋转体所得截面为一圆面，此截面与 z 轴交于点 $Q(0,0,z)$. 与直线交于点 $M(1-z,z,z)$，故圆截面半径 $r(z)=|MQ|=\sqrt{1-2z+2z^2}$，从而 $S(z)=\pi r^2$.

所以体积 $V(z)=\int_0^1 \pi r^2 \mathrm{d}z=\int_0^1 \pi(1-2z+2z^2)\mathrm{d}z=\frac{2}{3}\pi$.

单 元 自 测（九）

一、1. C.

2. D. 析：$\frac{\partial z}{\partial x}=\frac{\partial f}{\partial u}\frac{\partial u}{\partial x}+\frac{\partial f}{\partial v}\frac{\partial v}{\partial x}=2x\frac{\partial f}{\partial u}+2x\frac{\partial f}{\partial v}=2x\left(\frac{\partial f}{\partial u}+\frac{\partial f}{\partial v}\right)$，则

$$\frac{\partial^2 z}{\partial x\partial y}=2x\left(\frac{\partial^2 f}{\partial u^2}\frac{\partial u}{\partial y}+\frac{\partial^2 f}{\partial u\partial v}\frac{\partial v}{\partial y}+\frac{\partial^2 f}{\partial v\partial u}\frac{\partial u}{\partial y}+\frac{\partial^2 f}{\partial v^2}\frac{\partial v}{\partial y}\right)=2x\left(2y\frac{\partial^2 f}{\partial u^2}-2y\frac{\partial^2 f}{\partial u\partial v}+2y\frac{\partial^2 f}{\partial u\partial v}-2y\frac{\partial^2 f}{\partial v^2}\right)$$

$$=4xy\left(\frac{\partial^2 f}{\partial u^2}-\frac{\partial^2 f}{\partial v^2}\right).$$

3. D. 析：方程两边对 x 求偏导得

$$-ye^{-xy}-2\frac{\partial z}{\partial x}+e^z\frac{\partial z}{\partial x}=0 \quad ①$$

得：

$$\frac{\partial z}{\partial x}=\frac{ye^{-xy}}{e^z-2}.$$

①式两边对 x 求偏导得

$$y^2e^{-xy}-2\frac{\partial^2 z}{\partial x^2}+e^z\left(\frac{\partial z}{\partial x}\right)^2+e^z\frac{\partial^2 z}{\partial x^2}=0,$$

$$\frac{\partial^2 z}{\partial x^2}=\frac{1}{e^z-2}\left[-y^2e^{-xy}-e^z\left(\frac{\partial z}{\partial x}\right)^2\right]=\frac{-y^2e^{-xy}(e^z-2)^2-y^2e^{-2xy+z}}{(e^z-2)^3}.$$

4. C. 析：令 $F(x,y,z)=xy+yz+zx-1=0$，$F_x=y+z$，$F_x=-5$，$F_y=x+z$，$F_y=-2$，$F_z=y+x$，$F_z=-1$，所以曲面在已知点处的切平面的法矢量为 $\boldsymbol{n}_1=(-5,-2,-1)$.

已知平面的法矢量为 $\boldsymbol{n}_2=(1,-3,1)$，又因 $\boldsymbol{n}_1\cdot\boldsymbol{n}_2=0$，切平面与已知平面垂直，故曲面与已知平面的夹角为 $\frac{\pi}{2}$.

5. B. 析：由题意可知，$z_x=3x^2-3$，$z_{xx}=6x$，$z_{xx}(1,0)=6$，$z_y=-2y$，$z_{yy}=-2$，$z_{yy}(1,0)=-2$，则 $AC-B^2=-12<0$，则函数在该点处无极值.

二、1. 解：因为 $\frac{\partial z}{\partial x}=f'\frac{\partial u}{\partial x}=2xf'$，$\frac{\partial z}{\partial y}=2yf'+1$，原式 $=2xyf'+x(2yf'+1)=4xyf'+x$.

2. 解：方程两边分别对 x,y 求偏导得：

$$\frac{\partial z}{\partial x}=\frac{-1}{xy\sqrt{x^2+y^2+z^2}+z}\left(yz\sqrt{x^2+y^2+z^2}+x\right),\ \left.\frac{\partial z}{\partial x}\right|_{(1,0,-1)}=1.$$

$$\frac{\partial z}{\partial y}=\frac{-1}{xy\sqrt{x^2+y^2+z^2}+z}\left(xz\sqrt{x^2+y^2+z^2}+y\right),\frac{\partial z}{\partial y}\bigg|_{(1,0,-1)}=-\sqrt{2}.$$

故 $dz=\frac{\partial z}{\partial x}dx+\frac{\partial z}{\partial y}dy=dx-\sqrt{2}\,dy$.

3. 解:易见 u 在点 A 可微.故由 $f_x(A)=\frac{1}{2},f_y(A)=0,f_z(A)=\frac{1}{2}$ 及方向$\overrightarrow{AB}$的方向余弦 $\cos\alpha=\frac{2}{3},\cos\beta=-\frac{2}{3},\cos\gamma=\frac{1}{3}$.

由公式求得 u 沿方向$\overrightarrow{AB}$的方向导数为:$f_{\overrightarrow{AB}}(A)=\frac{1}{2}\cdot\frac{2}{3}+0\cdot\left(-\frac{2}{3}\right)+\frac{1}{2}\cdot\frac{1}{3}=\frac{1}{2}$.

4. 解:由 $x^2+y^2\geqslant 2xy,x>0\ y>0$,则 $\frac{xy}{x^2+y^2}\leqslant\frac{1}{2},\left(\frac{xy}{x^2+y^2}\right)^{x^2}\leqslant\left(\frac{1}{2}\right)^{x^2}$.

故 $\lim\limits_{\substack{x\to+\infty\\y\to+\infty}}\left(\frac{xy}{x^2+y^2}\right)^{x^2}\leqslant\lim\limits_{\substack{x\to+\infty\\y\to+\infty}}\left(\frac{1}{2}\right)^{x^2}$,

又因为 $\lim\limits_{\substack{x\to+\infty\\y\to+\infty}}\left(\frac{xy}{x^2+y^2}\right)^{x^2}\geqslant 0$,有 $\lim\limits_{\substack{x\to+\infty\\y\to+\infty}}\left(\frac{xy}{x^2+y^2}\right)^{x^2}=0$.

5. 解:在曲线上任取一点 $p(t_0,-t_0^2,t_0^3)$,则 $x'(t_0)=1,y'(t_0)=-2t_0,z'(t_0)=3t_0^2$,曲线在该点的切线方向矢量为 $\boldsymbol{n}_1=(1,-2t_0,3t_0^2)$,题设中的平面法矢量为 $\boldsymbol{n}_2=(1,2,1)$,若切线与平面平行,则切线与平面的法矢量垂直,即 $\boldsymbol{n}_1\cdot\boldsymbol{n}_2=1+2\cdot(-2t_0)+3t_0^2=3t_0^2-4t_0+1=0$.

由 $\Delta=16-12=4>0$,所以 t_0 有两个值.故与已知平面平行的切线有两条.

三、1. 解:$f_x(0,0)=\lim\limits_{\Delta x\to 0}\frac{f(\Delta x,0)-f(0,0)}{\Delta x}=\lim\limits_{\Delta x\to 0}\frac{|\Delta x|\varphi(\Delta x,0)}{\Delta x}$,

要使 $f_x(0,0)$ 存在,只有:$\lim\limits_{\Delta x\to 0}\varphi(\Delta x,0)=0$,即 $\varphi(0,0)=0$.

$$f_y(0,0)=\lim_{\Delta y\to 0}\frac{f(0,\Delta y)-f(0,0)}{\Delta y}=\lim_{\Delta y\to 0}\frac{|\Delta y|\varphi(0,\Delta y)}{\Delta y},$$

要使 $f_y(0,0)$ 存在,只有:$\lim\limits_{\Delta y\to 0}\varphi(0,\Delta y)=0$,即 $\varphi(0,0)=0$.

2. 由上述条件知:$f_x(0,0)=0,f_y(0,0)=0$,若 dz 存在,则 $dz=f_x(0,0)dx+f_y(0,0)dy=0$,由 $\Delta z=f(0+\Delta x,0+\Delta y)-f(0,0)=|\Delta x-\Delta y|\varphi(\Delta x,\Delta y)$,得 $\Delta z-dz=|\Delta x-\Delta y|\varphi(\Delta x,\Delta y)$

令 $\rho=\sqrt{\Delta x^2+\Delta y^2}$,

$$\text{故}\lim_{\substack{\Delta x\to 0\\\Delta y\to 0}}\frac{\Delta z-dz}{\rho}=\lim_{\substack{\Delta x\to 0\\\Delta y\to 0}}\frac{|\Delta x-\Delta y|\varphi(\Delta x,\Delta y)}{\rho}=\lim_{\substack{\Delta x\to 0\\\Delta y\to 0}}\frac{|\rho\cos\theta-\rho\sin\theta|}{\rho}\varphi(\Delta x,\Delta y)$$

$$=\lim_{\substack{\Delta x\to 0\\\Delta y\to 0}}|\cos\theta-\sin\theta|\varphi(\Delta x,\Delta y)=0,$$

所以函数在(0,0)可微.

四、解:$\frac{\partial z}{\partial x}=-\frac{F_x}{F_z}=-\frac{F_1'\cdot 2x}{F_2'\cdot(-2z)}=\frac{x}{z}\cdot\frac{F_1'}{F_2'},\frac{\partial z}{\partial y}=\frac{F_1'\cdot(-2y)+F_2'\cdot 2y}{F_2'\cdot(-2z)}$,

$$yz\frac{\partial z}{\partial x}+zx\frac{\partial z}{\partial y}=xy\frac{F_1'}{F_2'}+\frac{xy}{F_2'}[-F_1'+F_2']=xy.$$

五、解:设三条边分别为 x、y、z,且 x 边上的高为 h,则三角形绕 x 边旋转所得旋转体的体

积 $V=\frac{1}{3}\pi xh^2$, $x+y+z=2p$,

又三角形方程 $s=\frac{1}{2}xh$ 且 $s=\sqrt{p(p-x)(p-y)(p-z)}$,

于是
$$V=\frac{4}{3}\pi p\cdot\frac{(p-x)(p-y)(p-z)}{x}.$$

作拉格朗日函数
$$F=\ln\frac{(p-x)(p-y)(p-z)}{x}+\lambda(x+y+z-2p),$$

得 $x=\frac{p}{2}$, $y=z=\frac{3}{4}p$,则 $V_{\max}=\frac{\pi}{12}p^3$.

六、证:在曲面上任取一点 (x,y,z),则
$$\boldsymbol{n}=\left(f_1'\frac{1}{z-c},f_2'\frac{1}{z-c},f_1'\frac{a-x}{(z-c)^2}+f_2'\frac{y-b}{(z-c)^2}\right),$$
$$\boldsymbol{n}=(A,B,C)=((z-c)f_1',(z-c)f_2',(a-x)f_1'+(b-y)f_2'),$$
$$A(X-x)+B(Y-y)+C(Z-z)=0.$$

当 $X=a$, $Y=b$, $Z=c$ 时,有 $A(a-x)+B(b-y)+C(c-z)=0$,故切平面过点 (a,b,c).

七、解:$f_x=y\mathrm{e}^{-x^2y^2}$, $f_y=x\mathrm{e}^{-x^2y^2}$, $f_{xx}=-2xy^3\mathrm{e}^{-x^2y^2}$, $f_{xy}=\mathrm{e}^{-x^2y^2}(1-2x^2y^2)$,

原式 $=\mathrm{e}^{-x^2y^2}(-2x^2y^2-2+4x^2y^2-2y^2x^2)=-2\mathrm{e}^{-x^2y^2}$.

八、证明:易求得最大值 M,证不等式如下:
$$xyz^3\leqslant3\sqrt{3}r^5=3\sqrt{3}\left(\frac{x^2+y^2+z^2}{5}\right)^{\frac{5}{2}},\text{即 } x^2y^2z^6\leqslant27\left(\frac{x^2+y^2+z^2}{5}\right)^5,$$

取 $x^2=a$, $y^2=b$, $z^2=c$ 即得证.

单 元 自 测 (十)

一、1. $\frac{1}{2}(1-\mathrm{e}^{-4})$. 解:原式 $=\int_0^2\mathrm{e}^{-y^2}\mathrm{d}y\int_0^y\mathrm{d}x=\int_0^2y\mathrm{e}^{-y^2}\mathrm{d}y=-\frac{1}{2}\mathrm{e}^{-y^2}\Big|_0^2=\frac{1}{2}(1-\mathrm{e}^{-4})$.

2. $\frac{3}{2}$. 解:$S=\iint\limits_D\mathrm{d}x\mathrm{d}y=\int_0^1\mathrm{d}y\int_{\mathrm{e}^y}^{\mathrm{e}+1-y}\mathrm{d}x=\frac{3}{2}$.

3. $\left(0,\frac{7}{3}\right)$. 解:利用对称性可知 $\bar{x}=0$,
$$\bar{y}=\frac{1}{A}\iint_D y\mathrm{d}x\mathrm{d}y=\frac{1}{3\pi}\iint_D r^2\sin\theta\mathrm{d}r\mathrm{d}\theta=\frac{1}{3\pi}\int_0^{\pi}\sin\theta\mathrm{d}\theta\int_{2\sin\theta}^{4\sin\theta}r^2\mathrm{d}r$$
$$=\frac{56}{9\pi}\int_0^{\pi}\sin^4\theta\mathrm{d}\theta=\frac{56}{9\pi}\cdot2\int_0^{\frac{\pi}{2}}\sin^4\theta\mathrm{d}\theta.$$

4. 2π. 解:$\iiint\limits_{\Omega}\mathrm{e}^{|z|}\mathrm{d}v=2\int_0^1\mathrm{e}^z\mathrm{d}z\iint\limits_{Dz}\mathrm{d}x\mathrm{d}y=2\int_0^1\mathrm{e}^z\pi(1-z^2)\mathrm{d}z=2\pi$,

或者原式 $=2\int_0^{2\pi}\mathrm{d}\theta\int_0^{\frac{\pi}{2}}\mathrm{d}\phi\int_0^1\mathrm{e}^{r\cos\phi}r^2\sin\phi\mathrm{d}\phi=2\pi$.

5. $\dfrac{a^4}{10}+\dfrac{8}{15}a^5$. 解: $V=\iiint\limits_{\Omega}\mathrm{d}v=\int_0^a\mathrm{d}x\int_0^{a^2-x^2}\mathrm{d}y\int_0^{x+2y}\mathrm{d}z=\int_0^a\mathrm{d}x\int_0^{a^2-x^2}(x+2y)\mathrm{d}y$

$$=\int_0^a[xy+y^2]_0^{a^2-x^2}\mathrm{d}x=\frac{a^4}{4}+\frac{8}{15}a^5.$$

二、证: $\int_0^a\mathrm{d}x\int_0^x\dfrac{f'(y)}{\sqrt{(a-x)(x-y)}}\mathrm{d}y=\int_0^a f'(y)\mathrm{d}y\int_y^a\dfrac{\mathrm{d}x}{\sqrt{(a-x)(x-y)}}$

$$=\int_0^a f'(y)\mathrm{d}y\int_y^a\frac{\mathrm{d}x}{\sqrt{\left(\frac{a-y}{2}\right)\left(x-\frac{a+y}{2}\right)}}=\int_0^a f'(y)\arcsin\frac{x-\frac{a+y}{2}}{\frac{a-y}{2}}\Bigg|_y^a\mathrm{d}y$$

$$=\pi\int_0^a f'(y)\mathrm{d}y=\pi[f(a)-f(0)].$$

三、1. 解:原式$=\lim\limits_{r\to0}\dfrac{1}{\pi r^2}\mathrm{e}^{\xi^2-\eta^2}\cos(\xi+\eta)\pi r^2\quad(\xi,\eta)\in D$

$$=\lim_{\substack{\xi\to0\\ \eta\to0}}\mathrm{e}^{\xi^2-\eta^2}\cos(\xi+\eta)=1.$$

2. 解: $\iint\limits_D f(x,y)\mathrm{d}x\mathrm{d}y=\iint\limits_{D1}f(x,y)\mathrm{d}x\mathrm{d}y=\iint\limits_{D1}x^2y\mathrm{d}x\mathrm{d}y=\int_1^2x^2\mathrm{d}x\int_{\sqrt{2x-x^2}}^x y\mathrm{d}y$

$$=\int_1^2\frac{x^2}{2}y^2\Bigg|_{\sqrt{2x-x^2}}^x\mathrm{d}x=\int_1^2(x^4-x^3)\mathrm{d}x=\frac{49}{20}.$$

3. 解:由对称性,取 $z=\sqrt{a^2-x^2-y^2}$, $D_{xy}:\dfrac{x^2}{a^2}+\dfrac{y^2}{b^2}\leqslant1$.

$$\frac{\partial z}{\partial x}=\frac{-x}{\sqrt{a^2-x^2-y^2}},\quad\frac{\partial z}{\partial y}=\frac{-y}{\sqrt{a^2-x^2-y^2}},$$

$$A=2A_1=2\iint\limits_{D_{xy}}\sqrt{1+z_x^2+z_y^2}\,\mathrm{d}x\mathrm{d}y=2\iint\limits_{D_{xy}}\frac{a}{\sqrt{a^2-x^2-y^2}}\mathrm{d}x\mathrm{d}y$$

$$=8\int_0^a\mathrm{d}x\int_0^{b\sqrt{1-\frac{x^2}{a^2}}}\frac{a\mathrm{d}y}{\sqrt{a^2-x^2+y^2}}=8a\int_0^a\arcsin\frac{y}{\sqrt{a^2-x^2}}\Bigg|_0^{\frac{b}{a}\sqrt{a^2-x^2}}\mathrm{d}x$$

$$=8a\int_0^a\arcsin\frac{b}{a}\mathrm{d}x=8a^2\arcsin\frac{b}{a}.$$

四、解: $I=\int_{-1}^1\mathrm{d}x\int_{-\sqrt{1-x^2}}^{\sqrt{1-x^2}}\mathrm{d}y\int_{-1}^{\sqrt{x^2+y^2}}\sqrt{x^2+y^2+z^2}\,\mathrm{d}z$

$$=\int_0^{2\pi}\mathrm{d}\theta\int_0^1r\mathrm{d}r\int_{-1}^{-r}\sqrt{r^2+z^2}\,\mathrm{d}z=\int_0^{2\pi}\mathrm{d}\theta\int_{\frac{3\pi}{4}}^{\pi}d\varphi\int_0^{-\frac{1}{\cos\varphi}}r\cdot r^2\sin\varphi\mathrm{d}r$$

$$=2\pi\int_{\frac{3\pi}{4}}^{\pi}\frac{1}{4}r^4\sin\varphi\Bigg|_0^{-\frac{1}{\cos\varphi}}\mathrm{d}\varphi=\frac{1}{2}\pi\int_{\frac{3\pi}{4}}^{\pi}\frac{\sin\varphi}{\cos^2\varphi}\mathrm{d}\varphi=\frac{1}{2}\pi\left[-\frac{1}{3}+\frac{2\sqrt{2}}{3}\right].$$

五、解：建立坐标系如图所示：（P_0 为原点）则，球面方程：$x^2+y^2+z^2=2Rz$

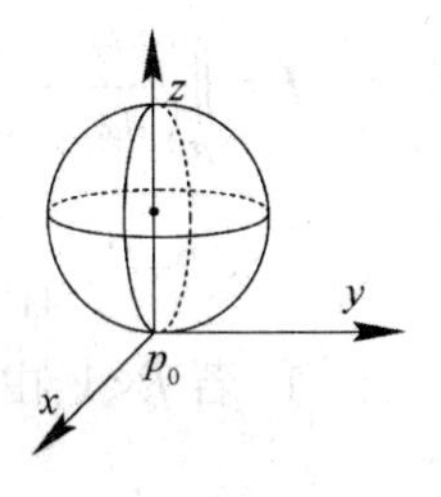

由对称性 $\bar{x}-\bar{y}=0$ $\bar{z}=\dfrac{\iiint\limits_{\Omega} kz(x^2+y^2+z^2)\mathrm{d}v}{\iiint\limits_{\Omega} k(x^2+y^2+z^2)\mathrm{d}v}$，

$$\iiint\limits_{\Omega} z(x^2+y^2+z^2)\mathrm{d}v = 4\int_0^{\frac{\pi}{2}}\mathrm{d}\theta\int_0^{\frac{\pi}{2}}\mathrm{d}\phi\int_0^{2R\cos\phi} r^5\sin\phi\cos\phi\mathrm{d}r = 2\pi\frac{(2R)^6}{6}\int_0^{\frac{\pi}{2}}\cos^7\phi\sin\phi\mathrm{d}\phi$$

$$=\frac{8}{3}\pi R^6 \quad \iiint\limits_{\Omega}(x^2+y^2+z^2)\mathrm{d}v = 4\int_0^{\frac{\pi}{2}}\mathrm{d}\theta\int_0^{\frac{\pi}{2}}\mathrm{d}\phi\int_0^{2R\cos\phi} r^4\sin\phi\mathrm{d}r$$

$$=\frac{32}{15}\pi R^5.$$

故重心$\left(0,0,\dfrac{5}{4}R\right)$.

六、解：$I(t)=\iint\limits_{\Omega}(x-t)^2\mathrm{d}x\mathrm{d}y=\int_1^{\mathrm{e}}\mathrm{d}x\int_0^{\ln x}(x-t)^2\mathrm{d}y=\int_1^{\mathrm{e}}(x-t)^2\ln x\mathrm{d}x$

$$=\frac{(x-t)^3}{3}\ln x\Big|_1^{\mathrm{e}}-\int_1^{\mathrm{e}}\frac{(x-t)^3}{3x}\mathrm{d}x=t^2-\frac{1}{2}(\mathrm{e}^2+1)t+\frac{2}{9}\mathrm{e}^3+\frac{1}{9},$$

或 $I(t)=\int_0^1\mathrm{d}y\int_{\mathrm{e}^y}^{\mathrm{e}}(x-t)^2\mathrm{d}x=\dfrac{1}{3}\int_0^1[(\mathrm{e}-t)^3-(\mathrm{e}^y-t)^3]\mathrm{d}y=\cdots$

令 $I'(t)=0, t=\dfrac{1}{4}(\mathrm{e}^2+1), \min I(t)=\dfrac{1}{9}+\dfrac{2}{9}\mathrm{e}^3-\dfrac{1}{16}(\mathrm{e}^2+1)^2$.

七、证：左端$=\int_a^b f(x)\mathrm{d}x\int_a^b f(y)\mathrm{d}y=\iint\limits_D f(x)f(y)\mathrm{d}x\mathrm{d}y$

$$\leqslant\frac{1}{2}\iint\limits_D[f^2(x)+f^2(y)]\mathrm{d}x\mathrm{d}y=\frac{1}{2}\int_a^b\mathrm{d}y\int_a^b f^2(x)\mathrm{d}x+\int_a^b\mathrm{d}x\int_a^b f^2(y)\mathrm{d}y)$$

$$=(b-a)\int_a^b f^2(x)\mathrm{d}x=\text{右端}.$$

单元自测（十一）

一、解：$L: y=\begin{cases}x, 0\leqslant x\leqslant 1\\ 2-x, 1\leqslant x\leqslant 2\end{cases}$，

原式$=\int_0^1(\sin x+\mathrm{e}^x)\mathrm{d}x+\int_1^2[\sin(2-x)-\mathrm{e}^x]\mathrm{d}x=(-\cos x+\mathrm{e}^x)\Big|_0^1+[\cos(2-x)-\mathrm{e}^x]\Big|_1^2$

$=1-\mathrm{e}^2+2\mathrm{e}-2\cos 1.$

二、解：$\dfrac{\partial Q}{\partial x}=5+\dfrac{y}{\sqrt{x^2+y^2}}$，$\dfrac{\partial P}{\partial x}=\dfrac{y}{\sqrt{x^2+y^2}}$.

$$I=\iint_D\left(\frac{\partial Q}{\partial x}-\frac{\partial P}{\partial y}\right)\mathrm{d}x\mathrm{d}y=\iint_D 5\mathrm{d}x\mathrm{d}y=5\pi.$$

三、解：$P=\dfrac{-y}{4x^2+y^2}\quad Q=\dfrac{x}{4x^2+y^2}\quad \dfrac{\partial P}{\partial y}=\dfrac{y^2-4x^2}{(4x^2+y^2)^2}=\dfrac{\partial Q}{\partial x}$,

1. 若 $R<1$，由格林公式：原式 $=0$；

2. 若 $R>1$，作 $L_\delta=\begin{cases}x=\dfrac{\delta}{2}\cos t\\ y=\delta\sin t\end{cases}(t:2\pi\to 0)$，

由格林公式

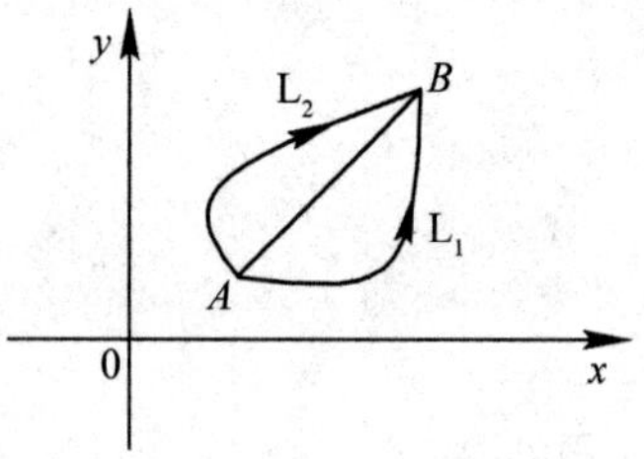

$$\oint_{L+L_\delta^-}=0,\text{则}\int_L=\oint_{L+L_\delta^-}-\int_{L_\delta^-}=-\int_{L_\delta^-}\frac{x\mathrm{d}y-y\mathrm{d}x}{4x^2+y^2}=\int_0^{2\pi}\frac{\frac{1}{2}\delta^2}{\delta^2}\mathrm{d}t=\pi.$$

四、解：1. 若 $\widehat{AMB}=L_1$，$\dfrac{\partial P}{\partial y}=\phi'(y)\cos x-\pi$，

$\dfrac{\partial Q}{\partial x}=\phi'(y)\cos x$，

$$\begin{aligned}\text{则}\int&=\oint_{L_1+\overline{BA}}-\int_{\overline{BA}}\\&=\iint_D\left(\frac{\partial Q}{\partial x}-\frac{\partial P}{\partial y}\right)\mathrm{d}x\mathrm{d}y+\int_{\overline{AB}}\mathrm{d}\phi(y)\sin x+\int_{\overline{AB}}-\pi y\mathrm{d}x\\&=-\pi\mathrm{d}y\\&=\iint_D\pi\mathrm{d}x\mathrm{d}y+\int_\pi^{3\pi}\left[-\pi\left(\frac{x}{\pi}+1\right)-\pi\cdot\frac{1}{\pi}\right]\mathrm{d}x+\phi(y)\sin x\Big|_A^B\\&=2\pi-(6\pi^2+2\pi)=-6\pi^2.\end{aligned}$$

2. $\displaystyle\int_{L_2}=\int_{L_2}\phi(y)\cos x\mathrm{d}x+\phi'(y)\sin x\mathrm{d}y-\pi\int_{L_2}y\mathrm{d}x+\mathrm{d}y=I_1-\pi I_2$,

$$I_2=\int_{L_2}y\mathrm{d}x+\mathrm{d}y=\oint_{L_2+\overline{BA}}-\int_{\overline{BA}}=-\iint_D(-1)\mathrm{d}x\mathrm{d}y-\int_{\overline{BA}}=2+4\pi+2\pi+2=4+6\pi,$$

故 $\displaystyle\int_{L_2}=I_1-\pi I_2=-4\pi-6\pi.$

五、解：
$$\begin{aligned}I_x&=\int_L\rho(\theta)y^2\mathrm{d}s=\int_0^{\frac{\pi}{2}}\theta^2\sin^2\theta\cdot\frac{1}{\sqrt{1+\theta^2}}\sqrt{1+\theta^2}\,\mathrm{d}\theta=\int_0^{\frac{\pi}{2}}\theta^2\frac{1-\cos 2\theta}{2}\mathrm{d}\theta\\&=\int_0^{\frac{\pi}{2}}\frac{\theta^2}{2}\mathrm{d}\theta-\frac{1}{2}\int_0^{\frac{\pi}{2}}\theta^2\cos 2\theta\mathrm{d}\theta=\frac{1}{48}\pi^3+\frac{\pi}{8}.\end{aligned}$$

六、解：
$$\begin{aligned}\text{功}&=\int_L(2xy^3-y^2\cos x)\mathrm{d}x+(1-2y\sin x+3x^2y^2)\mathrm{d}y=\oint_{L+\overline{AB}+\overline{BO}}-\int_{\overline{AB}}-\int_{\overline{BO}}\\&=-\iint_D[(6xy^2-2y\cos x)-(-2y\cos x+6xy^2)]\mathrm{d}x\mathrm{d}y-\\&\quad\int_0^0\left(1-2y+\frac{3}{4}\pi^2y^2\right)\mathrm{d}y-\int_{\frac{\pi}{2}}^0 0\mathrm{d}x=\left(y-y^2+\frac{3}{4}\pi^2\cdot\frac{1}{3}y^3\right)\Big|_0^1=\frac{1}{4}\pi^2.\end{aligned}$$

七、解：$s=\int_{\Gamma}\mathrm{d}s=\int_0^1\sqrt{9+(6t)^2+(6t^2)^2}\,\mathrm{d}t=3\int_0^1\sqrt{1+4t^2+4t^4}\,\mathrm{d}t$

$$=3\int_0^1(1+2t^2)\,\mathrm{d}t=3\left(1+\frac{2}{3}\right)=5.$$

八、解：方法 1：由 $\bar{z}=a, S=4\pi a^2$，

原式$=\iint\limits_{\Sigma}2az\mathrm{d}S=2a\iint\limits_{\Sigma}z\mathrm{d}S=2a\cdot\bar{z}\cdot S=2a\cdot a\cdot 4\pi a^2=8\pi a^4.$

方法 2：由 $\boldsymbol{\Sigma}: x^2+y^2+(z-a)^2=a^2$，得 $\boldsymbol{\Sigma}: z=a\pm\sqrt{a^2-x^2-y^2}$.

$D_{xy}: x^2+y^2\leqslant a^2$，$\mathrm{d}S=\dfrac{a}{\sqrt{a^2-x^2-y^2}}\mathrm{d}x\mathrm{d}y$.

$$\iint\limits_{\Sigma}2az\mathrm{d}S=2a\left[\iint\limits_{\Sigma_1}+\iint\limits_{\Sigma_2}\right]=2a\left[\iint\limits_{D_{xy}}(a+\sqrt{a^2-x^2-y^2})\frac{a}{\sqrt{a^2-x^2-y^2}}\mathrm{d}x\mathrm{d}y+\right.$$

$$\left.\iint\limits_{D_{xy}}(a-\sqrt{a^2-x^2-y^2})\frac{a}{\sqrt{a^2-x^2-y^2}}\mathrm{d}x\mathrm{d}y\right]=4a^3\iint\limits_{D_{xy}}\frac{1}{\sqrt{a^2-x^2-y^2}}\mathrm{d}x\mathrm{d}y$$

$$=4a^3\int_0^{2\pi}\mathrm{d}\theta\int_0^a\frac{r}{\sqrt{a^2-r^2}}\mathrm{d}r=8\pi a^4.$$

九、解：$I=\iiint\limits_{\Omega}\left(\dfrac{\partial P}{\partial x}+\dfrac{\partial Q}{\partial y}+\dfrac{\partial R}{\partial z}\right)\mathrm{d}x\mathrm{d}y\mathrm{d}z=\iiint\limits_{\Omega}\left[\dfrac{1}{y^2}f'\left(\dfrac{x}{y}\right)+\dfrac{1}{x}f'\left(\dfrac{1}{y}\right)\cdot\left(-\dfrac{x}{y^2}\right)+1\right]\mathrm{d}x\mathrm{d}y\mathrm{d}z$

$$=\iiint\limits_{\Omega}\mathrm{d}x\mathrm{d}y\mathrm{d}z=\iint\limits_{Dxy}\mathrm{d}x\mathrm{d}y\int_0^{2y^2}\mathrm{d}z\quad(D_{xy}: x^2+y^2\leqslant R^2)$$

$$=\iint\limits_{D_{xy}}2y^2\mathrm{d}x\mathrm{d}y=\int_0^{2\pi}\mathrm{d}\theta\int_0^R 2r^3\sin^2\theta\mathrm{d}\theta=\frac{\pi}{2}R^4.$$

十、解：方法 1：补 $\Sigma_0: z=1$ 下侧，

$I=\iint\limits_{\Sigma+\Sigma_0}-\iint\limits_{\Sigma_0}=\iiint\limits_{\Omega}(3x^2z-x^2z-2x^2z)\mathrm{d}v+\iint\limits_{Dxy}-x^2\mathrm{d}x\mathrm{d}y=-\int_0^{2\pi}\mathrm{d}\theta\int_0^1 r^3\cos^2\theta\mathrm{d}r=-\dfrac{\pi}{4}.$

方法 2：$\boldsymbol{\Sigma}: z=2-x^2-y^2$，有

$$\boldsymbol{n}=\frac{(2x,2y,1)}{|\boldsymbol{n}|},\frac{\cos\alpha}{\cos\gamma}=2x,\frac{\cos\beta}{\cos\gamma}=2y, D_{xy}: x^2+y^2\leqslant 1.$$

原式$=\iint\limits_{\Sigma}[x^3z(2x)-x^2yz(2y)-x^2z^2]\mathrm{d}x\mathrm{d}y=\iint\limits_{\Sigma}[2x^4z-2x^2y^2z-x^2z^2]\mathrm{d}x\mathrm{d}y$

$$=\iint\limits_{D_{xy}}[2x^4(2-(x^2+y^2))-2x^2y^2(2-(x^2+y^2))-x^2(2-x^2-y^2)^2]\mathrm{d}x\mathrm{d}y=-\frac{\pi}{4}.$$

十一、解：方法 1：补 $\Sigma_0: z=1$ 下侧，

原式$=\iint\limits_{\Sigma+\Sigma_0}-\iint\limits_{\Sigma_0}=-\iiint\limits_{\Omega}(2x\cos yz+2)\mathrm{d}v-0=-2\iiint\limits_{\Omega}x\cos yz\mathrm{d}v=-2\iiint\limits_{\Omega}\mathrm{d}v$

$$=-2\times 0-2\cdot\frac{4}{3}\pi\cdot\frac{1}{2}=-\frac{4}{3}\pi.$$

方法 2：由对称性：

$\iint\limits_{\Sigma} x^2\cos yz\mathrm{d}y\mathrm{d}z = 0$（$\Sigma$关于 yOz 面对称），$y=\pm\sqrt{1-x^2-z^2}$，

$$\iint\limits_{\Sigma} y\mathrm{d}z\mathrm{d}x = 2\iint\limits_{\Sigma_{右}}\sqrt{1-x^2-z^3}\,\mathrm{d}z\mathrm{d}x = -2\int_0^{\pi}\mathrm{d}\theta\int_0^1\sqrt{1-r^2}\,r\mathrm{d}r = -\int_0^{2\pi}\mathrm{d}\theta\int_0^1\sqrt{1-r^2}\,r\mathrm{d}r.$$

原式 $=\iint\limits_{\Sigma} y\mathrm{d}z\mathrm{d}x + \iint\limits_{\Sigma} z\mathrm{d}x\mathrm{d}y = -2\iint\limits_{D_{xy}}\sqrt{1-x^2-y^2}\,\mathrm{d}x\mathrm{d}y = -2\int_0^{2\pi}\mathrm{d}\theta\int_0^1\sqrt{1-r^2}\,r\,\mathrm{d}r = -\frac{4}{3}\pi.$

十二、1. 证：$I=\iint\limits_{D}\left(\frac{\partial Q}{\partial x}-\frac{\partial P}{\partial y}\right)\mathrm{d}x\mathrm{d}y=\iint\limits_{D}\left[f(y)+\frac{1}{f(x)}\right]\mathrm{d}x\mathrm{d}y$

$$\geqslant\iint\limits_{D}2\sqrt{f(x)\frac{1}{f(x)}}\,\mathrm{d}x\mathrm{d}y=2\iint\limits_{D}\mathrm{d}x\mathrm{d}y=2.$$

2. 证：$\left|\iint\limits_{\Sigma}P\mathrm{d}y\mathrm{d}z+Q\mathrm{d}z\mathrm{d}x+R\mathrm{d}x\mathrm{d}y\right|=\left|\iint\limits_{\Sigma}(P\cos\alpha+Q\cos\beta+R\cos\gamma)\mathrm{d}S\right|$

$$\leqslant\iint\limits_{\Sigma}|P\cos\alpha+Q\cos\beta+R\cos\gamma|\mathrm{d}S=\iint\limits_{\Sigma}|(P,Q,R)\cdot(\cos\alpha,\cos\beta,\cos\gamma)|\mathrm{d}S$$

$$\leqslant\iint\limits_{\Sigma}\sqrt{P^2+Q^2+R^2}\,\mathrm{d}S\leqslant M\iint\limits_{\Sigma}\mathrm{d}S=MA.$$

单元自测（十二）

一、1. $(-\mathrm{e},\mathrm{e})$. 析：记 $a_n=\frac{n!}{n^n}$，

收敛半径 $R=\lim\limits_{n\to\infty}\left|\frac{a_n}{a_{n+1}}\right|=\lim\limits_{n\to\infty}\frac{\frac{n!}{n^n}}{\frac{(n+1)!}{(n+1)^{n+1}}}=\lim\limits_{n\to\infty}\left(1+\frac{1}{n}\right)^n=\mathrm{e}.$

当 $x=\pm\mathrm{e}$ 时，考虑 $\sum\limits_{n=1}^{\infty}\frac{n!}{n^n}(\pm\mathrm{e})^n=\sum\limits_{n=1}^{\infty}(\pm1)^n\frac{n!\ \mathrm{e}^n}{n^n}$，

令 $u_n=\frac{n!\ \mathrm{e}^n}{n^n}$，

则 $\frac{u_{n+1}}{u_n}=\frac{\frac{(n+1)!\ e^{n+1}}{(n+1)^{n+1}}}{\frac{n!\ \mathrm{e}^n}{n^n}}=\frac{\mathrm{e}}{\left(1+\frac{1}{n}\right)^n}>1$，

从而$\{u_n\}$单调递增，$u_n\geqslant u_1>0(n=1,2,\cdots)$，故 $\lim\limits_{n\to\infty}u_n\neq0$，从而 $\sum\limits_{n=1}^{\infty}(\pm1)^n\frac{n!\ \mathrm{e}^n}{n^n}$ 发散，收敛域为 $(-\mathrm{e},\mathrm{e})$.

2. $0<p\leqslant1$. 析：当 $0<p\leqslant1$ 时，$\sum\limits_{n=1}^{\infty}\frac{(-1)^n}{n}$ 收敛，$\sum\limits_{n=1}^{\infty}\left|\frac{(-1)^n}{n}\right|$发散.

3. 2. 析：$s_n=\sum\limits_{k=1}^{n}\frac{k}{2^k}$，

$s_n-\frac{1}{2}s_n=\sum_{k=1}^{n}\frac{k}{2^k}-\sum_{k=1}^{n}\frac{k}{2^{k+1}}=\left(\sum_{k=1}^{n}\frac{1}{2^k}\right)-\frac{n}{2^{n+1}}$,则 $s_n\to 2(n\to\infty)$.

4. $\frac{x}{(1-x)^2}$,$|x|<1$. 析:$\frac{a_n}{a_{n+1}}=\frac{n}{n+1}\to 1$,则 $R=1$.

原式 $=x\sum_{n=1}^{\infty}nx^{n-1}=x\sum_{n=1}^{\infty}(x^n)'=x\left(\sum_{n=1}^{\infty}x^n\right)'=x\left(\frac{x}{1-x}\right)'=\frac{x}{(1-x)^2}$.

5. $(-1,5)$. 析:$(a_nx^n)'=na_nx^{n-1}$,$\sum_{n=1}^{\infty}na_nx^{n-1}$ 则 $|x-2|<3$,即 $-1<x<5$.

二、1. A. 析:由 $\delta_n=a_2+a_4+\cdots a_{2n}\leqslant a_1+a_2+\cdots+a_{2n}=s_{2n}$,而 $\lim_{n\to\infty}s_{2n}=s$,

故 $\delta_n<M$,得 $\sum_{n=1}^{\infty}a_{2n}$ 收敛,而 $\frac{n\tan\frac{\lambda}{n}a_{2n}}{\lambda a_{2n}}\xrightarrow[(n\to\infty)]{}1$,$\sum_{n=1}^{\infty}n\tan\frac{\lambda}{n}a_{2n}$ 与 $\sum_{n=1}^{\infty}a_n$ 同敛散,故原级数绝对收敛.

2. B. 析:$\frac{a_{n+1}}{a_n}=\frac{n^2}{(n+1)^2}\to 1$,且当 $x+2=\pm 1$ 时,$\sum_{n=1}^{\infty}\frac{(x+2)^n}{n^2}$ 收敛.

3. C. 析:例如 $\sum_{n=1}^{\infty}(-1)^n\frac{1}{\sqrt{n}}$ 收敛,$\sum_{n=1}^{\infty}\frac{1}{n}$ 发散.

4. C. 析:$\sum_{n=1}^{\infty}a_nx^n$ 在 $|x|>R$ 上发散,又 $\sum_{n=1}^{\infty}a_nx^n$ 在 $x=x_0$ 收敛,则 $|x_0|\leqslant R$.

5. B. 析:b_n 为 $f(x)=x^2$ 进行奇延拓后展开成正弦级数的 Fourier 系数,

$s\left(-\frac{1}{2}\right)=-f\left(\frac{1}{2}\right)=-\left(\frac{1}{2}\right)^2=-\frac{1}{4}$.

三、1. 解:(1)判断级数收敛:$\left|\frac{u_{n+1}}{u_n}\right|\xrightarrow[n\to\infty]{}\frac{1}{2}$,故级数收敛.

(2) $\sum_{n=1}^{\infty}(n^2-n+1)x^n=\sum_{n=2}^{\infty}n(n-1)x^n+\sum_{n=0}^{\infty}x^n=s_1(x)+\frac{1}{1-x}$,$|x|<1$.

$s_1(x)=x^2\sum_{n=2}^{\infty}(x^n)''=\frac{2x^2}{(1-x)^3}$,原式 $=S_1\left(-\frac{1}{2}\right)+\frac{1}{1+\frac{1}{2}}=\frac{22}{27}$.

2. 解:$f(x)$为偶函数,则 $b_n=0$.

$a_0=2\int_0^1 x\mathrm{d}x\quad a_n=2\int_0^1 2\cos(n\pi x)\mathrm{d}x=\frac{2}{n^2\pi^2}[(-1)^n-1]$.

因 $f(x)$偶延拓后在$(-\infty,+\infty)$上连续,故得

$|x|=\frac{1}{2}-\frac{4}{\pi^2}\sum_{k=1}^{\infty}\frac{1}{(2k-1)^2}\cos(2k-1)\pi x$,$x\in[-1,1]$.

令 $x=0$,得 $0=\frac{1}{2}-\frac{4}{\pi^2}\sum_{k=1}^{\infty}\frac{1}{(2k-1)^2}$,故 $\sum_{k=1}^{\infty}\frac{1}{(2k-1)^2}=\frac{\pi^2}{8}$.

$\sum_{n=1}^{\infty}\frac{1}{n^2}=\sum_{n=1}^{\infty}\frac{1}{(2n-1)^2}+\sum_{n=1}^{\infty}\frac{1}{(2n)^2}\frac{1}{4}\sum_{n=1}^{\infty}\frac{1}{n^2}$,故 $\sum_{n=1}^{\infty}\frac{1}{n^2}=\frac{4}{3}\sum_{n=1}^{\infty}\frac{1}{(2n-1)^2}=\frac{\pi}{6}$.

3. 解：$u_n=\frac{1}{n(n+1)\cdots(n+m)}=\frac{1}{m}\left[\frac{1}{n(n+1)\cdots(n+m-1)}-\frac{1}{(n+1)(n+2)\cdots(n+m)}\right]$,

$$S_n=\sum_{k=1}^{n}u_k=\frac{1}{m}\left[\left(\frac{1}{(1+1)(1+2)\cdots(1+m-1)}-\frac{1}{2\cdot 3\cdots(1+m)}\right)+\left(\frac{1}{2\cdot 3\cdots(m+1)}-\frac{1}{3\cdot 4\cdots(m+2)}\right)+\cdots+\frac{1}{n(n+1)\cdots(n+m-1)}-\frac{1}{(n+1)(n+2)\cdots(n+m)}\right]$$

$$=\frac{1}{m}\left[\frac{1}{m!}-\frac{1}{(n+1)(n+2)\cdots(n+m)}\right].$$

故$\lim\limits_{n\to\infty}S_n=\frac{1}{m\cdot m!}$,因此 $S=\frac{1}{m\cdot m!}$.

4. 解：$f(x)=\frac{1+\cos 2x}{2}=\frac{1}{2}+\frac{1}{2}\sum_{n=0}^{\infty}\frac{(-1)^n(2x)^{2n}}{(2n)!}=\frac{1}{2}+\sum_{n=0}^{\infty}\frac{(-1)^n}{(2n)!}2^{2n-1}x^{2n}(|x|<+\infty)$.

5. 解：令 $y=x^2$ $\quad a_n=\frac{1}{n(n+1)}$, $\sum_{n=1}^{\infty}\frac{x^{2n}}{n(n+1)}=\sum_{n=1}^{\infty}a_ny^n$, $\left|\frac{a_{n+1}}{a_n}\right|\xrightarrow[n\to\infty]{}1$,得 $R=1$.

当 $y=1$ 时,级数$\sum_{n=1}^{\infty}\frac{1}{n(n+1)}$收敛.

当 $y=-1$ 时,级数$\sum_{n=1}^{\infty}\frac{(-1)^n}{n(n+1)}$收敛,

$y\in[-1,1]$,则 $0\leqslant x^2\leqslant 1$, 所以收敛域为$[-1,1]$.

四、证：由条件有 $v_nu_n-v_{n+1}u_{n+1}\geqslant au_{n+1}>0\quad(n=1,2,3,\cdots)$,则

$n=1$ 时,$\sigma_1=v_1u_1-v_2u_2\geqslant au_2$,

$n=2$ 时,$\sigma_2=v_2u_2-v_3u_3\geqslant au_3$,

则 $\sigma_1+\sigma_2+\cdots+\sigma_k\geqslant a(u_2+u_3+\cdots+u_{k+1})$,

即 $a\sum_{k=2}^{n+1}u_k\leqslant\sum_{k=1}^{n+1}\sigma_k=v_1u_1-v_{n+1}u_{n+1}<v_1u_1$.

故 $s_n=u_2+\cdots+u_{n+1}<\frac{v_1u_1}{a}$,即正项级数$\sum_{n=2}^{\infty}u_n$的部分和有界.

故$\sum_{n=2}^{\infty}u_n$收敛,则$\sum_{n=1}^{\infty}u_n$收敛.

五、解：方法 1. $u_n=\frac{1}{a^n+b^n}$. $\left|\frac{u_n}{u_{n+1}}\right|=\frac{a^{n+1}+b^{n+1}}{a^n+b^n}\xrightarrow[n\to\infty]{}\begin{cases}a, & a\geqslant b\\ b, & a<b\end{cases}$,则 $R=\max(a,b)=c$,

当 $x=\pm c$ 时, $\lim\limits_{n\to\infty}\frac{c^n}{a^n+b^n}=\begin{cases}1, & a\neq b\\ \frac{1}{2}, & a=b\end{cases}$,

级数$\sum_{n=1}^{\infty}\frac{(\pm c)^n}{a^n+b^n}$发散,故收敛域为$(-c,c)$.

方法 2. 记 $c=\max(a,b)$,显然$\sqrt[n]{c^n}\leqslant\sqrt[n]{a^n+b^n}\leqslant\sqrt[n]{c^n+c^n}$.

由夹逼准则有$\lim\limits_{x\to\infty}\sqrt[n]{a^n+b^n}=c$, $\lim\limits_{x\to\infty}\sqrt[n]{\frac{1}{a^n+b^n}}=\frac{1}{c}$,由根值法 $R=c$.

高等数学(上)期末试题参考解答

期末试题(一)参考解答

一、1. ln 3；　2. $y=3x$；　3. 1；　4. 2；　5. 9 900；

6. $y=x-1$；　7. 2；　8. $f(\cos^2 x)\sin x$；　9. $\frac{3}{8}\pi$；　10. $y'-y=1-x$.

二、1. 解：原式$=\lim\limits_{x\to 1}\frac{x\ln x-x+1}{(x-1)\ln x}=\lim\limits_{x\to 1}\frac{x\ln x-x+1}{(x-1)\ln[1+(x-1)]}$

$$=\lim_{x\to 1}\frac{x\ln x-x+1}{(x-1)^2}=\lim_{x\to 1}\frac{\ln x}{2(x-1)}=\lim_{x\to 1}\frac{1}{2x}=\frac{1}{2}$$

2. 解：$\frac{\mathrm{d}y}{\mathrm{d}x}=\frac{y'(t)}{x'(t)}=\frac{\frac{-2t}{1-t^2}}{\frac{1}{\sqrt{1-t^2}}}=-\frac{2t}{\sqrt{1-t^2}}$，根据参数方程求导公式进一步有：

$$\frac{\mathrm{d}^2y}{\mathrm{d}x^2}=\frac{\mathrm{d}\left(\frac{\mathrm{d}y}{\mathrm{d}x}\right)}{\mathrm{d}x}=\frac{\left(\frac{-2t}{1-t^2}\right)'}{\frac{1}{\sqrt{1-t^2}}}=-\frac{2}{\left(\sqrt{1-t^2}\right)^3}\sqrt{1-t^2}=\frac{2}{t^2-1}.$$

三、解：两边取对数 $\ln y=x\ln\frac{a}{b}+a[\ln b-\ln x]+b[\ln x-\ln a]$，

两边对 x 求导$\frac{y'}{y}=\ln\frac{a}{b}-\frac{a}{x}+\frac{b}{x}$，则

$$y'=\left(\frac{a}{b}\right)^x\left(\frac{b}{x}\right)^a\left(\frac{x}{a}\right)^b\left(\ln\frac{a}{b}-\frac{a}{x}+\frac{b}{x}\right).$$

四、1. 解：令 $x=t^6$. 于是 $\mathrm{d}x=6t^5\mathrm{d}t$，则

原式$=\int\frac{6t^5}{(4+t^2)t^3}\mathrm{d}t=6\int\frac{t^2}{4+t^2}\mathrm{d}t=6\int\left(1-\frac{4}{4+t^2}\right)\mathrm{d}t$

$$=6\left(t-2\arctan\frac{t}{2}\right)+C$$

$$=6\left(\sqrt[6]{x}-2\arctan\frac{\sqrt[6]{x}}{2}\right)+C.$$

2. 解：$\int_0^2 f(x-1)\mathrm{d}x=\int_{-1}^1 f(t)\mathrm{d}t=\int_{-1}^0 x\cos x\mathrm{d}x+\int_0^1\frac{x\mathrm{d}x}{1+x^2}$

$$= \int_{-1}^{0} x \mathrm{d}\sin x + \frac{1}{2}\int_{0}^{1}\frac{\mathrm{d}(1+x^2)}{1+x^2}$$

$$= x\sin x \Big|_{-1}^{0} - \int_{-1}^{0}\sin x\mathrm{d}x + \frac{1}{2}\ln(1+x^2)\Big|_{0}^{1}$$

$$= 1 - \cos 1 - \sin 1 + \frac{\ln 2}{2}.$$

五、解：定义域 **R**. $y'=x^2-2x$，$y''=2x-2$. 令 $y'=0$，$x=0,2$；令 $y''=0$，$x=1$.
由此得：

单增区间：$(-\infty,0)(2,\infty)$； 单减区间：$(0,2)$；

极大值：$f(0)=2$； 极小值：$f(2)=\frac{2}{3}$；

凹区间：$(1,\infty)$； 凸区间：$(-\infty,1)$；

拐点：$\left(1,\frac{4}{3}\right)$.

六、解：面积 $A=\int_0^{\pi}(1+\sin x)\mathrm{d}x=(x-\cos x)\big|_0^{\pi}=\pi+2$.

体积 $V=\int_0^{\pi}\pi(1+\sin x)^2\mathrm{d}x=\pi\int_0^{\pi}(1+2\sin x+\sin^2 x)\mathrm{d}x$

$$=\pi\int_0^{\pi}\left(1+2\sin x+\frac{1-\cos 2x}{2}\right)\mathrm{d}x=\pi\left[\frac{3}{2}x-2\cos x-\frac{1}{4}\sin 2x\right]_0^{\pi}$$

$$=\frac{\pi(3\pi+8)}{2}.$$

七、1. 解：该方程为一阶线性非齐次方程，其中 $P(x)=-\tan x$，$Q(x)=\sec x$. 由通解公式得

$$y=\mathrm{e}^{\int\tan x\mathrm{d}x}\left(\int\sec x\mathrm{e}^{\int-\tan x\mathrm{d}x}\mathrm{d}x+C\right)$$

$$=(\cos x)^{-1}\int\sec x\cos x\mathrm{d}x+C'(\cos x)^{-1} \qquad (C'=\pm C)$$

$$=\frac{x+C'}{\cos x}.$$

代入初值条件 $y\big|_{x=0}=0$，得 $C'=0$.

故 $y=\dfrac{x}{\cos x}$.

2. 证明：令 $F(x)=x^2f(x)$，则 $F(x)$ 在 $[0,a]$ 上连续，在 $(0,a)$ 内可导，且 $F(0)=F(a)=0$.
由罗尔定理，存在 $\xi\in(0,a)$ 使得 $F'(\xi)=0$.
即 $2f(\xi)+\xi f'(\xi)=0$.

八、证明：先证 $\{x_n\}$ 为单增正数列. $x_1=1$，$x_2=1+\frac{1}{1+1}=\frac{3}{2}$，$x_2-x_1>0$.

假设 $x_n>x_{n-1}$，则

$$x_{n+1}-x_n=1+\frac{x_n}{1+x_n}-\left(1+\frac{x_{n-1}}{1+x_{n-1}}\right)=\frac{x_n-x_{n-1}}{(1+x_n)(1+x_{n-1})}>0.$$

由归纳法知x_n单增.所以 $x_n \geqslant x_1 > 0, \forall n$,故$\{x_n\}$为单增正数列.

又 $x_n = 1+\frac{x_{n-1}}{1+x_{n-1}} = 2-\frac{1}{1+x_{n-1}} < 2$,知$\{x_n\}$有上界.

综上,$\{x_n\}$为单增有上界的正数列,故极限存在且非负.

设 $\lim\limits_{n\to\infty} x_n = a \geqslant 0$,对等式 $x_n = 1+\frac{x_{n-1}}{1+x_{n-1}}$两边取极限,得 $a = 1+\frac{a}{1+a}$.

解得 $a_1 = \frac{1+\sqrt{5}}{2}, a_2 = \frac{1-\sqrt{5}}{2} < 0$(舍),

因此,$\lim\limits_{n\to\infty} x_n = \frac{1+\sqrt{5}}{2}$.

期末试题(二)参考解答

一、1. e^2; 2. π; 3. $(x+n)e^x$; 4. 2; 5. $\ln 2$; 6. $x = y(\ln y + c)$.

二、1. 解:
$$\lim_{x\to 0}\frac{\int_0^{x^2}\arctan t\mathrm{d}t}{\sin x^4} = \lim_{x\to 0}\frac{\int_0^{x^2}\arctan t\mathrm{d}t}{x^4}$$
$$= \lim_{x\to 0}\frac{2x\arctan x^2}{4x^3} = \lim_{x\to 0}\frac{x^2}{2x^2} = \frac{1}{2}.$$

2. 解:
$$\int_{-1}^{1}\frac{1+\sin^3 x}{1+x^2}\mathrm{d}x = \int_{-1}^{1}\frac{1}{1+x^2}\mathrm{d}x + \int_{-1}^{1}\frac{\sin^3 x}{1+x^2}\mathrm{d}x$$
$$= 2\int_0^1\frac{1}{1+x^2}\mathrm{d}x = 2\arctan x\Big|_0^1 = \frac{\pi}{2}.$$

3. 解: $\int \tan^2 x\mathrm{d}x = \int(\sec^2 x - 1)\mathrm{d}x = \tan x - x + C.$

4. 解:由 $y = x^{\sin x}$有 $\ln y = \sin x\ln x$,两边对 x 求导得
$$\frac{y'}{y} = \cos x\ln x + \frac{\sin x}{x},$$
即 $y' = x^{\sin x}\left(\cos x\ln x + \frac{\sin x}{x}\right)$,故 $\mathrm{d}y = x^{\sin x}\left(\cos x\ln x + \frac{\sin x}{x}\right)\mathrm{d}x$.

5. 解:
$$\int\frac{\cos x\mathrm{d}x}{\sin x+\cos x} = \frac{1}{2}\int\frac{\cos x+\sin x+\cos x-\sin x}{\sin x+\cos x}\mathrm{d}x$$
$$= \frac{1}{2}\int\mathrm{d}x + \int\frac{\mathrm{d}(\sin x+\cos x)}{\sin x+\cos x}$$
$$= \frac{1}{2}x + \frac{1}{2}\ln|\sin x+\cos x| + C.$$

三、解:
$$\int_0^1 xf(x)\mathrm{d}x = \frac{1}{2}x^2 f(x)\Big|_0^1 - \frac{1}{2}\int_0^1 x^2 f'(x)\mathrm{d}x$$
$$= \frac{1}{2}f(1) - \frac{1}{2}\int_0^1 x^2\frac{\sin x^2}{x^2}(-2x)\mathrm{d}x = 0 + \frac{1}{2}\int_0^1\sin x^2\mathrm{d}x$$

$$=-\frac{1}{2}\cos x^2\Big|_0^1=\frac{1}{2}(1-\cos 1).$$

(因为 $\lim\limits_{t\to0}\dfrac{\sin t}{t}=1$，所以 $f(0)=\int_0^1\dfrac{\sin t}{t}\mathrm{d}t$ 存在.)

四、解：$f'(x)=6x^2-6x-12$，令 $f'(x)=0$ 得驻点 $x=-1,x=2$，

又 $f''(x)=12x-6$，令 $f''(x)=0$ 得 $x=\dfrac{1}{2}$，判断可知：

单增区间：$(-\infty,-1),(2,+\infty)$；　　单减区间：$(-1,2)$；

上凸区间：$\left(-\infty,\dfrac{1}{2}\right)$；　　凹区间：$\left(\dfrac{1}{2},+\infty\right)$；

极大值：$f(-1)=13$，极小值：$f(2)=4$，拐点：$\left(\dfrac{1}{2},-5\right)$.

五、解：微分方程 $\dfrac{\mathrm{d}y}{\mathrm{d}x}=\dfrac{y}{2(\ln y-x)}$ 可化为 $\dfrac{\mathrm{d}x}{\mathrm{d}y}+\dfrac{2}{y}x=\dfrac{2}{y}\ln y$ 的形式，于是方程通解为：

$$x=\mathrm{e}^{-\int\frac{2}{y}\mathrm{d}y}\left(\int\frac{2}{y}\ln y\,\mathrm{e}^{\int\frac{2}{y}\mathrm{d}y}\mathrm{d}y+C\right)=\frac{1}{y^2}\left(\int 2y\ln y\,\mathrm{d}y+C\right)$$

$$=\frac{1}{y^2}\left(y^2\ln y-\int y\mathrm{d}y+C\right)=\ln y-\frac{1}{2}+\frac{C}{y^2}.$$

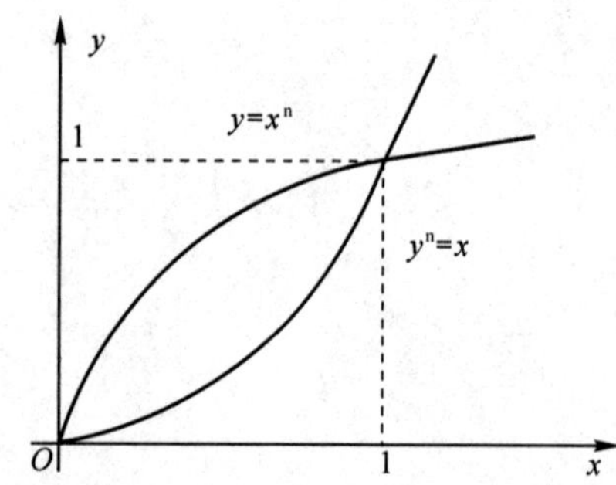

六、解：如左图，由 $\begin{cases}y=x^n\\ y=\sqrt[n]{x}\end{cases}$ 解得交点 $(0,0)(1,1)$，故

$$A=\int_0^1\left(\sqrt[n]{x}-x^n\right)\mathrm{d}x$$

$$=\left(\frac{1}{1+\frac{1}{n}}x^{\frac{1}{n}+1}-\frac{1}{n+1}x^{n+1}\right)\Bigg|_0^1$$

$$=\frac{n}{1+n}-\frac{1}{1+n}=\frac{n-1}{1-n}.$$

七、证明：1. 令 $f(x)=\ln x$，则 $f(x)$ 在 $[n,n+1]$ 上可导，
由拉格朗日中值定理有

$$f(n+1)-f(n)=f'(\xi)\ (n<\xi<n+1),$$

即 $\ln(n+1)-\ln n=\dfrac{1}{\xi}$，则 $\dfrac{1}{n+1}<\ln(n+1)-\ln n<\dfrac{1}{n}$ 成立.

2. 取 $k=1,2,\cdots,n$，由 1. 有 $\sum\limits_{k=1}^{n}\dfrac{1}{k+1}<\sum\limits_{k=1}^{n}[\ln(k+1)-\ln k]<\sum\limits_{k=1}^{n}\dfrac{1}{k}$，

即 $\dfrac{1}{2}+\cdots+\dfrac{1}{n}+\dfrac{1}{n+1}<\ln(n+1)<1+\dfrac{1}{2}+\dfrac{1}{3}+\cdots+\dfrac{1}{n}$.

又 $\dfrac{1}{2}+\cdots+\dfrac{1}{n}<\ln n$，即 $1+\dfrac{1}{2}+\cdots+\dfrac{1}{n}<1+\ln n$.

当 $n=1$ 时等号显然成立，

故 $\ln(n+1)<1+\frac{1}{2}+\cdots+\frac{1}{n}\leqslant 1+\ln n$.

3. 由 2. 知 $a_n=1+\frac{1}{2}+\cdots+\frac{1}{n}-\ln n\leqslant 1$ 即 $\{a_n\}$ 有上界,又由 1. 可知

$$a_{n-1}-a_n=\frac{1}{n+1}-\ln(n+1)+\ln n$$

$$=\frac{1}{n+1}-[\ln(n+1)-\ln n]<\frac{1}{n+1}-\frac{1}{n+1}=0.$$

所以 $\{a_n\}$ 单调递增,由单调有界原理知 $\lim\limits_{n\to\infty}a_n$ 存在.

期末试题(三)参考解答

一、解:1. 原式 $=\lim\limits_{x\to 0}\dfrac{2\sin x+x^2\cos\frac{1}{x}}{(1+\cos x)x}=\lim\limits_{x\to 0}\dfrac{2\frac{\sin x}{x}+x\cos\frac{1}{x}}{1+\cos x}=1.$

2. 解: $\dfrac{d^2y}{dx^2}=\dfrac{\frac{d}{dt}\left(\frac{dy}{dx}\right)}{\frac{dx}{dt}}=\dfrac{-\frac{1}{2t^2}}{\frac{2t}{1+t^2}}=-\dfrac{1+t^2}{4t^3}.\left(\dfrac{dy}{dx}=\dfrac{1}{2t}\right)$

3. 解:方程两边求导 $e^y y'+y+xy'=0$,

再求导得 $e^y y'^2+e^y y''+2y'+xy''=0$,

故 $y(0)=1, y'(0)=-\frac{1}{e}, y''(0)=\frac{1}{e^2}$.

4. 解:令 $x=t^n, s=\frac{1}{n}$, $\Gamma(s)=\int_0^{+\infty}e^{-t^n}t^{(s-1)n}\cdot n\cdot t^{n-1}dt=n\int_0^{+\infty}e^{-x^n}x^{sn-1}dx$,

则 $\Gamma\left(\frac{1}{n}\right)=n\int_0^{+\infty}e^{-x^n}dx$.

故 $\int_0^{+\infty}e^{-x^n}dx=\dfrac{\Gamma\left(\frac{1}{n}\right)}{n}$.

5. 解:原式 $=2\int_0^{\frac{\pi}{2}}\sqrt{\cos x-\cos^3 x}\,dx=2\int_0^{\frac{\pi}{2}}\sqrt{\cos x\sin^2 x}\,dx=-2\int_0^{\frac{\pi}{2}}\sqrt{\cos x}\,d\cos x$

$$=-2\cdot\frac{2}{3}\cdot(\cos x)^{\frac{3}{2}}\Big|_0^{\frac{\pi}{2}}=\frac{4}{3}.$$

6. 解:原式 $=\dfrac{3x^2}{\sqrt{1+x^{12}}}-\dfrac{2x}{\sqrt{1+x^8}}$.

7. 解:原式 $=-\int x\,d\left(\dfrac{1}{e^x+1}\right)=-x\cdot\dfrac{1}{e^x+1}+\int\dfrac{1+e^x-e^x}{1+e^x}dx$

$$=-\left[\frac{x}{e^x+1}-x+\int\frac{d(1+e^x)}{1+e^x}\right]=-\frac{x}{e^x+1}+x-\ln(e^x+1)+C.$$

8. 解:$f(x)=\int_0^x(x-t)\mathrm{d}t+\int_x^1(t-x)\mathrm{d}t=-\frac{(x-t)^2}{2}\Big|_0^x+\frac{(t-x)^2}{2}\Big|_x^1=x^2-x+\frac{1}{2}.$

$f'(x)=2x-1$,令 $f'(x)=0$,则 $x=\frac{1}{2}$,又 $f(0)=\frac{1}{2}$,$f\left(\frac{1}{2}\right)=\frac{1}{4}$,$f(1)=\frac{1}{2}$,从而比较可知最大值 $M=\frac{1}{2}$,最小值为 $f\left(\frac{1}{2}\right)=\frac{1}{4}$.

二、解:设 $F(x)=a_0x+\frac{a_1}{2}x^2+\cdots+\frac{a_n}{n+1}x^{n+1}$,有 $F(0)=0$,$F(1)=0$,且 $F(x)$ 在 $[0,1]$ 上连续,在 $(0,1)$ 内可导,由 Rolle 定理可知,至少存在一点 $\xi\in(0,1)$,使

$$F'(\xi)=a_0+a_1\xi+a_2\xi^2+\cdots+a_n\xi^n=0,$$

即 ξ 为函数 $f(x)=0$ 的零点.

三、解:底面半径为 $r=\frac{4R}{2\pi}$,高为 $h=\sqrt{R^2-r^2}=R\sqrt{1-\frac{\varphi^2}{4\pi^2}}$,体积 $V=\frac{1}{3}\pi r^2h=\frac{R^3}{24\pi^2}\varphi^2\sqrt{4\pi^2-\varphi^2}\,(0<\varphi<2\pi)$,$V'=\frac{R^3}{24\pi^2}\cdot\frac{8\pi\varphi-3\varphi^3}{\sqrt{4\pi^2-\varphi^2}}$.

令 $V'=0$,得 $\varphi=0$,$\varphi=\frac{2\sqrt{6}}{3}\pi$,$\varphi=-\frac{2\sqrt{6}}{3}\pi$(舍去).

判断知,要使漏斗容积最大,须取 $\varphi=\frac{2\sqrt{6}}{3}\pi$.

四、解:$y'=\frac{4x}{(1-x)^3}$,$y''=\frac{4(1+2x)}{(1-x)^4}$.令 $y'=0$,$y''=0$,得极值可疑点 $x=0$,$x=1$(不存在)和 $x=-\frac{1}{2}$,由列表可知,单减区间为 $(-\infty,0)(1,+\infty)$;单增区间为 $(0,1)$;上凹区间为 $\left(-\frac{1}{2},1\right)(1,+\infty)$;上凸区间为 $\left(-\infty,-\frac{1}{2}\right)$;极小值 $f(0)=0$;拐点为 $\left(-\frac{1}{2},\frac{2}{9}\right)$.

五、解:当 $x\to0$ 时,由极限为 1,原式 $\overset{\frac{0}{0}}{=}\lim\limits_{x\to0}\frac{\frac{x^2}{\sqrt{a+x^2}}}{(b-\cos x)}$,故 $b=1$,而 $\lim\limits_{x\to0}\frac{x^2}{\sqrt{a+x^2}}\cdot\frac{1}{\frac{1}{2}x^2}=\lim\limits_{x\to0}\frac{2}{\sqrt{a+x^2}}=1$,

故 $a=4$.综上,$a=4$,$b=1$.

六、解:如下页图 $\begin{cases}r=3\cos\theta\\ r=1+\cos\theta\end{cases}$ 得 $3\cos\theta=1+\cos\theta$,

则 $\cos\theta=\frac{1}{2}$, $\theta=\pm\frac{\pi}{3}$,

交点为 $\left(\frac{3}{2},\pm\frac{\pi}{3}\right)$.由对称性可知

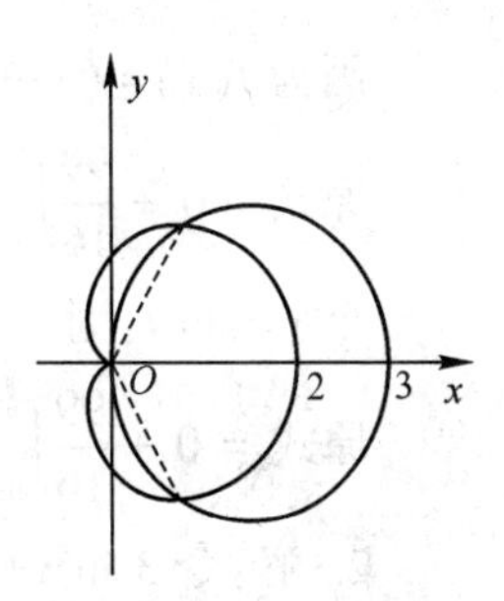

$$A=2A_1=2\left[\frac{1}{2}\int_0^{\frac{\pi}{3}}(1+\cos\theta)^2\mathrm{d}\theta+\frac{1}{2}\int_{\frac{\pi}{3}}^{\frac{\pi}{2}}(3\cos\theta)^2\mathrm{d}\theta\right]$$

$$=\int_0^{\frac{\pi}{3}}\left(1+2\cos\theta+\frac{1+\cos 2\theta}{2}\right)\mathrm{d}\theta+9\int_{\frac{\pi}{3}}^{\frac{\pi}{2}}\frac{1+\cos 2\theta}{2}\mathrm{d}\theta$$

$$=\left(\frac{3}{2}\theta+2\sin\theta+\frac{1}{4}\sin 2\theta\right)\Big|_0^{\frac{\pi}{3}}+9\left(\frac{\theta}{2}+\frac{1}{4}\sin 2\theta\right)\Big|_{\frac{\pi}{3}}^{\frac{\pi}{2}}=\frac{5}{4}\pi.$$

七、解：设 $F(t)=\int_a^t xf(x)\mathrm{d}x-\frac{a+t}{2}\int_a^t f(x)\mathrm{d}x$，则

$$F'(t)=tf(t)-\frac{1}{2}\int_a^t f(x)\mathrm{d}x-\frac{a+t}{2}f(t)=\frac{t-a}{2}f(t)-\frac{1}{2}\int_a^t f(x)\mathrm{d}x.$$

由积分中值定理得：$F'(t)=\frac{t-a}{2}f(t)-\frac{t-a}{2}f(\xi)\quad \xi\in[a,t]$，

由 $f(x)$ 递增知　$F'(t)\geqslant 0, F(a)=0$.

故 $t\geqslant a$ 时，$F(t)\geqslant F(a)=0$.

令 $t=b$ 得 $F(b)\geqslant 0$，则 $\int_a^b xf(x)\mathrm{d}x\geqslant\frac{a+b}{2}\int_a^b f(x)\mathrm{d}x$.

期末试题(四)参考解答

一、

1. $\frac{2}{1-3a}$；　2. $n=2$；　3. $x=0$；　4. 1；　5. $\frac{e\sin 1-\cos 1+1}{2(e-1)}$；

6. $(-1,0)$；　7. 2；　8. $(0,0)$；　9. $-\frac{x^2}{2}+C$；　10. $\frac{\pi}{2}$.

二、1. 解：易知 $e^{x^2}-1\sim x^2$，$\arctan x\sim x$，所以

$$原式=\lim_{x\to 0}\frac{\int_0^{x^3}\arctan(1+t)\mathrm{d}t}{x^3}=\lim_{x\to 0}\frac{3x^2\arctan(1+x^3)}{3x^2}=\frac{\pi}{4}.$$

2. 解：$原式=\lim_{n\to\infty}\frac{n}{n+2018}\sum_{i=1}^n\pi^{\frac{i}{n}}\cdot\frac{1}{n}$

$$=\lim_{n\to\infty}\sum_{i=1}^n\pi^{\frac{i}{n}}\cdot\frac{1}{n}$$

$$=\int_0^1\pi^x\mathrm{d}x=\frac{\pi^x}{\ln\pi}\Big|_0^1=\frac{\pi-1}{\ln\pi}.$$

三、解：$f'(0)=\lim_{x\to 0}\frac{f(x)-f(0)}{x}=\lim_{x\to 0}\frac{(e^x-1)(e^{2x}-2)\cdots(e^{nx}-n)-0}{x}$

$$=\lim_{x\to 0}\left[\frac{e^x-1}{x}\cdot(e^{2x}-2)\cdots(e^{nx}-n)\right]=1\cdot(1-2)\cdots(1-n)=(-1)^{n-1}(n-1)!.$$

四、1. 解：$原式=\int_{-1}^1(1-x^2)^5(\arcsin^5 x+x^9)\mathrm{d}x+\frac{99}{32}\int_{-1}^1(1-x^2)^5\mathrm{d}x.$

因为$f(x)=(1-x^2)^5(\arcsin^5 x+x^9)$是奇函数,$g(x)=(1-x^2)^5$是偶函数,所以

$$原式=0+\frac{99}{16}\int_0^1(1-x^2)^5\mathrm{d}x.$$

令$x=\sin t$,则

$$原式=0+\frac{99}{16}\int_0^{\frac{\pi}{2}}(1-\sin^2 t)^5\mathrm{d}\sin t=\frac{99}{16}\int_0^{\frac{\pi}{2}}\cos^{11}t\mathrm{d}t=\frac{99}{16}\cdot\frac{10}{11}\cdot\frac{8}{9}\cdot\frac{6}{7}\cdot\frac{4}{5}\cdot\frac{2}{3}\cdot 1=\frac{16}{7}.$$

2. 解:令
$$\begin{aligned}3\sin x+4\cos x&=A(2\sin x+\cos x)+B(2\cos x-\sin x)\\&=(2A-B)\sin x+(A+2B)\cos x,\end{aligned}$$

即$\begin{cases}2A-B=3\\A+2B=4\end{cases}$,解之得$\begin{cases}A=2\\B=1\end{cases}$.

于是

$$\int\frac{2(2\sin x+\cos x)+(2\cos x-\sin x)}{2\sin x+\cos x}\mathrm{d}x$$

$$=\int 2\mathrm{d}x+\int\frac{\mathrm{d}(2\sin x+\cos x)}{2\sin x+\cos x}\mathrm{d}x=2x+\ln|2\sin x+\cos x|+C.$$

五、解:因为$\frac{\mathrm{d}y}{\mathrm{d}t}=1-\frac{1}{1+t^2}=\frac{t^2}{1+t^2},\frac{\mathrm{d}x}{\mathrm{d}t}=\frac{2t}{1+t^2}$,

所以 $$\frac{\mathrm{d}y}{\mathrm{d}x}=\frac{\frac{\mathrm{d}y}{\mathrm{d}t}}{\frac{\mathrm{d}x}{\mathrm{d}t}}=\frac{\frac{t^2}{1+t^2}}{\frac{2t}{1+t^2}}=\frac{t}{2},\frac{\mathrm{d}^2y}{\mathrm{d}x^2}=\frac{\frac{\mathrm{d}}{\mathrm{d}t}\left(\frac{\mathrm{d}y}{\mathrm{d}x}\right)}{\frac{\mathrm{d}x}{\mathrm{d}t}}=\frac{\frac{1}{2}}{\frac{2t}{1+t^2}}=\frac{1+t^2}{4t},\frac{\mathrm{d}^3y}{\mathrm{d}x^3}=\frac{\frac{\mathrm{d}}{\mathrm{d}t}\left(\frac{\mathrm{d}^2y}{\mathrm{d}x^2}\right)}{\frac{\mathrm{d}x}{\mathrm{d}t}}=\frac{\frac{t^2-1}{4t^2}}{\frac{2t}{1+t^2}}=\frac{t^4-1}{8t^3}.$$

六、解:$V_x=\int_0^a\pi y^2\mathrm{d}x=\pi\int_0^a x^{\frac{2}{3}}\mathrm{d}x=\frac{3\pi}{5}x^{\frac{3}{5}}\Big|_0^a=\frac{3\pi}{5}a^{\frac{5}{3}}$.

$V_y=\int_0^a 2\pi x\cdot y\mathrm{d}x=2\pi\int_0^a x\cdot x^{\frac{1}{3}}\mathrm{d}x=2\pi\cdot\frac{3}{7}x^{\frac{7}{3}}\Big|_0^a=\frac{6\pi}{7}a^{\frac{7}{3}}$.

又$10V_x=V_y$所以$10\cdot\frac{3\pi}{5}a^{\frac{5}{3}}=\frac{6\pi}{7}a^{\frac{7}{3}}$,解之得$a=7\sqrt{7}$.

七、解:$\int_0^{2x}xf(t)\mathrm{d}t+2\int_x^0 tf(2t)\mathrm{d}t=2x^3(x-1)$ 可写成

$$x\cdot\int_0^{2x}f(t)\mathrm{d}t-2\int_0^x tf(2t)\mathrm{d}t=2x^4-2x^3.$$

两边对x求导得$\int_0^{2x}f(t)\mathrm{d}t+2xf(2x)-2xf(2x)=8x^3-6x^2$,

两边再对x求导得$2f(2x)=24x^2-12x$ 即$f(2x)=3(2x)^2-3(2x)$,所以$f(x)=3x^2-3x$.

令$f'(x)=6x-3=0$得$x=\frac{1}{2}$.而$f(0)=0,f\left(\frac{1}{2}\right)=-\frac{3}{4},f(2)=6$.

比较得$f(2)=6$为最大值,$f\left(\frac{1}{2}\right)=-\frac{3}{4}$为最小值.

八、证明:令$F(x)=x^nf(x)$,显然$F(x)$在$[a,b](a>0)$上连续,在(a,b)上可导,根据拉格朗日中值定理,至少存在一点$\xi\in(a,b)$使

$$\frac{F(b)-F(a)}{b-a}=F'(\xi) \quad 即 \quad \frac{b^n-a^n}{b-a}=n\xi^{n-1}f(\xi)+\xi^n f'(\xi) \qquad (1)$$

令 $G(x)=x^n$,显然 $G(x)$ 在$[a,b](a>0)$上连续,在(a,b)上可导,根据拉格朗日中值定理,至少存在一点 $\eta\in(a,b)$,使

$$\frac{G(b)-G(a)}{b-a}=G'(\eta) \quad 即 \quad \frac{b^n-a^n}{b-a}=n\eta^{n-1} \qquad (2)$$

比较式(1)、式(2)得 $n\eta^{n-1}=n\xi^{n-1}f(\xi)+\xi^n f'(\xi)$.

九、解:原方程可变形为$\dfrac{dy}{dx}=\dfrac{y}{x}\cdot\dfrac{\frac{y}{x}\cdot\sin\frac{y}{x}+\cos\frac{y}{x}}{\frac{y}{x}\cdot\sin\frac{y}{x}-\cos\frac{y}{x}}$.

令 $u=\dfrac{y}{x}$,则 $y=ux,y'=u+xu'$.代入原方程得

$$u+xu'=u\cdot\frac{u\sin u+\cos u}{u\sin u-\cos u}.$$

分离变量得$\dfrac{dx}{x}=\dfrac{u\sin u-\cos u}{2u\cos u}du$ 即$\dfrac{2dx}{x}=\left(\dfrac{\sin u}{\cos u}-\dfrac{1}{u}\right)du$,

两边积分得 $\ln x^2=-\ln\cos u-\ln u+\ln C$,

整理得 $u\cos u=\dfrac{C}{x^2}$,变量回代得 $xy\cos\dfrac{y}{x}=C$.

期末试题(五)参考解答

一、

1. $\ln 2$;　2. -2;　3. -1;　4. $\sqrt[3]{2}$;　5. $y=x-2$;

6. $-1-\sin 1$;　7. $x=1$.　8. 2;　9. $8a$;　10. $\dfrac{\pi}{4}$.

二、1. 解:$\lim\limits_{x\to0}\dfrac{1}{e^x-1}\ln\left[\dfrac{\ln(1+x)}{x}\right]=\lim\limits_{x\to0}\dfrac{\ln\ln(1+x)-\ln x}{x}=\lim\limits_{x\to0}\left[\dfrac{1}{(1+x)\ln(1+x)}-\dfrac{1}{x}\right]$

$$=\lim_{x\to0}\frac{x-(1+x)\ln(1+x)}{x(1+x)\ln(1+x)}=\lim_{x\to0}\frac{x-(1+x)\ln(1+x)}{x^2}=\lim_{x\to0}\frac{-\ln(1+x)}{x}=-1.$$

所以$\lim\limits_{x\to0}\left[\dfrac{\ln(1+x)}{x}\right]^{\frac{1}{e^x-1}}=e^{-1}$.

2. 解:$dx=\cos t\,dt$,$dy=(\sin t+t\cos t-\sin t)dt=t\cos t\,dt$,所以

$$\frac{dy}{dx}=\frac{\frac{dy}{dt}}{\frac{dx}{dt}}=\frac{t\cos t\,dt}{\cos t\,dt}=t,$$

$$\frac{d^2y}{dx^2}=\frac{d}{dx}\left(\frac{dy}{dx}\right)=\frac{\frac{d}{dt}\left(\frac{dy}{dx}\right)}{\frac{dx}{dt}}=\frac{1}{\cos t}.$$

三、1. 解：令 $x=t^6$，则

$$\int\frac{dx}{\sqrt{x}+\sqrt[3]{x}}=\int\frac{6t^5}{t^3+t^2}dt=6\int\left(t^2-t+1-\frac{1}{t+1}\right)dt$$

$$=6\left(\frac{t^3}{3}-\frac{t^2}{2}+t-\ln|t+1|\right)+C$$

$$=2\sqrt{x}-3\sqrt[3]{x}+6\sqrt[6]{x}-6\ln\left|\sqrt[6]{x}+1\right|+C.$$

2. 解：令 $t=x-2$，则有

$$\int_1^3 f(x-2)dx=\int_{-1}^1 f(t)dt=\int_{-1}^0(1+t^2)dt+\int_0^1 e^{-t}dt=1+\frac{1}{3}t^3\Big|_{-1}^0-e^{-t}\Big|_0^1$$

$$=1+\frac{1}{3}-e^{-1}+1=\frac{7}{3}-e^{-1}.$$

四、解：函数 $y=x-2\arctan x$ 的定义域为 $(-\infty,+\infty)$.

$$y'=1-\frac{2}{1+x^2}=\frac{x^2-1}{x^2+1}.$$

由 $y'=0$，解得 $x=\pm1$. 当 $x\in(-\infty,-1)\cup(1,+\infty)$ 时，$y'>0$，当 $x\in(-1,1)$ 时，$y'<0$. 所以函数 $y=x-2\arctan x$ 的单调递增区间为 $(-\infty,-1)$ 和 $(1,+\infty)$，单调递减区间为 $(-1,1)$.

$$y''=\frac{2x(1+x^2)-2x(x^2-1)}{(1+x^2)^2}=\frac{4x}{(1+x^2)^2}.$$

由 $y''=0$，解得 $x=0$. 当 $x\in(-\infty,0)$ 时，$y''<0$，当 $x\in(0,+\infty)$ 时，$y''>0$. 所以函数 $y=x-2\arctan x$ 的凹区间为 $(-\infty,0)$，凸区间为 $(0,+\infty)$. 拐点坐标为 $(0,0)$.

因为 $y''(-1)<0$，$y''(1)>0$，所以 $x=-1$ 为函数 $y=x-2\arctan x$ 的极大值点，极大值为 $\frac{\pi}{2}-1$；$x=1$ 为函数 $y=x-\arctan x$ 的极小值点，极小值为 $1-\frac{\pi}{2}$.

五、证：令 $f(x)=\ln(1+x)-x+\frac{x^2}{2}(x>0)$，$g(x)=x-\frac{x^2}{2(1+x)}-\ln(1+x)(x>0)$，则

$$f(0)=g(0)=0.$$

$$f'(x)=\frac{1}{1+x}-1+x=\frac{x^2}{1+x}>0, x>0;$$

$$g'(x)=1-\frac{x^2+2x}{2(1+x)^2}-\frac{1}{1+x}=\frac{x^2}{2(1+x)^2}>0, x>0.$$

所以当 $x>0$ 时，函数 $f(x)$ 和 $g(x)$ 都是严格单调递增函数，所以 $f(x)>f(0)=0$，$g(x)>g(0)=0$，即有 $x-\frac{x^2}{2}<\ln(1+x)<x-\frac{x^2}{2(1+x)}$.

六、1. 解：原方程等价于 $y'+\frac{2}{x}y=\ln x$，

通解 $y=e^{-\int\frac{2}{x}dx}\left(\int\ln x e^{\int\frac{2}{x}dx}dx+C\right)=\frac{1}{3}x\ln x-\frac{1}{9}x+\frac{C}{x^2}$.

又有 $y(1)=-\frac{1}{9}$,则 $C=0$,所以所求解为 $y=\frac{1}{3}x\ln x-\frac{1}{9}x$.

2. 解:设切点为$(x_0,\sqrt{x_0-2})$,则切线斜率为$\frac{\sqrt{x_0-2}}{x_0-1}=\frac{1}{2\sqrt{x_0-2}}$,解得 $x_0=3$,

切线方程为 $y=\frac{1}{2}(x-1)$.

旋转体体积为 $V=\int_0^3\pi\frac{1}{4}(x-1)^2dx-\int_2^3\pi(x-2)dx=\frac{\pi}{6}$.

七、证:$x_1=10,x_2=\sqrt{6+x_1}=4<x_1$. 设对某正整数 k 成立 $x_{k+1}<x_k$,则有 $x_{k+2}=\sqrt{6+x_{k+1}}<\sqrt{6+x_k}=x_{k+1}$.所以由归纳法知,数列$\{x_n\}$单调递减.

因为 $x_n>0,n=1,2,\cdots$,即数列$\{x_n\}$有下界.根据数列极限的单调有界定理可知$\lim\limits_{n\to\infty}x_n$存在.

设$\lim\limits_{n\to\infty}x_n=a,x_{n+1}=\sqrt{6+x_n}$,两边关于 $n\to\infty$ 取极限得 $a=\sqrt{6+a}$.解得 $a=3$ 或 $a=-2$. 因为 $x_n>0$,所以 $a\geqslant0$,故$\lim\limits_{n\to\infty}x_n=3$.

八、1. 证:令 $g(x)=f(x)+x-1$,则 $g(x)$在区间$[0,1]$上连续,并且满足

$$g(0)=f(0)+0-1=-1<0,g(1)=f(1)+1-1=1>0.$$

根据连续函数零点存在定理知,一定存在 $x_0\in(0,1)$,使得 $g(x_0)=0$,即$f(x_0)=1-x_0$.

2. 证:因为函数$f(x)$在$[0,1]$上连续,在$(0,1)$内可导,故由 Lagrange 中值定理可知,存在$\xi\in(0,x_0)$和$\eta\in(x_0,1)(\xi\neq\eta)$使得

$$f'(\xi)=\frac{f(x_0)-f(0)}{x_0-0}=\frac{1-x_0}{x_0},$$

$$f'(\eta)=\frac{f(1)-f(x_0)}{1-x_0}=\frac{1-(1-x_0)}{1-x_0}=\frac{x_0}{1-x_0}.$$

所以$f'(\xi)f'(\eta)=1$.

高等数学(下)期末试题参考解答

期末试题(一)参考解答

一、

1. $\frac{\pi}{6}$；　2. $-x+y-z-2=0$；　3. $2a$；　4. $\frac{\pi}{2}$；　5. $\sqrt{5}$；

6. 1；　7. -5；　8. $\frac{\mathrm{e}-1}{4}$；　9. $4a$；　10. $(-\mathrm{e},\mathrm{e})$.

二、解：$\boldsymbol{n}_1=(0,1,-1)$，$\boldsymbol{n}_2=(1,0,0)$，过点$(1,-1,1)$与已知直线垂直的平面法向 $\boldsymbol{n}=\boldsymbol{n}_1\times\boldsymbol{n}_2=(0,-1,1)$，

故平面方程为$-(y+1)-(z-1)=0$ 即 $y+z=0$.

与直线方程联立，求得垂足$\left(0,-\frac{1}{2},\frac{1}{2}\right)$.

由已知，所求平面可设为 $Ax+By+C=0$. 该平面过点$(1,-1,1)$和$\left(0,-\frac{1}{2},\frac{1}{2}\right)$，代入得：$A=C=\frac{B}{2}$.故所求平面方程为$\frac{B}{2}x+By+\frac{B}{2}=0$. 即：$x+2y+2=0$.

三、解：$\mathrm{d}z=f'_1\mathrm{d}(x^2)+f'_2\mathrm{d}(\mathrm{e}^{xy})=2xf'_1\mathrm{d}x+f'_2\mathrm{e}^{xy}\mathrm{d}(xy)$.

$$=2xf'_1\mathrm{d}x+f'_2\mathrm{e}^{xy}(x\mathrm{d}y+y\mathrm{d}x)=(2xf'_1+yf'_2\mathrm{e}^{xy})\mathrm{d}x+x\mathrm{e}^{xy}f'_2\mathrm{d}y$$

$$\frac{\partial^2 z}{\partial x\partial y}=\frac{\partial}{\partial x}(x\mathrm{e}^{xy}f'_2)=(\mathrm{e}^{xy}+xy\mathrm{e}^{xy})f'_2+x\mathrm{e}^{xy}(f''_{21}2x+f''_{22}y\mathrm{e}^{xy}).$$

四、解：yOz 平面上的曲线 $y^2=2z$ 绕 z 轴旋转一周而成的曲面方程为 $x^2+y^2=2z$.

用柱坐标计算三重积分可得

$$\iiint\limits_{\Omega}(x^2+y^2)\mathrm{d}x\mathrm{d}y\mathrm{d}z=\int_0^{2\pi}\mathrm{d}\theta\int_0^{\sqrt{10}}\rho\mathrm{d}\rho\int_{\frac{\rho^2}{2}}^{5}\rho^2\mathrm{d}z$$

$$=\int_0^{2\pi}\mathrm{d}\theta\int_0^{\sqrt{10}}\rho^3\left(5-\frac{\rho^2}{2}\right)\mathrm{d}\rho$$

$$=2\pi\int_0^{\sqrt{10}}\left(5\rho^3-\frac{\rho^5}{2}\right)\mathrm{d}\rho=\frac{250\pi}{3}.$$

五、解：补 OA：$y=0$，x：$0\to 2a$，设 OA 与上半圆周围成的半圆形区域为 D.则

原式$=\int\limits_{L+\overline{OA}}-\int\limits_{OA}=\iint\limits_{D}2\mathrm{d}x\mathrm{d}y-0=\pi a^2$.

六、解：补面：Σ_0：$z=1$(下侧)，D：$x^2+y^2\leqslant 1$.由高斯公式，

$$原式=\left(\oiint_{\Sigma\cup\Sigma_0}-\oiint_{\Sigma_0}\right)(2x+y)\mathrm{d}y\mathrm{d}z+z\mathrm{d}x\mathrm{d}y$$

$$=-\iiint_{\Omega}(2+1)\mathrm{d}v+\pi=-3\int_0^1\pi z\mathrm{d}z+\pi=-\frac{3}{2}\pi+\pi=-\frac{\pi}{2}.$$

七、解:设 $s(x)=\sum\limits_{n=1}^{\infty}\frac{(-1)^{n-1}}{2n-1}x^{2n-1}$,则 $s'(x)=\sum\limits_{n=1}^{\infty}(-1)^{n-1}x^{2(n-1)}=\frac{1}{1+x^2}$,

所以 $s(x)=\int_0^x\frac{\mathrm{d}x}{1+x^2}=\arctan x,(-1\leqslant x\leqslant 1)$

$$\sum_{n=0}^{\infty}\frac{(-1)^n}{(2n+1)2^n}=\sum_{n=1}^{\infty}\frac{(-1)^{n-1}}{(2n-1)2^n}=\sqrt{2}s\left(\frac{1}{\sqrt{2}}\right)=\sqrt{2}\arctan\frac{\sqrt{2}}{2}.$$

八、证明:$f_x(0,0)=\lim\limits_{x\to0}\frac{f(x,0)-f(0,0)}{x}=\lim\limits_{x\to0}\frac{0-0}{x}=0.$

由对称性,$f_y(0,0)=0.$

由 $\lim\limits_{\substack{(x,y)\to(0,0)\\y=kx}}\frac{f(x,y)-f(0,0)-f_x(0,0)x-f_y(0,0)y}{\sqrt{x^2+y^2}}=\lim\limits_{\substack{(x,y)\to(0,0)\\y=kx}}\frac{3xy}{x^2+y^2}=\frac{3k}{1+k^2}$,

因此在点(0,0)处不可微.

九、解:设切点坐标为 $M(x_0,y_0,z_0)$,则 $\boldsymbol{n}=\left(\frac{a}{2}x_0^{\frac{1}{2}},\frac{b}{2}y_0^{-\frac{1}{2}},\frac{c}{2}z_0^{\frac{1}{2}}\right)$,所以切平面方程为

$$\frac{a}{2}x_0^{-\frac{1}{2}}(x-x_0)+\frac{b}{2}y_0^{-\frac{1}{2}}(y-y_0)+\frac{c}{2}z_0^{-\frac{1}{2}}(z-z_0)=0,$$

即 $\frac{x}{\frac{\sqrt{x_0}}{a}}+\frac{y}{\frac{\sqrt{y_0}}{b}}+\frac{z}{\frac{\sqrt{z_0}}{c}}=1$. 所以 $V=\frac{1}{6}\frac{\sqrt{x_0}}{a}\frac{\sqrt{y_0}}{b}\frac{\sqrt{z_0}}{c}=\frac{1}{6}\frac{\sqrt{x_0y_0z_0}}{abc}$.

问题转化为求函数 $f(z,y,x)=xyz$ 在条件 $a\sqrt{x}+b\sqrt{y}+c\sqrt{z}=1$ 的条件下的最大值.

设 $F(\lambda,x,y,z)=xyz+\lambda(a\sqrt{x}+b\sqrt{y}+c\sqrt{z}-1)$,

由 $F_\lambda=F_x=F_y=F_z=0$,解得 $M=\left(\frac{1}{9a^2},\frac{1}{9b^2},\frac{1}{9c^2}\right)$.

期末试题(二)参考解答

一、

1. $(1,-5,-3)$;　2. $\frac{\pi}{6}$;　3. $\frac{x-1}{1}=\frac{y+2}{-4}=\frac{z-2}{6}$;　4. $\arctan\frac{5}{8}$;

5. $\frac{\cos x\mathrm{d}x+3\mathrm{d}y}{\mathrm{e}^z+1}$;　6. $\frac{1}{2}$;　7. $\frac{1}{2}(1-\mathrm{e}^{-4})$;　8. 1;

9. $\frac{13}{6}$;　10. $\frac{\pi^2}{2}$.

二、解:设过直线 $\begin{cases}2x-4y+z=0\\2x-y-2z-9=0\end{cases}$ 的投影平面为

$$2x-4y+z+\lambda(2x-y-2z-9)=0,$$

即

$$(2+2\lambda)x-(4+\lambda)y+(1+2\lambda)z-9\lambda=0,$$

该投影平面的法向量为$(2+2\lambda,-(4+\lambda),1-2\lambda)$.

因为上述投影平面与平面 $x-y+z=1$ 垂直,所以应满足

$(2+2\lambda)\cdot 1+(-(4+\lambda))\cdot(-1)+(1-2\lambda)\cdot 1=0$,解得 $\lambda=-7$,

故投影平面方程为 $4x-y+5z-21=0$.

因此所求的投影直线方程为$\begin{cases}4x-y+5z-21=0\\x-y+z=1\end{cases}$.

三、解:$\dfrac{\partial z}{\partial x}=yf_1$,

$$\frac{\partial^2 z}{\partial y\partial x}=\frac{\partial}{\partial y}\left(\frac{\partial z}{\partial x}\right)=\frac{\partial}{\partial y}(y\cdot f_1)=f_1+y(f_{11}\cdot x+f_{12}\cdot \mathrm{e}^y)=f_1+xyf_{11}+y\mathrm{e}^yf_{12}.$$

四、解:令$\begin{cases}f_x(x,y)=3ay-3x^2=0\\f_y(x,y)=3ax-3y^2=0\end{cases}$,解得驻点 $P_1(0,0)$,$P_2(a,a)$.

$$f_{xx}(x,y)=-6x,f_{xy}(x,y)=3a,f_{yy}(x,y)=-6y.$$

$f_{xx}(P_1)=0$,$f_{xx}(P_1)f_{yy}(P_1)-f_{xy}^2(P_1)=-9a^2<0$,所以 $P_1(0,0)$不是极值点.

$f_{xx}(P_2)=-6a<0$,$f_{xx}(P_2)f_{yy}(P_2)-f_{xy}^2(P_2)=27a^2>0$,所以$f(x,y)$在 $P_2(a,a)$取得极大值,极大值为$f(a,a)=a^3$.

五、解:添加线段$\overline{BA}$:$x=0$,y 从$-a$ 到 a,使 $L+\overline{BA}$成为闭曲线,方向为逆时针方向.

由 Green 公式,得

$$\text{原积分}=\oint_{L+\overline{BA}}(\mathrm{e}^x\sin y-y^3)\mathrm{d}x+(\mathrm{e}^x\cos y+x^3)\mathrm{d}y-\int_{\overline{BA}}(\mathrm{e}^x\sin y-y^3)\mathrm{d}x+(\mathrm{e}^x\cos y+x^3)\mathrm{d}y$$

$$=\iint_D 3(x^2+y^2)\mathrm{d}x\mathrm{d}y-\int_{-a}^{a}\cos y\mathrm{d}y=3\int_{\frac{\pi}{2}}^{\frac{3}{2}\pi}\mathrm{d}\theta\int_0^a\rho^2\cdot\rho\mathrm{d}\rho-\sin y\big|_{-a}^{a}=\frac{3}{4}\pi a^4-2\sin a.$$

六、解:由 $z=\sqrt{2-x^2-y^2}$ 和 $z=x^2+y^2$ 消去 z,得$(x^2+y^2)^2=2-(x^2+y^2)$,故 Ω 在 xOy 平面上的投影区域为 $D_{xy}=\{(x,y)\mid x^2+y^2\leqslant 1\}$.

利用柱面坐标变换,Ω 可表示为$\rho^2\leqslant z\leqslant\sqrt{2-\rho^2}$,$0\leqslant\rho\leqslant 1$,$0\leqslant\theta\leqslant 2\pi$,所以

$$\iiint_\Omega z\mathrm{d}x\mathrm{d}y\mathrm{d}z=\int_0^{2\pi}\mathrm{d}\theta\int_0^1\rho\mathrm{d}\rho\int_{\rho^2}^{\sqrt{2-\rho^2}}z\mathrm{d}z$$

$$=\frac{1}{2}\int_0^{2\pi}\mathrm{d}\theta\int_0^1\rho(2-\rho^2-\rho^4)\mathrm{d}\rho$$

$$=\pi\left[\rho^{-2}-\frac{\rho^4}{4}-\frac{\rho^6}{6}\right]_0^1=\frac{7\pi}{12}.$$

七、解:取平面 Σ_1: $z=2$ 的上侧,则 Σ 与 Σ_1 构成封闭曲面,取外侧.

设 Σ 与 Σ_1 所围的区域为 Ω,由 Gauss 公式得,

原积分

$$= \iint_{\Sigma+\Sigma_1} 2xz^2\mathrm{d}y\mathrm{d}z + yz^2\mathrm{d}z\mathrm{d}x + (9-z^3)\mathrm{d}x\mathrm{d}y - \iint_{\Sigma_1} 2xz^2\mathrm{d}y\mathrm{d}z + yz^2\mathrm{d}z\mathrm{d}x + (9-z^3)\mathrm{d}x\mathrm{d}y$$

$$= \iiint_{\Omega} 0\mathrm{d}x\mathrm{d}y\mathrm{d}z - \iint_{x^2+y^2\leqslant 1}(9-2^3)\mathrm{d}x\mathrm{d}y = -\iint_{x^2+y^2\leqslant 1}\mathrm{d}x\mathrm{d}y = -\pi.$$

八、证明：1. 由定义 $f_x(0,0)=\lim\limits_{\Delta x\to 0}\dfrac{f(\Delta x,0)-f(0,0)}{\Delta x}=0$，同理，$f_y(0,0)=0$.

2. $(x,y)\neq(0,0)$ 时，$f_x(x,y)=y\sin\dfrac{1}{\sqrt{x^2+y^2}}-\dfrac{x^2y}{(x^2+y^2)^{\frac{3}{2}}}\cdot\cos\dfrac{1}{\sqrt{x^2+y^2}}$，

$$f_y(x,y)=x\sin\frac{1}{\sqrt{x^2+y^2}}-\frac{xy^2}{(x^2+y^2)^{\frac{3}{2}}}\cdot\cos\frac{1}{\sqrt{x^2+y^2}}.$$

令 $y=x$，当 $x\to 0^+$ 时，$\lim\limits_{x\to 0^+,y=x} f_x(x,y)=\lim\limits_{x\to 0^+}\left(x\sin\dfrac{1}{\sqrt{2}x}-\dfrac{1}{2\sqrt{2}}\cos\dfrac{1}{\sqrt{2}x}\right)$ 不存在，故 $f_x(x,y)$ 在 $(0,0)$ 处不连续. 同理，$f_y(x,y)$ 在 $(0,0)$ 处也不连续.

3. $f(x,y)$ 在 $(0,0)$ 处全增量为

$$\Delta z=f(\Delta x,\Delta y)-f(0,0)=\Delta x\Delta y\sin\frac{1}{\sqrt{(\Delta x)^2+(\Delta y)^2}},$$

$$\frac{|\Delta z-f_x(0,0)\Delta x-f_y(0,0)\Delta y|}{\rho}\leqslant\frac{1}{2}\rho\to 0,\rho\to 0.$$ 故 $f(x,y)$ 在 $(0,0)$ 处可微.

九、解：$\lim\limits_{n\to\infty}\left|\dfrac{a_{n+1}}{a_n}\right|=\lim\limits_{n\to\infty}\dfrac{n^2-1}{(n+1)^2-1}=1$，所以幂级数的收敛区间为 $(-1,1)$，当 $x=\pm 1$ 时，级数显然收敛，故幂级数的收敛域为 $[-1,1]$.

$$S(x)=\sum_{n=2}^{\infty}\frac{x^n}{n^2-1}=\sum_{n=2}^{\infty}\frac{1}{2}\left(\frac{1}{n-1}-\frac{1}{n+1}\right)x^n,\text{其中}\sum_{n=2}^{\infty}\frac{x^n}{n-1}=x\cdot\sum_{n=1}^{\infty}\frac{x^n}{n},$$

$$\sum_{n=2}^{\infty}\frac{x^n}{n+1}=\frac{1}{x}\cdot\sum_{n=3}^{\infty}\frac{x^n}{n}(x\neq 0).$$

设 $g(x)=\sum\limits_{n=1}^{\infty}\dfrac{x^n}{n}$，则 $g'(x)=\sum\limits_{n=1}^{\infty}x^{n-1}=\dfrac{1}{1-x}$，$(|x|<1)$，

$g(x)=\int_0^x\dfrac{1}{1-t}\mathrm{d}t=-\ln(1-x)$，而

$$\sum_{n=3}^{\infty}\frac{x^n}{n}=g(x)-x-\frac{x^2}{2}=-\ln(1-x)-x-\frac{x^2}{2}.$$

所以，幂级数的和函数为

$S(x)=\dfrac{x}{2}[-\ln(1-x)]-\dfrac{1}{2x}\left[-\ln(1-x)-x-\dfrac{x^2}{2}\right]=\dfrac{2+x}{4}+\dfrac{\ln(1-x)}{2x}(1-x^2)$，$|x|<1$ 且 $x\neq 0$.

当 $x=0$ 时，$S(x)=0$. 综上得

$$S(x)=\begin{cases}\dfrac{2+x}{4}+\dfrac{\ln(1-x)}{2x}(1-x^2), & |x|<1,x\neq 0,\\ 0, & x=0.\end{cases}$$

令 $x=\dfrac{1}{3}$,则 $S=\sum\limits_{n=2}^{\infty}\dfrac{1}{(n^2-1)3^n}=S\left(\dfrac{1}{3}\right)=\dfrac{7}{12}+\dfrac{4}{3}\ln\dfrac{2}{3}$.

期末试题(三)参考解答

一、1. 0;　2. $-\dfrac{1}{3}$;　3. 0;　4. $-(e^2-1)$;　5. $\sqrt{2}x-z=0$.

二、1. A;　2. D;　3. B;　4. B;　5. A.

三、解:直线的方向向量为 $\boldsymbol{s}=(-2,1,3)$,平面的法向量为 $\boldsymbol{n}=(2,-1,5)$.

过直线 L 且垂直于平面 π 的平面 π_1 的法向量为

$$\boldsymbol{n}_1=\boldsymbol{s}\times\boldsymbol{n}=\begin{vmatrix}\boldsymbol{i} & \boldsymbol{j} & \boldsymbol{k}\\ -2 & 1 & 3\\ 2 & -1 & 5\end{vmatrix}=(8,16,0)=8(1,2,0).$$

平面 π_1 过直线上的点(1,3,2),其方程为 $x-1+2(y-3)=0$,即

$$x+2y-7=0.$$

所以直线 L 在平面 π 上的投影直线的方程为:

$$\begin{cases}x+2y-7=0\\ 2x-y+5z-3=0\end{cases}.$$

四、解:由 $z=f(x,2x-y,x^2+y^2)$ 可知

$$\frac{\partial z}{\partial x}=f_1'+2f_2'+2xf_3'.$$

又 $\dfrac{\partial}{\partial y}f_1'=-f_{12}''+2yf_{13}''$,$\dfrac{\partial}{\partial y}f_2'=-f_{22}''+2yf_{23}''$,$\dfrac{\partial}{\partial y}f_3'=-f_{32}''+2yf_{33}''$,

因此 $\dfrac{\partial^2 z}{\partial x\partial y}=-f_{12}''+2yf_{13}''-2f_{22}''+(4y-2x)f_{23}''+4xyf_{33}''$.

五、解:令 $D_R=\{(x,y)\mid x\in[0,1],y\in[0,2]\}$;$D_1=\{(x,y)\mid x\in[0,1],y\in[0,x]\}$;$D_2=\{(x,y)\mid x\in[0,1],y\in[x,2]\}$.则

$$\begin{aligned}\iint\limits_{D}|y^2-x^2|\mathrm{d}\sigma &= 2\iint\limits_{D_R}|y^2-x^2|\mathrm{d}\sigma = 2\iint\limits_{D_1}|y^2-x^2|\mathrm{d}\sigma+2\iint\limits_{D_2}|y^2-x^2|\mathrm{d}\sigma\\ &=2\iint\limits_{D_1}(x^2-y^2)\mathrm{d}\sigma+2\iint\limits_{D_2}(y^2-x^2)\mathrm{d}\sigma\\ &=2\int_0^1\mathrm{d}x\int_0^x(x^2-y^2)\mathrm{d}y+2\int_0^1\mathrm{d}x\int_x^2(y^2-x^2)\mathrm{d}y\\ &=2\int_0^1\frac{2}{3}x^3\mathrm{d}x+2\int_0^1\left(\frac{8}{3}-2x^2+\frac{2}{3}x^3\right)\mathrm{d}x\\ &=\frac{1}{3}+2\cdot\frac{8}{3}-4\cdot\frac{1}{3}+\frac{4}{3}\cdot\frac{1}{4}=\frac{14}{3}.\end{aligned}$$

六、解:设点 $O(0,0)$,$A\left(\dfrac{\pi}{2},1\right)$,$B\left(\dfrac{\pi}{2},0\right)$,则由格林公式可得

$$\oint_{L+\overrightarrow{AB}+\overrightarrow{BO}}=-\iint_D[-2y\cos x+6xy^2-(6xy^2-2y\cos x)]\mathrm{d}x\mathrm{d}y=0.$$

而

$$\int_{\overrightarrow{AB}}(2xy^3-y^2\cos x)\mathrm{d}x+(1-2y\sin x+3x^2y^2)\mathrm{d}y$$

$$=\int_1^0\left(1-2y+\frac{3\pi^2}{4}y^2\right)\mathrm{d}y=-\frac{\pi^2}{4},$$

又 $\int_{\overrightarrow{BO}}=0$,故 $\int_L(2xy^3-y^2\cos x)\mathrm{d}x+(1-2y\sin x+3x^2y^2)\mathrm{d}y=\frac{\pi^2}{4}.$

七、解:由于 Ω 关于平面 yOz 对称,且 $7xy^3\sin\sqrt{x^2+y^2}$ 是关于变量 x 的奇函数,所以

$$\iiint_\Omega 7xy^3\sin\sqrt{x^2+y^2}\,\mathrm{d}x\mathrm{d}y\mathrm{d}z=0.$$

再利用先二后一计算以上的三重积分:

$$I=\iiint_\Omega(x^2+y^2)\mathrm{d}x\mathrm{d}y\mathrm{d}z=\int_1^4\mathrm{d}z\iint_{D_Z}(x^2+y^2)\mathrm{d}x\mathrm{d}y$$

$$=\int_1^4\mathrm{d}z\int_0^{2\pi}\mathrm{d}\theta\int_0^{\sqrt{2z}}r^2r\mathrm{d}r$$

$$=2\pi\int_1^4z^2\mathrm{d}z=42\pi.$$

八、解:由$\begin{cases}f'_x=6x-3x^2=0\\f'_y=6y=0\end{cases}$,得 $f(x,y)$ 在 D 内的两个驻点为:$(0,0)$,$(2,0)$.

在 D 的边界上,作拉格朗日函数 $F(x,y,\lambda)=(3x^2+3y^2-x^3)+\lambda(x^2+y^2-9)$,

解方程组$\begin{cases}F'_x=6x-3x^2+2\lambda x=0\\F'_y=6y+2\lambda y=0\\F'_\lambda=x^2+y^2-9=0\end{cases}$,

得驻点$(3,0)$,$(-3,0)$,$(0,3)$,$(0,-3)$.

由于 $f(0,0)=0$,$f(2,0)=4$,$f(3,0)=0$,$f(-3,0)=54$,$f(0,3)=f(0,-3)=27$,所以最高温度在点$(-3,0)$得到,最低温度在点$(0,0)$,$(3,0)$得到.

九、解:旋转曲面的方程为 $z=x^2+y^2-1(0\leqslant z\leqslant 3)$,

因为该曲面法向量与 z 轴正向成钝角,故补曲面 $\Sigma_1:z_1=3$,取上侧,补曲面取 $\Sigma_2:z_2=0$,取下侧.

令 $I=\iint_{\Sigma+\Sigma_1+\Sigma_2}(1-x^3)\mathrm{d}y\mathrm{d}z+4x^2y\mathrm{d}z\mathrm{d}x-x^2z\mathrm{d}x\mathrm{d}y$,

原积分$=I-\iint_{\Sigma_1}(1-x^3)\mathrm{d}y\mathrm{d}z+4x^2y\mathrm{d}z\mathrm{d}x-x^2z\mathrm{d}x\mathrm{d}y-\iint_{\Sigma_2}(1-x^3)\mathrm{d}y\mathrm{d}z+4x^2y\mathrm{d}z\mathrm{d}x-x^2z\mathrm{d}x\mathrm{d}y.$

应用高斯公式得

$$I=\iiint_\Omega(-3x^2+4x^2-x^2)\mathrm{d}x\mathrm{d}y\mathrm{d}z=0,$$

$$\iint_{\Sigma_1}(1-x^3)\mathrm{d}y\mathrm{d}z+4x^2y\mathrm{d}z\mathrm{d}x-x^2z\mathrm{d}x\mathrm{d}y$$

$$=-\iint_{\Sigma_1}3x^2\mathrm{d}x\mathrm{d}y=-\int_0^{2\pi}\mathrm{d}\theta\int_0^2 3r^2\cos^2\theta\cdot r\mathrm{d}r$$

$$=-12\int_0^{2\pi}\frac{1+\cos 2\theta}{2}\mathrm{d}\theta=-12\pi.$$

$$\iint_{\Sigma_2}(1-x^3)\mathrm{d}y\mathrm{d}z+4x^2y\mathrm{d}z\mathrm{d}x-x^2z\mathrm{d}x\mathrm{d}y=0.$$

故原积分$=12\pi$.

十、解:易得收敛半径$R=1$,且在两个端点处发散,故收敛域为$(-1,1)$.

令 $S(x)=\sum_{n=0}^{\infty}(n+1)^2x^n,(-1<x<1)$,则

$$\int_0^x S(x)\mathrm{d}x=\sum_{n=0}^{\infty}\int_0^x(n+1)^2x^n\mathrm{d}x=\sum_{n=0}^{\infty}(n+1)x^{n+1}=x\left(\sum_{n=0}^{\infty}x^{n+1}\right)'$$

$$=x\left(\frac{x}{1-x}\right)'=\frac{x}{(1-x)^2},-1<x<1.$$

上式两边关于x求导,可得

$$S(x)=\frac{1+x}{(1-x)^3},-1<x<1.$$

$$\sum_{n=0}^{\infty}\left(\frac{n+1}{2^n}\right)^2=\sum_{n=0}^{\infty}(n+1)^2\frac{1}{4^n}=S\left(\frac{1}{4}\right)=\frac{80}{27}.$$

期末试题(四)参考解答

一、1. $\dfrac{\sqrt{2}}{\ln 3-\ln 4}$. 2. $xe^{2y}f''_{11}+e^y f''_{21}+f''_{23}+e^y f'_1$.

3. $\int_0^{\frac{\pi}{4}}\mathrm{d}\theta\int_0^{\tan\theta\sec\theta}f(r\cos\theta,r\sin\theta)r\mathrm{d}r+\int_{\frac{\pi}{4}}^{\frac{3\pi}{4}}\mathrm{d}\theta\int_0^{\csc\theta}f(r\cos\theta,r\sin\theta)r\mathrm{d}r+\int_{\frac{3\pi}{4}}^{\pi}\mathrm{d}\theta\int_0^{\tan\theta\sec\theta}f(r\cos\theta,r\sin\theta)r\mathrm{d}r$.

4. $\iint_{\Sigma}(P\cos\alpha+Q\cos\beta+R\cos\gamma)\mathrm{d}S$;法线. 5. 收敛;发散.

二、解:设切点为(x_0,y_0,z_0),则切平面方程为:$\dfrac{x_0x}{a^2}+\dfrac{y_0y}{b^2}+\dfrac{z_0z}{c^2}=1$,截距为$X=\dfrac{a^2}{x_0},Y=\dfrac{b^2}{y_0}$,于是$V=\dfrac{1}{6}\dfrac{a^2b^2c^2}{x_0y_0z_0}$.问题变为求函数$w=xyz$在条件$\dfrac{x^2}{a^2}+\dfrac{y^2}{b^2}+\dfrac{z^2}{c^2}=1$下的最大值.

作辅助函数$F(x,y,z)=xyz+\lambda\left(\dfrac{x^2}{a^2}+\dfrac{y^2}{b^2}+\dfrac{z^2}{c^2}-1\right)$,得

$$\begin{cases} yz + \dfrac{2\lambda x}{a^2} = 0 \\ xz + \dfrac{2\lambda y}{b^2} = 0 \\ xy + \dfrac{2\lambda z}{c^2} = 0 \\ \dfrac{x^2}{a^2} + \dfrac{y^2}{b^2} + \dfrac{z^2}{c^2} - 1 = 0 \end{cases},$$

解之得$\dfrac{x^2}{a^2}=\dfrac{y^2}{b^2}=\dfrac{z^2}{c^2}$.所以切点为$\left(\dfrac{a}{\sqrt{3}},\dfrac{b}{\sqrt{3}},\dfrac{c}{\sqrt{3}}\right)$，$V_{\min}=\dfrac{\sqrt{3}}{2}abc$.

三、解：$I=\iint\limits_D \cos y^2 \mathrm{d}x\mathrm{d}y=\int_0^1 \cos y^2 \mathrm{d}y\int_{\frac{y}{2}}^{y}\mathrm{d}x=\dfrac{1}{2}\int_0^1 y\cos y^2\mathrm{d}y=\dfrac{1}{4}\int_0^1\cos y^2\mathrm{d}y^2=\dfrac{1}{4}\sin 1$.

四、解：积分区域Ω由$z=\dfrac{1}{2}(x^2+y^2)$与$z=5$围成，它在xOy面上的投影为$x^2+y^2\leqslant 10$. 利用柱坐标计算此三重积分.

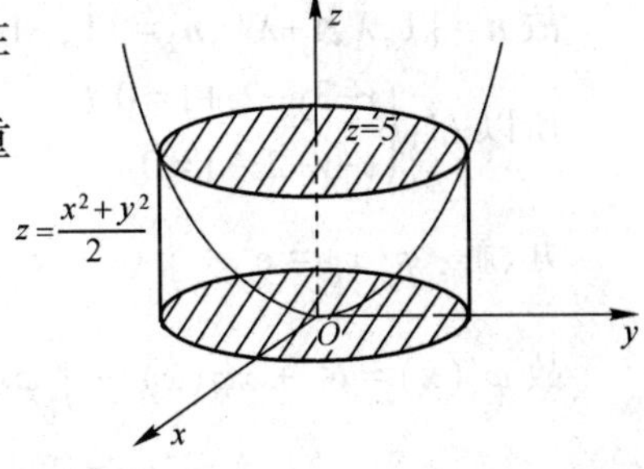

因为$\Omega\begin{cases}0\leqslant r\leqslant\sqrt{10}\\0\leqslant\theta\leqslant 2\pi\\\dfrac{r^2}{2}\leqslant z\leqslant 5\end{cases}$，所以

$$I=\int_0^{2\pi}\mathrm{d}\theta\int_0^{\sqrt{10}}r^3\mathrm{d}r\int_{\frac{r^2}{2}}^{5}\mathrm{d}z$$

$$=2\pi\int_0^{\sqrt{10}}\left(5r^3-\dfrac{r^5}{2}\right)\mathrm{d}r=\dfrac{250\pi}{3}.$$

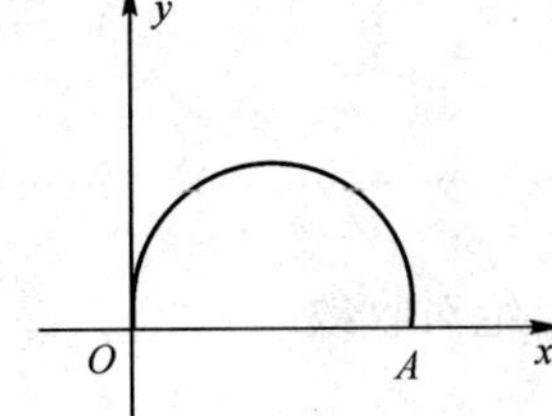

五、解：补$\overline{OA}$：$y=0$，x：$0\to 2a$.则

$$I=\int_{L+\overline{OA}}-\int_{\overline{OA}}=\iint\limits_D 2\mathrm{d}x\mathrm{d}y-0=\pi a^2.$$

六、解：由对称性知$\bar{x}=\bar{y}=0$.

Σ：$z=\sqrt{a^2-x^2-y^2}$ 在xOy面上的投影为D_{xy}：$x^2+y^2\leqslant a^2$.

由 $$\iint\limits_\Sigma \mathrm{d}S=\iint\limits_{D_{xy}}\sqrt{1+(z_x)^2+(z_y)^2}\mathrm{d}x\mathrm{d}y=\iint\limits_{D_{xy}}\dfrac{a}{\sqrt{a^2-x^2-y^2}}\mathrm{d}x\mathrm{d}y=2\pi a^2,$$

$$\iint\limits_\Sigma z\mathrm{d}S=a\iint\limits_{D_{xy}}\mathrm{d}x\mathrm{d}y=\pi a^3,$$

则 $$\bar{z}=\dfrac{\iint\limits_\Sigma z\mathrm{d}S}{\iint\limits_\Sigma \mathrm{d}S}=\dfrac{\pi a^3}{2\pi a^2}=\dfrac{a}{2}.$$

故重心坐标为$\left(0,0,\dfrac{a}{2}\right)$.

七、解：设$s(x)=\sum\limits_{n=1}^{\infty}\dfrac{(-1)^{n-1}}{2n-1}x^{2n-1}$，则$s'(x)=\sum\limits_{n=1}^{\infty}(-1)^{n-1}x^{2(n-1)}=\dfrac{1}{1+x^2}$，

所以$s(x)=\int_0^x\dfrac{\mathrm{d}x}{1+x^2}=\arctan x\quad(-1\leqslant x\leqslant 1)$. 于是

$$\sum_{n=0}^{\infty}\frac{(-1)^n}{(2n+1)2^n}=\sum_{n=1}^{\infty}\frac{(-1)^{n-1}}{(2n-1)2^n}=\sum_{n=1}^{\infty}\frac{(-1)^{n-1}\sqrt{2}}{(2n-1)(\sqrt{2})^{2n-1}}$$

$$=\sqrt{2}s\left(\frac{1}{\sqrt{2}}\right)=\sqrt{2}\arctan\frac{\sqrt{2}}{2}.$$

八、解：因为$L:\begin{cases}x+z-2=0\\y+z-1=0\end{cases}$，所以过$L$的平面束方程为$(x+z-2)+\lambda(y+z-1)=0$，

故$\boldsymbol{n}=\{1,\lambda,1+\lambda\}$，$\boldsymbol{n}_1=\{1,-1,2\}$。由$\boldsymbol{n}\perp\boldsymbol{n}_1$可得，$\lambda=-3$.

所以$L':\begin{cases}x-3y-2z+1=0\\x-y+2z-1=0\end{cases}$.

九、解：$\varphi(x)=\mathrm{e}^x+\int_0^x(t-x)\varphi(t)\mathrm{d}t=\mathrm{e}^x+\int_0^x t\varphi(t)\mathrm{d}t-x\int_0^x\varphi(t)\mathrm{d}t$.

故$\varphi'(x)=\mathrm{e}^x+x\varphi(x)-\int_0^x\varphi(t)\mathrm{d}t-x\varphi(x)$，$\varphi''(x)=\mathrm{e}^x-\varphi(x)$.

令$y=\varphi(x)$，可得：$\begin{cases}y''+y=\mathrm{e}^x\\y(0)=1,y'(0)=1\end{cases}$，解之可得：

$$y=c_1\cos x+c_2\sin x+\frac{1}{2}\mathrm{e}^x，故\ \varphi(x)=\frac{1}{2}(\cos x+\sin x+\mathrm{e}^x).$$

十、证明：级数$\sum\limits_{n=1}^{\infty}(u_n-u_{n-1})$收敛，设其和为$s$，

由$s_n=(u_1-u_0)+(u_2-u_1)+(u_3-u_2)+\cdots+(u_n-u_{n-1})=u_n-u_0$，可得

$$\lim_{n\to\infty}u_n=s+u_0，则|u_n|\leqslant M，|u_nv_n|\leqslant Mv_n.$$

由$\sum\limits_{n=1}^{\infty}v_n$收敛及比较判别法知$\sum\limits_{n=1}^{\infty}|u_nv_n|$收敛，从而级数$\sum\limits_{n=1}^{\infty}u_nv_n$绝对收敛.

期末试题(五)参考解答

一、

1. $\dfrac{1}{2}$.　　2. 0.　　3. $\begin{cases}3y^2-z^2=16\\x=0\end{cases}$.　　4. $x-y=0$.　　5. $-\dfrac{14}{3}$.

6. 1.　　7. $\dfrac{2\sqrt{10}}{3}$.　　8. $\dfrac{\pi}{8}$.　　9. 1.　　10. $\dfrac{2}{3}\pi$.

二、解：设通过直线$\begin{cases}x+y+z=0\\2x-y+3z=0\end{cases}$的平面方程为$x+y+z+\lambda(2x-y+3z)=0$，

即 $$(1+2\lambda)x+(1-\lambda)y+(1+3\lambda)z=0,$$

法向量为 $\boldsymbol{n}_1=(1+2\lambda,1-\lambda,1+3\lambda)$,

直线$\frac{x-1}{6}=\frac{y-1}{3}=\frac{z-2}{2}$的方向向量为 $\boldsymbol{n}_2=(6,3,2)$,

故 $\boldsymbol{n}_1\cdot\boldsymbol{n}_2=6(1+2\lambda)+3(1-\lambda)+2(1+3\lambda)=0$,即 $15\lambda+11=0$,解得 $\lambda=\frac{11}{15}$,

所以所求的平面方程为 $7x-26y+18z=0$.

三、解:
$$\frac{\partial z}{\partial x}=e^y f_1'+f_2',$$
$$\frac{\partial z}{\partial y}=xe^y f_1'+f_3',$$
$$\begin{aligned}\frac{\partial^2 z}{\partial x\partial y}&=e^y f_1'+e^y(xe^y f_{11}''+f_{13}'')+xe^y f_{21}''+f_{23}''\\&=e^y f_1'+xe^{2y}f_{11}''+e^y f_{13}''+xe^y f_{21}''+f_{23}''.\end{aligned}$$

四、解:圆 $x^2+y^2=4$ 的极坐标方程为 $\rho=2$,

圆 $x^2+y^2=2x$ 的极坐标方程为 $\rho=2\cos\theta$,

故
$$\begin{aligned}I&=\int_0^{\frac{\pi}{2}}d\theta\int_{2\cos\theta}^{2}r^2dr=\frac{8}{3}\int_0^{\frac{\pi}{2}}(1-\cos^3\theta)d\theta\\&=\frac{8}{3}\left(\frac{\pi}{2}-\frac{2}{3}\right)=\frac{4\pi}{3}-\frac{16}{9}.\end{aligned}$$

五、解:令 $P=\frac{y}{2(x^2+y^2)},Q=\frac{-x}{2(x^2+y^2)}$,当 $x^2+y^2\neq0$ 时,有
$$\frac{\partial Q}{\partial x}=\frac{x^2-y^2}{2(x^2+y^2)^2}=\frac{\partial P}{\partial y}.$$

记 L 所围成的闭区域为 D.因为$(0,0)\in D$,选取适当小的 $r>0$,作位于 D 内的圆周 l: $x^2+y^2=r^2$. 记 L 和 l 所围成的闭区域为 D_1.

应用格林公式得
$$\oint_L\frac{ydx-xdy}{2(x^2+y^2)}-\oint_l\frac{ydx-xdy}{2(x^2+y^2)}=0,$$
其中 l 的方向取逆时针方向.于是
$$\oint_L\frac{ydx-xdy}{2(x^2+y^2)}=\oint_l\frac{ydx-xdy}{2(x^2+y^2)}=\int_0^{2\pi}-\frac{r^2\cos^2\theta+r^2\sin^2\theta}{2r^2}d\theta=-\pi.$$

六、解:补上曲面 $S_1:x^2+y^2\leqslant1,z=0$,取上侧.则
$$\begin{aligned}I=&\iint_{S+S_1}(x^3+z^2)dydz+(y^3+x^2)dzdx+(z^3+y^2)dxdy-\\&\iint_{S_1}(x^3+z^2)dydz+(y^3+x^2)dzdx+(z^3+y^2)dxdy.\end{aligned}$$

由高斯公式得
$$\iint_{S+S_1}(x^3+z^2)dydz+(y^3+x^2)dzdx+(z^3+y^2)dxdy$$

$$= -\iiint_{\Omega}(3x^2+3y^2+3z^2)\mathrm{d}x\mathrm{d}y\mathrm{d}z = -3\iiint_{\Omega}(x^2+y^2+z^2)\mathrm{d}x\mathrm{d}y\mathrm{d}z$$

$$= -\int_0^{2\pi}\mathrm{d}\theta\int_0^{\frac{\pi}{2}}d\varphi\int_0^1 r^2\cdot r^2\sin\varphi\mathrm{d}r = -\frac{6}{5}\pi.$$

$$\iint_{S_1}(x^3+z^2)\mathrm{d}y\mathrm{d}z+(y^3+x^2)\mathrm{d}z\mathrm{d}x+(z^3+y^2)\mathrm{d}x\mathrm{d}y$$

$$= \iint_{S_1}y^2\mathrm{d}x\mathrm{d}y = \int_0^{2\pi}\mathrm{d}\theta\int_0^1 r^2\sin^2\theta\cdot r\mathrm{d}r = \frac{\pi}{4}.$$

原积分$=-\frac{6}{5}\pi-\frac{\pi}{4}=-\frac{29\pi}{20}$.

七、解:收敛半径 $R=1$,收敛域为$(-1,1)$.

令 $S(x)=\sum_{n=0}^{\infty}(2n+1)x^n=\sum_{n=0}^{\infty}2nx^n+\sum_{n=0}^{\infty}x^n$

$$=2x\left(\sum_{n=1}^{\infty}nx^{n-1}\mathrm{d}x\right)+\frac{1}{1-x}=2x\left(\sum_{n=1}^{\infty}x^n\right)'+\frac{1}{1-x}=2x\left(\frac{x}{1-x}\right)'+\frac{1}{1-x}$$

$$=\frac{2x}{(1-x)^2}+\frac{1}{1-x}=\frac{1+x}{(1-x)^2}(-1<x<1).$$

$$\sum_{n=0}^{\infty}(-1)^n\frac{2n+1}{2^n}=\sum_{n=0}^{\infty}(2n+1)\left(-\frac{1}{2}\right)^n=S\left(-\frac{1}{2}\right)=\frac{1-\frac{1}{2}}{\left(1+\frac{1}{2}\right)^2}=\frac{2}{9}.$$

八、解:因为 $\sum_{n=1}^{\infty}u_n$ 和 $\sum_{n=1}^{\infty}v_n$ 都收敛,所以 $\sum_{n=1}^{\infty}(u_n+v_n)$ 收敛.

又$\sqrt{u_nv_n}\leqslant\frac{1}{2}(u_n+v_n)$,所以 $\sum_{n=1}^{\infty}\sqrt{u_nv_n}$ 收敛.

取 $v_n=\frac{1}{n^2}$,则 $\sum_{n=1}^{\infty}\frac{1}{n}\sqrt{u_n}$ 收敛.

九、解:旋转抛物面 $z=x^2+y^2$ 上点(x,y,z)到平面 $x+y-2z=2$ 的距离为 $d=\frac{1}{\sqrt{6}}|x+y-2z-2|$.

问题化为在条件 $x^2+y^2-z=0$ 下,求$(x+y-2z-2)^2$ 的最小值.

作拉格朗日函数　　$F(x,y,z)=(x+y-2z-2)^2+\lambda(z-x^2-y^2)$,

由方程组 $\begin{cases}F'_x=2(x+y-2z-2)-2\lambda x=0\\F'_y=2(x+y-2z-2)-2\lambda y=0\\F'_z=2(x+y-2z-2)(-2)+\lambda=0\text{'}\\z=x^2+y^2\end{cases}$

解得唯一驻点 $x=\frac{1}{4},y=\frac{1}{4},z=\frac{1}{8}$.

由实际意义最小值存在,得 $d_{\min}=\frac{1}{\sqrt{6}}\left|\frac{1}{4}+\frac{1}{4}-\frac{1}{4}-2\right|=\frac{7}{4\sqrt{6}}$.

图书在版编目(CIP)数据

高等数学导学/中国矿业大学(北京)高等数学教学组编.--北京:应急管理出版社,2021

ISBN 978-7-5020-8748-7

Ⅰ.①高…　Ⅱ.①中…　Ⅲ.①高等数学—高等学校—教学参考资料　Ⅳ.①O13

中国版本图书馆 CIP 数据核字(2021)第 096608 号

高等数学导学

编　　者　中国矿业大学(北京)高等数学教学组
责任编辑　曲光宇　陈　骏
责任校对　孔青青
封面设计　罗针盘

出版发行　应急管理出版社(北京市朝阳区芍药居 35 号　100029)
电　　话　010-84657898(总编室)　010-84657880(读者服务部)
网　　址　www.cciph.com.cn
印　　刷　北京玥实印刷有限公司
经　　销　全国新华书店

开　　本　787mm×1092mm $^{1}/_{16}$　**印张**　$13^{3}/_{4}$　**字数**　324 千字
版　　次　2021 年 8 月第 1 版　2021 年 8 月第 1 次印刷
社内编号　20201475　**定价**　35.00 元